絵とき
鉄筋コンクリートの設計

改訂3版

粟津清蔵 監修

伊藤 実　小笹修広　佐藤啓治　竹下鉄夫 共著

編集委員会

監　　修：粟津清蔵（日本大学名誉教授・工学博士）
編集委員：宮田隆弘（前高知県建設短期大学校校長）
　　　　　浅賀榮三（元栃木県立宇都宮工業高等学校校長）
　　　　　國澤正和（前大阪市立泉尾工業高等学校校長）
　　　　　田島富男（トミー建設資格教育研究所）

本書を発行するにあたって，内容に誤りのないようできる限りの注意を払いましたが，本書の内容を適用した結果生じたこと，また，適用できなかった結果について，著者，出版社とも一切の責任を負いませんのでご了承ください．

本書は，「著作権法」によって，著作権等の権利が保護されている著作物です．本書の複製権・翻訳権・上映権・譲渡権・公衆送信権（送信可能化権を含む）は著作権者が保有しています．本書の全部または一部につき，無断で転載，複写複製，電子的装置への入力等をされると，著作権等の権利侵害となる場合があります．また，代行業者等の第三者によるスキャンやデジタル化は，たとえ個人や家庭内での利用であっても著作権法上認められておりませんので，ご注意ください．

本書の無断複写は，著作権法上の制限事項を除き，禁じられています．本書の複写複製を希望される場合は，そのつど事前に下記へ連絡して許諾を得てください．

出版者著作権管理機構
（電話 03-5244-5088, FAX 03-5244-5089, e-mail: info@jcopy.or.jp）

JCOPY ＜出版者著作権管理機構 委託出版物＞

はじめに

　鉄筋コンクリートは，コンクリートの中に鉄筋を埋め込んで一体としたもので，それによって柱やはりをつくり，ビルや高架橋などの構造物がつくられていることは土木技術者でなくても世間の多くの人々の知るところです．

　しかし，たとえば"はり"の断面にしてもいろいろな形や大きさがあり，その中に埋め込んでいる鉄筋についても直径や本数が異なっています．このような，はりの断面形や大きさ，鉄筋の太さや本数などを決めることは土木技術者が考える分野です．つまり，当て推量に決めるのではなく，合理的な理論や経験に基づいて求められるのです．

　鉄筋コンクリートの理論が最初に発表されたのは 1887 年（オーストリアの Koenen）であるといわれています．その後，鉄筋コンクリートの設計を支えてきた理論は「許容応力度設計法」といわれるもので，続いて「終局強度設計法」，そして「限界状態設計法」，「性能照査型設計法」へと進歩発展してきました．

　鉄筋コンクリートの設計にあたり，基本的な事柄について一定の基準を設けたり，方針を示した「コンクリート標準示方書」が土木学会によって制定されています．1986 年に制定されたコンクリート標準示方書では，従来の「許容応力度設計法」に代わって新たに「限界状態設計法」が採用され，2002 年版では「性能照査型設計法」が採用されました．2007 年版では「構造性能照査編」と「耐震性能照査編」を一つにまとめ，構造物の耐久性，安全性，使用性などの要求性能を明確化し大改訂され，2012 年版ではさらに改訂されました．

　本書第 1 版では，従来の重力単位系で記述しておりましたが，読者の皆様がもうすでに十分に SI 単位に慣れられたのを機に，改訂 2 版では全面 SI 単位のみで統一し，あわせて全体を見直しました．

　今回の改訂 3 版では，構造物の耐久性・安全性・使用性などの要求性能を明確化した 2007 年版と 2012 年版のコンクリート標準示方書をもとに，「性能照査型設計法」（限界状態設計法がベース）の体系について見直しました．

　また，使用している参考文献は下表のように省略して用いることとします．

■はじめに

2012 年制定 コンクリート標準示方書　設計編	「土コ示」
2013 年制定 コンクリート標準示方書　維持管理編	「土コ示（維管）」
コンクリート診断技術 '14［基礎編］	「コン診」
道路土工—擁壁工指針　H24	「土工指針（擁壁）」
道路橋示方書・同解説（Ⅰ共通編・Ⅱ鋼橋編・Ⅲコンクリート橋編・Ⅳ下部構造編）　H24.3	「道示」
コンクリートのひび割れ調査，補修・補強指針—2013—	「ひび割れ指針」
ハンディブック土木第3版　第6編　オーム社	「ハンディブック土木」

　しかしながら，現実にはすべての設計が「性能照査型設計法」に取って代わったわけではありません．従来の「許容応力度設計法」も，これまでの豊富な実績に裏打ちされた高い信頼性とその簡易さから，いまだに多くの場面で使用されています．

　このような現実をふまえて本書では，「許容応力度設計法」と「性能照査型設計法」の両方について取り扱うことにしました．そして，大学や短大，工業高校の建設系学科の諸君を対象に基礎的知識を，イラストや説明図を多く取り入れてわかりやすく説明しました．また，現場で活躍されているエンジニアの方々にも「性能照査型設計法」の入門書としてお役に立つものと思っています．

　しかし，本書で述べる「鉄筋コンクリートの設計」は，土木工学のうちの，いわば応用科目です．数学，応用力学，土質力学，水理学などの基本科目の知識の助けが必要です．本書は，これら基本科目の基礎的知識のみで理解できるように配慮しましたが，一連の「絵とき」シリーズの基本科目の学習にも力をそそいで欲しいと思います．

　ところで，大変悲しいことに，本書の中心的存在でいらっしゃいました伊藤実先生が平成 18 年 5 月に他界されました．伊藤先生は，教育・研究者として活躍され，退職後も松本技術コンサルタント（株），ややま園（福）など多方面で社会貢献されました．

　本書の出版にあたり，いろいろとご尽力をいただいたオーム社書籍編集局の方々に対し，心からお礼申し上げます．

平成 27 年 6 月

著者しるす

目　次

1章　鉄筋コンクリートのあらまし

- 1-1　鉄筋コンクリートの特徴 ……………………………… *2*
- 1-2　材料とその性質（その1）…………………………… *4*
- 1-3　材料とその性質（その2）…………………………… *7*
- 1-4　材料とその性質（その3）…………………………… *9*
- 1-5　記号の約束 ……………………………………………… *11*
- 1-6　作　　用 ………………………………………………… *14*
- 1章のまとめ問題 ………………………………………………… *16*

2章　鉄筋コンクリートの設計法

- 2-1　コンクリートの歴史 …………………………………… *18*
- 2-2　設計法の変遷 …………………………………………… *20*
- 2-3　許容応力度設計法 ……………………………………… *22*
- 2-4　性能照査型設計法 ……………………………………… *24*
- 2章のまとめ問題 ………………………………………………… *26*

3章　許容応力度設計法

- 3-1　コンクリートの許容応力度 …………………………… *28*
- 3-2　鉄筋の許容応力度 ……………………………………… *30*
- 3-3　鉄筋コンクリートばり ………………………………… *32*
- 3-4　中立軸の計算 …………………………………………… *34*
- 3-5　応力の計算 ……………………………………………… *36*
- 3-6　単鉄筋T形ばりの応力 ………………………………… *38*
- 3-7　抵抗モーメントの計算 ………………………………… *40*
- 3-8　長方形断面の計算 ……………………………………… *42*

■目次

- 3-9 T形断面の計算 …………………………………… 44
- 3-10 断面計算のまとめ …………………………………… 46
- 3-11 長方形断面のせん断応力度の計算 ………………… 48
- 3-12 長方形断面の付着応力度の計算 …………………… 50
- 3-13 T形断面のせん断応力度・付着応力度 …………… 52
- 3-14 腹　鉄　筋 …………………………………………… 54
- 3-15 腹鉄筋の計算（その1） …………………………… 56
- 3-16 腹鉄筋の計算（その2） …………………………… 58
- 3-17 腹鉄筋の計算（その3） …………………………… 60
- 3-18 腹鉄筋の計算（その4） …………………………… 62
- 3章のまとめ問題 …………………………………………… 64

4章　性能照査型設計法

- 4-1 要　求　性　能 ……………………………………… 66
- 4-2 安　全　係　数 ……………………………………… 68
- 4-3 特　性　値 …………………………………………… 70
- 4章のまとめ問題 …………………………………………… 72

5章　安全性（断面破壊）に関する検討

- 5-1 基　本　仮　定 ……………………………………… 74
- 5-2 応力分布の変化 ……………………………………… 76
- 5-3 設計曲げ耐力の計算 ………………………………… 78
- 5-4 単鉄筋T形ばり（その1） ………………………… 80
- 5-5 単鉄筋T形ばり（その2） ………………………… 82
- 5-6 せん断力を受ける部材 ……………………………… 84
- 5-7 設計せん断耐力（その1）
  　—せん断補強鉄筋を用いない棒部材 ……………… 86
- 5-8 設計せん断耐力（その2）
  　—せん断補強鉄筋を用いる棒部材 ………………… 88
- 5-9 設計せん断耐力（その3）

　　　　　―腹部コンクリートの耐力 ････････････････････ *90*
　　5-10 設計せん断耐力（その4）
　　　　　―単鉄筋T形ばり ････････････････････････････ *92*
　5章のまとめ問題 ････････････････････････････････････ *94*

6章　安全性（疲労破壊）に関する検討

　　6-1　疲労の安全性の検討 ･･････････････････････････ *96*
　　6-2　安全性の照査方法 ･･････････････････････････ *98*
　　6-3　等価繰返し回数による方法（その1）･･････････ *100*
　　6-4　等価繰返し回数による方法（その2）･･････････ *102*
　　6-5　コンクリート・鉄筋の疲労強度 ･･････････････ *104*
　　6-6　はりの曲げ疲労 ･･････････････････････････ *106*
　　6-7　はりのせん断疲労 ･･････････････････････････ *108*
　　6-8　せん断疲労の計算（その1）････････････････ *110*
　　6-9　せん断疲労の計算（その2）････････････････ *112*
　6章のまとめ問題 ･･････････････････････････････････ *116*

7章　使用性に関する検討

　　7-1　曲げ応力度の計算 ･･････････････････････････ *118*
　　7-2　外観（限界状態）と曲げひび割れ幅 ･･････････ *120*
　　7-3　曲げひび割れ幅の検討 ･･････････････････････ *122*
　　7-4　変位・変形の検討 ･･････････････････････････ *124*
　　7-5　たわみの計算（その1）････････････････････ *126*
　　7-6　たわみの計算（その2）････････････････････ *128*
　7章のまとめ問題 ･･････････････････････････････････ *130*

8章　耐久性（環境作用）に関する検討

　　8-1　ひび割れ幅に対する照査 ･･････････････････････ *132*
　　8-2　中性化に対する照査 ････････････････････････ *134*
　　8-3　塩害に対する照査 ･･････････････････････････ *136*

■目　　次

　　　　　　　8章のまとめ問題 ……………………………………… *138*

9章　一般構造細目

- 9-1　かぶりと鉄筋のあき ………………………………… *140*
- 9-2　鉄筋の曲げ形状 ……………………………………… *142*
- 9-3　鉄筋の定着 …………………………………………… *144*
- 9-4　基本定着長 …………………………………………… *146*
- 9-5　鉄筋の継手 …………………………………………… *148*
- **9**章のまとめ問題 ……………………………………… *150*

10章　擁壁の設計

- 10-1　擁壁の種類と構造 …………………………………… *152*
- 10-2　擁壁にかかる土圧 …………………………………… *154*
- 10-3　擁壁の安定 …………………………………………… *156*
- 10-4　擁壁の設計手順と設計条件 ………………………… *158*
- 10-5　擁壁に作用する荷重 ………………………………… *161*
- 10-6　擁壁自体の安定性の照査 …………………………… *165*
- 10-7　たて壁の設計 ………………………………………… *167*
- 10-8　底版の設計 …………………………………………… *172*
- 10-9　応力度の照査 ………………………………………… *177*
- **10**章のまとめ問題 …………………………………… *182*

11章　コンクリート構造物の変状と診断・対策

- 11-1　維持管理の概要 ……………………………………… *184*
- 11-2　コンクリート構造物の点検 ………………………… *187*
- 11-3　劣化現象・劣化機構（その1）……………………… *189*
- 11-4　劣化現象・劣化機構（その2）……………………… *194*
- 11-5　劣化現象・劣化機構（その3）……………………… *197*
- 11-6　コンクリート構造物の変状対策 …………………… *200*
- **11**章のまとめ問題 …………………………………… *204*

まとめ問題解答	205
付　　　表	217
参 考 文 献	223
索　　　引	225

1章

鉄筋コンクリートのあらまし

　鉄筋コンクリート（reinforced concrete；RC）とは，文字どおり，コンクリートの中に鉄筋を埋め込んで，互いが一体となって働くようにしたものです．コンクリートは，温度変化や乾燥収縮などによりひび割れを生じやすく，衝撃作用（地震など）に対しても抵抗性が大きくありません．その弱点を，鉄筋が受け持って補強しようとしたものです．鉄筋の弾性部分の最大値である引張降伏強度 f_y は，コンクリートの圧縮強度 f'_c の約 10 倍以上，引張強度 f_t の約 100 倍以上です．したがって，**コンクリートは引張に弱く圧縮に強いが**，その圧縮強度においても，鉄筋の降伏強度に比較すると，かなり小さい値であることがわかります．

　そこで，鉄筋コンクリートばりは図 1・1 に示すように，はりの圧縮側はコンクリートが受け，はりの引張側（コンクリートの弱点部分）は**引張に強い鉄筋**が受けるような仕組みにしています．ただし，柱などでは，鉄筋の圧縮力の増強に使用する場合もあります．

　本章では鉄筋コンクリートの特徴や性質について学びます．

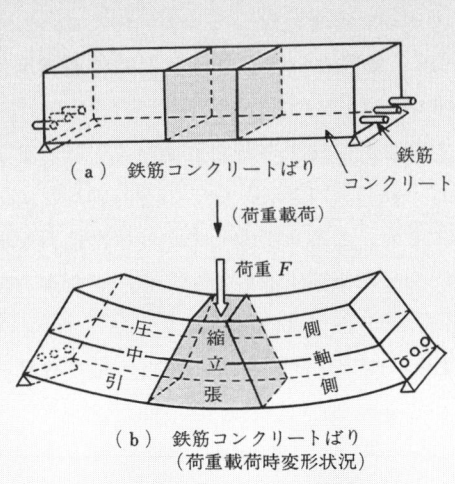

(a) 鉄筋コンクリートばり

(b) 鉄筋コンクリートばり（荷重載荷時変形状況）

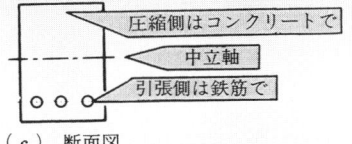

(c) 断面図

図 1・1　鉄筋コンクリートばり

1-1 鉄筋コンクリートの特徴

1
仲よく二人三脚

> 鉄筋コンクリートの成り立つ三つの条件

鉄筋コンクリートは，性質がそれぞれ非常に異なっていますが，これが一体となって外力に抵抗し，有利な構造材料として広く利用されるのは，次の三つの主要な性質を持っているからです．

(1) 鉄筋とコンクリートとの熱膨張係数がほぼ等しい

鋼の熱膨張係数は約 $11 \sim 12 \times 10^{-6}$/℃，コンクリートの熱膨張係数は $7 \sim 13 \times 10^{-6}$/℃ 程度ですが，ともに 10×10^{-6}/℃ としてよいので，両者の間に生じる応力の違いを考えなくてもよいのです．

(2) 鉄筋とコンクリートとの付着強度は大きい

適切に設計施工された鉄筋コンクリートにおける鉄筋とコンクリートの付着強度は十分に大きく，どちらかの一方が受けた応力を他方へ十分に伝達することができ，また両者の共同作用の機構は破壊されません．

(3) コンクリート中に埋め込んだ鉄筋はさびにくい

コンクリート中のセメントペーストはアルカリ性で，セメントペーストに包まれている鉄筋は，酸化その他による腐食が生じません．

1 仲よく二人三脚

鉄筋コンクリートの利点と欠点

鉄筋コンクリートは有利な材料といっても，やはり利点もあれば，欠点もあります．それを表1・1にまとめました．

表1・1 鉄筋コンクリートの利点と欠点

利　点	欠　点
・耐久性・耐火性に優れている． ・いろいろな形状・寸法の構造物を容易につくることができる． ・他の構造物に比べて経済的で，維持修理費も少なくてすむ． ・振動・騒音が少ない．	・自重が比較的大きいので軟弱地盤上の構造物には不利である． ・ひび割れが生じやすく，局部的に破損しやすい． ・検査・改造が困難である． ・施工が粗雑になりやすい．

「材料とその性質」に入る前に

鉄筋あるいはコンクリートの品質は，引張強度あるいは圧縮強度に加えて設計上の必要性により，その他の強度・ヤング係数・熱特性・耐久・水密性などの材料特性によって表します．本章では，コンクリートと鉄筋の基本的事項を述べています．

鉄筋コンクリート構造物の設計には，**荷重（作用）強度**と**材料（抵抗）強度**が必要です．設計の基準に用いる強度は，ばらついたそれらの値を，安全性を確保するために，ある固有の値を指定することにしています．これを荷重および材料の**特性値**といいます．また，荷重および材料強度が規格値あるいは公称値で与えられているとき，特性値に換算する際には，**修正係数**を用います．荷重，材料，構造物などの安全性を判断する基準となる係数を**安全係数**といいます．

本章では言葉だけで，詳しくは4章で例題も含めて説明されています．

・設計に必要な二つの要素
　荷重強度・材料強度
・特性値
・修正係数
・安全係数

本章では言葉だけでいいよ

1-2 材料とその性質（その1）

2 圧縮に強い！

重量

無筋コンクリートの重量は一般に 22.5〜23.0 kN/m³ とし，鉄筋コンクリートの重量は 24.0〜24.5 kN/m³ としています．

強度の特徴

コンクリートの強度は，**標準養生**を行った供試体の**材齢 28 日の圧縮強度**を基準としています．

コンクリートの圧縮強度は図 1・2 に示すように，材齢 7 日までは急に増加し，その後は 28 日まではゆるやかに，それ以降は徐々に増加していきます．

また，コンクリートの強度は，材料・配合・練混ぜ・打込み・養生や，固まった後の材齢・温度・湿度など環境によっても変化します．

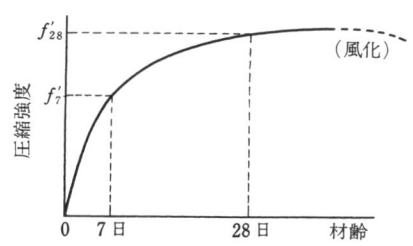

図 1・2　コンクリートの材齢と圧縮強度（標準養生を行った場合）

各種設計強度

コンクリートの圧縮，引張，付着および支圧に対する設計強度は，それぞれの特性値をコンクリートの材料係数 γ_c で割った値とします．また，その特性値は適切な試験値に基づいて定めていますが，試験強度が得られない場合は，一般の普通コンクリートに対して圧縮強度の特性値 f'_{ck}（**設計基準強度**）に基づいて次式により求めてよいものとします．

曲げひび割れ強度については，乾燥，水和熱，寸法の影響を考慮して，次式で求めます．

2 圧縮に強い！

表1・2 コンクリートの許容応力度 σ_{ca} [N/mm²]

応力度の種類＼設計基準強度	21	24	27	30
許容曲げ圧縮応力度	7.0	8.0	9.0	10.0
許容軸圧縮応力度	5.5	6.5	7.5	8.5
許容付着応力度(異形棒鋼)	1.40	1.60	1.70	1.80
許容押抜きせん断応力度	1.40	1.60	1.70	1.80
許容支圧応力度	$\sigma_{ba} = (0.25 + A_c/A_b)\,\sigma_{ck}$ ただし，$\sigma_{ba} \leq 0.5\,\sigma_{ck}$ ここに，σ_{ba}：コンクリートの許容支圧応力度〔N/mm²〕 　　　A_c：局部載荷の場合のコンクリート面の有効支圧面の面積〔mm²〕 　　　A_b：局部載荷の場合の支圧を受けるコンクリート面の面積〔mm²〕 　　　σ_{ck}：コンクリートの設計基準強度〔N/mm²〕			

引張強度：$f_{tk} = 0.23\,f'^{2/3}_{ck}$　　　　　　　　　　　　　　　　　(1・1)

付着強度：JIS G 3112 の規定を満足する異形鉄筋について

$$f_{bok} = 0.28\,f'^{2/3}_{ck} \quad (1\cdot2)$$

ただし，$f_{bok} \leq 4.2\,\mathrm{N/mm^2}$

普通丸鋼の場合は，付着強度を異形鉄筋の場合の 40% とします．ただし，鉄筋端部に半円形フック（図8・3参照）を設けるものとします．

支圧強度：$f'_{ak} = \eta \cdot f'_{ck}$　　　　　　　　　　　　　　　　　　(1・3)

ただし，$\eta = \sqrt{A/A_a} \leq 2$

　　　A：コンクリート面の支圧分布面積

　　　A_a：支圧を受ける面積

曲げひび割れ強度：$f_{bck} = k_{ob} \cdot k_{lb} \cdot f_{tk}$　　　　　　　　　　　(1・4)

ここに，$k_{ob} = 1 + \dfrac{1}{0.85 + 4.5(h/l_{ch})}$

$k_{lb} = \dfrac{0.55}{\sqrt[4]{h}} \,(\geq 0.4)$

k_{ob}：コンクリートの引張軟化特性に起因する引張強度と曲げ強度の関係を表す係数

k_{lb}：乾燥，水加熱など，その他の原因によるひび割れ強度の低下を表す係数

1-2 材料とその性質(その1)

h：部材の高さ〔m〕(>0.2)
l_{ch}：特性長さ〔m〕($=G_F \cdot E_c / f_{tk}^2$)
 ここに，G_F：破壊エネルギー〔N/m〕($=10 \cdot (d_{max})^{1/3} \cdot f'_{ck}{}^{1/3}$)
  E_c：ヤング係数〔N/mm²〕(表 1·4 参照)
  f_{tk}：引張強度の特性値
  d_{max}：粗骨材の最大寸法〔mm〕
  f'_{ck}：圧縮強度の特性値(設計基準強度)〔N/mm²〕

なお，f'_{ck} が異なる場合の各種設計強度は表 1·2 に示すとおりで，その比は，引張強度/圧縮強度≒1/10～1/13，曲げ引張強度/圧縮強度≒1/5～1/7 であり，コンクリートは圧縮に強いことがよくわかります．

設計疲労強度　　コンクリートの疲労強度の特性値は，種類・構造物の露出条件などを考慮した試験による疲労強度に基づいて定めるものとします．コンクリートの圧縮，曲げ圧縮，引張および曲げ引張の設計疲労強度 f_{rd} は，一般に，疲労寿命 N と永続作用による応力度 σ_p の関数として，次式により求めます(6章 Let's try **No.4** を参照)．

$$f_{rd} = k_{1f} f_d \left(1 - \frac{\sigma_p}{f_d}\right)\left(1 - \frac{\log N}{K}\right) \quad (1 \cdot 5)$$

ただし，$N \leq 2 \times 10^6$

f_d：コンクリートのそれぞれの設計強度で，材料係数 γ_c を 1.3 として求めてよい．ただし，f_d は $f'_{ck} = 50$ N/mm² に対する各設計強度を上限とする．

K：普通コンクリートで継続，あるいはしばしば水で飽和される場合および軽量骨材コンクリートの場合 10，その他一般 17

k_{1f}：圧縮および曲げ圧縮の場合 0.85，引張および曲げ引張の場合 1.0

σ_p：永続作用によるコンクリートの応力度だが，交番荷重(繰返し作用する荷重)を受ける場合は 0

(6章に例題として与えています)

1-3 材料とその性質（その2）

3 引張に強い！

種　類

鉄筋の種類は，表面に突起を持たない**熱間圧延棒鋼**（**普通丸鋼**ともいう）SR 235 および 295 の 2 種類，図 1・3 のように鉄筋とコンクリートとの付着をよくするために表面に突起を持つようにした**熱間圧延異形棒鋼**（**異形鉄筋**ともいう）SD 295 A，295 B，345，390 および 490 の 5 種類があります（表 1・3 参照）．

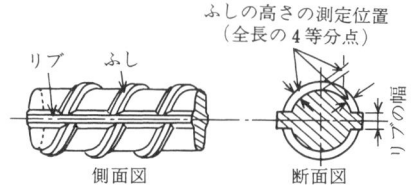

図 1・3　異形棒鋼（例）

強度の特徴

鉄筋の引張降伏強度の特性値 f_{yk} および引張強度の特性値 f_{uk} は，原則として **JIS Z 2241**「金属材料引張試験方法」による引張試験に基づき定めるものとします．JIS 規格に適合するものは特性値 f_{yk} および f_{uk} を JIS 規格値の下限値とし，また限界状態の照査に用いる鉄筋の断面積は公称断面積としてよいものとします．

圧縮降伏強度の特性値 f'_{yk} は，引張降伏強度の特性値 f_{yk} に等しいものとしてよいものとします．

せん断降伏強度の特性値 f_{vyk} は，一般に次式により求めます．

$$f_{vyk} = f_{yk}/\sqrt{3} \tag{1・6}$$

各種設計強度

鉄筋の引張，圧縮およびせん断に対する設計強度は，それぞれの強度の特性値を材料係数 γ_s で割ったものとします．

設計疲労強度

鉄筋の疲労強度の特性値は，種類，形状，寸法，継手の方法，作用応力の大きさと作用頻度，環境条件を考慮して行った試験による疲労強度に基づいて定めます（6 章 Let's try **No.3** を参照）．

1-3　材料とその性質（その2）

　異形鉄筋の設計疲労強度 f_{srd} は，疲労寿命 N と永久作用による鉄筋の応力度 σ_{sp} の関数として次式で求めてもよいものとしています．

$$f_{srd} = 190 \frac{10^a}{N^k} \left(1 - \frac{\sigma_{sp}}{f_{ud}}\right) \bigg/ \gamma_s \ [\text{N/mm}^2] \qquad (1\cdot7)$$

ただし，$N \leq 2\times10^6$

　　　　f_{ud}：鉄筋の設計引張強度
　　　　γ_s：鉄筋の材料係数で，一般に 1.05
　　　　a, k：試験により定めるのを原則とするが，$N \leq 2\times10^6$ の場合は次式より求めます．
　　　　　　　$a = k_{0f}(0.81 - 0.003\,\phi)$
　　　　　　　$k = 0.12$
　　　　ここで，ϕ：鉄筋直径
　　　　　　　k_{0f}：鉄筋のふしの形状に関する係数で，一般に 1.0

表 1・3　異形鉄筋の機械的性質（JIS G 3112 2010）

種類の記号	降伏点または0.2%耐力 [N/mm²]	引張強さ [N/mm²]	引張試験片	伸び* [%]
SD 295 A	295 以上	440～600	2号に準じるもの	16 以上
			14A 号に準じるもの	17 以上
SD 295 B	295～390	440 以上	2号に準じるもの	16 以上
			14A 号に準じるもの	17 以上
SD 345	345～440	490 以上	2号に準じるもの	18 以上
			14A 号に準じるもの	19 以上
SD 390	390～510	560 以上	2号に準じるもの	16 以上
			14A 号に準じるもの	17 以上
SD 490	SD 490	620 以上	2号に準じるもの	12 以上
			14A 号に準じるもの	13 以上

＊　異形棒鋼で，寸法が呼び名 D 32 を超えるものについては，呼び名3を増すごとに表 1・3 の伸び値からそれぞれ 2% 減じる．ただし，減じる限度は 4% とする．

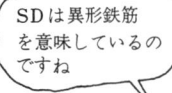

1-4 材料とその性質（その3）

4 コンクリート vs 鉄筋

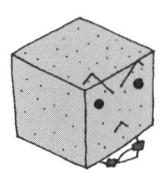

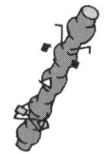

ヤング係数（コンクリート）

ヤング係数は，原則として，**JIS A 1149**「コンクリートの静弾性係数試験法」によって，圧縮試験を行い，応力-ひずみ曲線を求めて定めるのですが，コンクリートは鉄筋の場合とは異なり，完全な弾性体でなく，応力度とひずみ度との関係は図1・4のような曲線となり，弾性域で比例していません．そこで弾性体として取り扱えるように，つまりフックの法則が適用できるように，一般に圧縮強度の1/3の点とひずみが 50×10^{-6} の点とを結ぶ図1・4の直線②の傾きの平均値（割線弾性係数）をヤング係数 E_c $(= \sigma/\varepsilon = \tan\alpha_2)$ としているのです．

ところで，土木学会では鉄筋コンクリートの設計に用いる場合，コンクリートのヤング係数は，使用限界状態における応力度，弾性変形または不静定力の計算には，一般に表1・4の値を用いています．しかし，繰返し荷重を受ける場合，または作用する応力度が小さい場合は，初期接線弾性係数に近い値を示すので，10％程度割り増すとよいわけです．

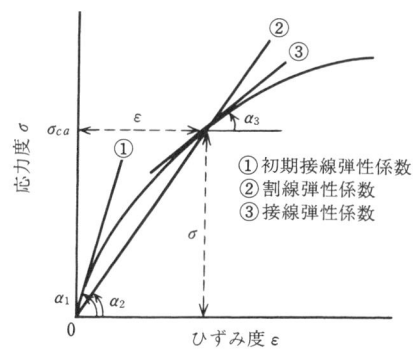

図1・4 コンクリートの応力-ひずみ曲線

表1・4 コンクリートのヤング係数

f'_{ck} [N/mm²]		18	24	30	40	50	60	70	80
E_c [kN/mm²]	普通コンクリート	22	25	28	31	33	35	37	38
	軽量骨材コンクリート*	13	15	16	19	—	—	—	—

* 骨材の全部を軽量骨材とした場合

1-4 材料とその性質（その3）

ポアソン比（コンクリート）

ポアソン比は，弾性範囲内では，一般に 0.2 としています．ただし，引張を受けひび割れを許容する場合には 0 とします．

熱膨張係数（コンクリート）

熱膨張係数は，一般に鉄筋と同様に $10 \times 10^{-6}/°C$ としています．

ヤング係数（鉄筋）

ヤング係数は，原則として **JIS Z 2241**「金属材料引張試験方法」によって引張試験を行い，応力-ひずみ曲線（図1・5 (a)）を求め，この結果から図1・5 (b) に示すように，設計用にモデル化します．そして，その曲線を弾性域において，フックの法則により応力度 σ とひずみ度 ε の比（弾性域の傾き）をとり，ヤング係数としています．さらにその値は，一般に $E_s (\tan \alpha = f_{yd}/\varepsilon_y) = 200 \text{ kN/mm}^2$ としてよいのです．

なぜならば，はりの破壊は，荷重増によりコンクリートが圧壊するか，鉄筋が降伏強度以上になって変形を生じるかにより起こるのですが（先述したように，鉄筋の降伏強度はコンクリートの10倍程度と大きいので），鉄筋が降伏強度になる前にコンクリートが圧壊してしまいます．したがって，はりの破壊時，つまりコンクリートの圧壊時は，鉄筋は弾性域にあると考えてよいからです．

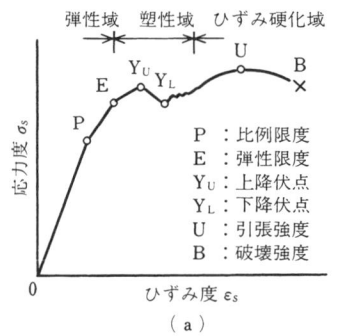
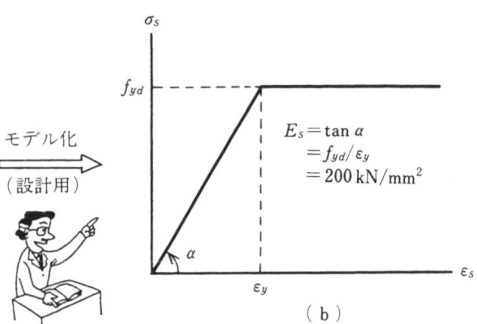

図1・5　鉄筋の応力-ひずみ曲線

ポアソン比（鉄筋）

ポアソン比は，一般に 0.3 としています．この値は，測定法などの要因で測定値にばらつきがありますが，一般に設計計算には大きな影響を及ぼしません．

熱膨張係数（鉄筋）

鉄筋の**熱膨張係数**(線膨張係数)は，一般に，コンクリートと同様に $10 \times 10^{-6}/°C$ としてよいことにしています．

5 この記号はなんだ？

1-5 記号の約束

　標準示方書によると，鉄筋コンクリートの設計計算に使用する記号が約束されています．その中で，本書に使用する記号を次に抜き出してみました．

　さらに，同じ記号が異なる意味で使用されると混同が生じますので，不足分については表1・5を加え，添え字についても表1・6に説明を加えました．また，圧縮については「'（ダッシュ）」をつけることとしました．

A	：断面積	M	：曲げモーメント
A_c	：コンクリートの断面積	M_{cr}	：断面にひび割れが発生する限界の曲げモーメント
A_s	：配置される鉄筋の断面積または引張側鉄筋の断面積	M_u	：曲げ耐力
b	：部材幅	N	：疲労寿命または疲労作用の等価繰返し回数
b_e	：有効幅	N'	：軸方向圧縮力
c	：かぶり	p	：引張鉄筋比
Δc_e	：かぶりの施工誤差	r	：曲げ内半径
c_s	：鋼材の中心間隔	R	：限界値または断面耐力
d	：有効高さ	R_r	：疲労耐力
E_c	：コンクリートのヤング係数	S	：応答値または断面力
E_s	：鉄筋のヤング係数	S_p	：永続作用による断面力
F	：作用	S_r	：変動作用による断面力
F_p	：永続作用	T_c	：コンクリートに生じている全引張力
F_r	：変動作用	u	：鉄筋断面の周長，載荷面の周長
f	：材料強度	V	：せん断力
f_b	：コンクリートの曲げ強度	V_c	：せん断補強鉄筋を用いない部材のせん断耐力
f_t	：コンクリートの圧縮強度	V_p	：永続作用によるせん断力
f'_{ck}	：コンクリートの圧縮強度の特性値, 設計基準強度	V_r	：変動作用によるせん断力
f_r	：疲労強度	V_y	：せん断耐力
f_c	：コンクリートの引張強度	w	：ひび割れ幅
f_u	：鉄筋の引張強度	z	：圧縮応力の合力の位置から引張鉄筋断面の図心までの距離
f_y	：鉄筋の引張降伏強度		
f'_y	：鉄筋の圧縮降伏強度	ε'_c	：コンクリートの圧縮ひずみ
I	：断面二次モーメント	σ	：標準偏差
I_e	：換算断面二次モーメント	σ_r	：変動応力度
I_g	：全断面の断面二次モーメント	τ	：せん断力, またはねじりモーメントによるせん断応力度
l_d	：鉄筋の基本定着長		
l_0	：鉄筋の定着長		

1-5 記号の約束

表1・5 主な記号

s：間隔	δ：変動係数，変位
χ：支点からの距離	ε：ひずみ
α：部材軸とのなす角	ρ：修正係数
β：せん断耐力に関する係数	σ：応力度
γ：安全係数，リラクセーション率	ϕ：径，クリープ係数

表1・6 添え字

a：支圧，構造解析	m：材料，平均
b：部材，つりあい，曲げ	n：規格値，標準，軸方向
b_0：付着	p：プレストレス，PC鋼材，永続，押抜き
c：コンクリート，圧縮，クリープ	r：変動
c_r：ひび割れ	s：鋼材，鉄筋
d：設計用値	t：引張り，ねじり，横方向
e：有効，換算	u：終局
f：作用	v：せん断
g：全断面	w：部材腹部
k：特性値	y：降伏
l：軸方向	

No.1 記号の約束（1）
次の記号と添え字を組み合わせた場合，どのような意味になるか．

〔例〕 $A + c \longrightarrow A_c$（コンクリート断面の面積）
① $E + s \longrightarrow$
② $F + r \longrightarrow$
③ $\sigma + r \longrightarrow$
④ $I + e \longrightarrow$
⑤ $V + p \longrightarrow$

【解答】 ① E_s（鉄筋のヤング係数） ② F_r（変動荷重）
③ σ_r（変動応力） ④ I_e（換算断面二次モーメント）
⑤ V_p（永続作用によるせん断力）

5 この記号はなんだ？

No.2 記号の約束（2）
次に示す記号と添え字を各自適切に組み合わせてみよ．

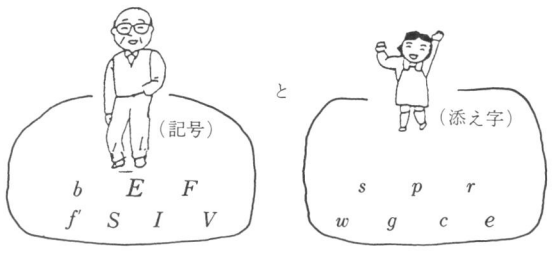

【解答】 b_e（有効幅），b_w（部材腹部の幅），E_c（コンクリートのヤング係数），
E_s（鉄筋および構造用鋼材のヤング係数），F_p（永続作用），F_r（変動作用），
f'_c（コンクリートの圧縮強度），S_e（ひび割れ幅を検討するための断面力），
S_p（永続作用による断面力），S_r（変動作用による断面力），
I_e（換算断面二次モーメント），I_g（全断面の断面二次モーメント），
V_c（せん断補強鉄筋を用いない部材のせん断耐力），
V_p（永続作用によるせん断力），V_r（変動作用によるせん断力）

No.3 記号の約束（3）
鉄筋コンクリートに用いる名称を，コンクリート標準示方書によって定められた記号で表せ．

① 有効高さ
② 鉄筋の断面積
③ 鉄筋断面の周長の総和
④ 鉄筋の引張強度
⑤ コンクリートの圧縮強度の特性値
⑥ 断面耐力
⑦ 永続作用
⑧ 安全係数
⑨ 永続作用によるせん断力
⑩ 圧縮応力の合力の位置から引張鋼材断面の図心までの距離
⑪ 引張鉄筋比
⑫ かぶりの施工誤差
⑬ 鉄筋の基本定着長
⑭ 部材幅
⑮ 許容ひび割れ幅

許容応力度法のときの使用記号と違うものがありますよ気をつけて！

【解答】 ① d　② A_s　③ u　④ f_u　⑤ f'_{ck}
　　　　⑥ R　⑦ F_p　⑧ γ　⑨ V_p　⑩ z
　　　　⑪ p　⑫ Δc_e　⑬ l_d　⑭ b　⑮ w_a

1-6 作 用

6
いろんな作用

作用の組合せ

構造物の性能照査には，施工中や設計耐用期間中に想定される作用を要求性能に対する限界状態に応じて適切に組み合わせなければなりません．設計作用は，作用の特性値に作用係数を乗じて定めるものとし，それぞれの限界状態に対して一般に表 1·7 のように組み合わせるものとします．

表 1·7　設計作用の組合せ（「土コ示」）

要求性能	限界状態	考慮すべき組合せ
耐久性	すべての限界状態	永続作用＋変動作用
安全性	断面破壊等	永続作用＋主たる変動作用＋従たる変動作用
		永続作用＋偶発作用＋従たる変動作用
	疲　労	永続作用＋変動作用
使用性	すべての限界状態	永続作用＋変動作用
復旧性	すべての限界状態	永続作用－偶発作用＋従たる変動作用

作用の特性値

作用の特性値は，検討すべき要求性能に対する限界状態についてそれぞれ定めなければなりません．それを表 1·8 にまとめました．

作用係数

設計作用として，作用の特性値に乗じる作用係数は，一般に表 1·9 により定めます．

作用の分類

作用を，作用頻度・特性値・変動の程度により分類して表 1·10 に示します．死荷重の算出の際に用いる材料の単位重量は表 1·11 に示します．

6 いろんな作用

表1・8 作用の検討すべき要求性能に対する限界状態による特性値(「土コ示」)

要求性能		特性値
耐久性		構造物の施工中および設計耐用期間中に比較的しばしば生じる大きさのものとする
安全性	断面破壊	構造物の施工中および設計耐用期間中に生じる最大値の期待値とする.ただし,小さいほうが不利となる場合には,最小値の期待値とする.また,従たる変動作用の特性値は,主たる変動作用および偶発作用との組合わせに応じて定める
	疲労破壊	構造物の設計耐用期間中の作用の変動を考慮して定める
使用性		構造物の施工中および設計耐用期間中に比較的しばしば生じる大きさのものとし,検討すべき要求性能に対する限界状態および作用の組み合わせに応じて定める
復旧性		構造物の設計耐用期間中に生じる最大値の期待値を上限値として,設定された性能の限界状態に応じた値とする

表1・9 作用係数(「土コ示」)

要求性能	限界状態	作用の種類	作用係数
耐久性	すべての限界状態	すべての作用	1.0
安全性	断面破壊等	永続作用	1.0〜1.2
		主たる変動作用	1.1〜1.2
		従たる変動作用	1.0
		偶発作用	1.0
	疲労	すべての作用	1.0
使用性	すべての限界状態	すべての作用	1.0
復旧性	すべての限界状態	すべての作用	1.0

表1・11 材料の単位重量(「土コ示」)

材料	単位重量 〔kN/m³〕
鋼・鋳鋼・鍛鋼	77
鋳 鉄	71
アルミニウム	27.5
鉄筋コンクリート	24.0〜24.5
プレストレスコンクリート	24.5
コンクリート	22.5〜23.0
セメントモルタル	21.0
木 材	8
瀝 青 材	11
アスファルトコンクリート舗装	22.5

表1・10 作用の分類(「土コ示」)

作用

- 直接作用
  - ・死荷重   ・活荷重
  - ・土圧   ・水圧
  - ・流体力   ・波力
  - ・プレストレス力 ・雪荷重
  - ・風荷重
  - ・その他

- 間接作用
  - ・コンクリートの収縮およびクリープによる影響
  - ・温度の影響
  - ・地震の影響
  - ・その他

- 環境作用
  - 構造物に対する
  - ・温度,日射の影響
  - ・湿度,水分の供給
  - ・各種物質の濃度,その供給
  - ・その他

No.4 静水圧の特性値の計算

静水圧の特性値 p_w は,$p_w = w_0 h$ 〔kN/m²〕で表される.下の条件の際に,特性値を求めよ.

ここで,h:水面よりの深さ〔m〕で各限界状態ごとに定める($h = 1$ m とする).

w_0:水の単位重量〔kN/m³〕($w_0 = 1$ kN/m³)

【解答】 $p_w = w_0 h = 1 \times 1 = 1$ kN/m²

 # 1章のまとめ問題

【問題1】 鉄筋コンクリートの成立条件を三つ，簡単に述べよ．

【問題2】 鉄筋コンクリートの利点と欠点を，各々四つずつ挙げよ．

【問題3】 鉄筋コンクリートについて，次の文の □ 内に適語を入れよ．
(1) コンクリートの強さは，一般に ア を行った供試体の材齢 イ 日における圧縮強度を基準とする．コンクリートの圧縮強度は，引張強度の約 ウ 倍，曲げ引張強度の約 エ 倍くらいである．
(2) 鉄筋コンクリートの応力計算の場合，鋼のヤング係数 E_s は， オ kN/mm^2 で，コンクリート $f'_{ck} = 24\ N/mm^2$ の場合，ヤング係数 E_c は カ kN/mm^2 である．したがって，ヤング係数比は キ であることがわかる．
(3) 鉄筋コンクリートに用いる棒鋼で，表面に突起を持つものを ク といい，持たないものを ケ という．

【問題4】 鉄筋コンクリートに用いる記号と意味について，空欄を埋めよ．

記号	意　味	記号	意　味
I_e			鉄筋の定着長
	コンクリートの圧縮強度		曲げモーメント
Δc_e		w	
E_c		F_r	
	引張鉄筋比		永続作用による断面力

2章 鉄筋コンクリートの設計法

　土木の構造物を建設するためには，昔からいろいろな材料が使われてきましたが，鉄筋コンクリートは，土木構造物をつくるうえで重要な材料の一つになっています．土，木，石，コンクリート，鉄筋等，別々に使用したり，組み合わせて互いの長所を生かしたり，欠点を補ったりしてうまく利用しています．

　土木構造物は，橋，トンネル，道路，防波堤，上下水道，ダムなど，市民生活に直接関係のある公共性がきわめて高く，またその使用期間が長いものがほとんどです．「構造物には同じものがない」といわれるように，建設する場所が全部違い，周囲の状況や気象条件さえも違っています．このような中で，構造物として十分に安全でかつ経済的に建設され，周囲の美観を損なわずにその使用目的を長期間果たせるものでなくてはならないのです．

　設計手順の概略を示すと
　　1．設計計画……1）各種調査
　　　　　　　　　　2）構造物の材料および形式の選定
　　2．構造設計……1）構造解析 ─┐
　　　　　　　　　　2）断面計算 ─┴─ 設計基準類との比較
　　3．設計図面 ────────────
となります．
　本章では，設計法について主に学んでいきます．

2-1 コンクリートの歴史

1 歴史を訪ねて

はじめは接着剤

鉄筋コンクリートの歴史を述べる前にコンクリートの歴史からはじめましょう（表2・1参照）．古代エジプトで焼石膏と石灰を混合したものを接着剤として利用しピラミッドが建造され，ギリシャ・ローマ時代から18世紀にかけては火山灰（ポゾラン）と石灰を混ぜてつくったポゾランセメントを用いて，建物や道路がつくられました．

今日使用されているセメントは，1824年に，イギリス人ジョセフ・アスプジンが粘土と石灰石を調合して焼成する製造法について特許を取ったものを起源と

表2・1 コンクリートの歴史

年　　代	内　　　　　容
古代エジプト	焼石膏と石灰の混合物を接着剤として石材を組み合わせた建造物（ピラミッドなど）がつくられた．
ギリシャ・ローマ時代	火山灰（ポゾラン）と石灰を混ぜてつくったポゾランセメントを用いて建築物や道路がつくられた．
1824年	イギリス人のアスプジンが，石灰石と粘土を調合して焼成するポルトランドセメントの製造方法を発見し特許を取った．
1855年	フランス人のランボが鉄の網を側壁に入れた小舟を製作し，第1回パリ万国博覧会に出品した．
1867年	フランス人の庭師モニエが，格子状に組んだ鉄筋を入れた床板をつくり特許を取った．他に，植木鉢，RCパイプ，貯水槽などに発展させた．
1872年（明治5）	東京深川に政府のポルトランドセメント工場開設．
1875年（明治8）	日本ではじめてセメントが製造された．
1887年（明治20）	ドイツ人のケネンにより鉄筋コンクリート設計理論が発表された．
1890年（明治23）	わが国最初の鉄筋コンクリート構造の工事で横浜岸壁のケーソン工事がはじまった．
1903年（明治36）	広井勇博士により，「鉄筋混凝土」という述語が紹介された．
1916年（大正5）	ドイツ鉄筋コンクリート委員会：最初の示方書・計算規準書発表（許容応力度設計法）．
1931年（昭和6）	日本土木学会：鉄筋コンクリート標準設計指導書の制定（許容応力度設計法）．
1964年（昭和39）	ヨーロッパコンクリート委員会：限界状態設計法による設計基準を発表．
1978年（昭和53）	CEB/FIP：モデルコード78の制定．
1986年（昭和61）	日本土木学会：限界状態設計法を示方書に採用．

1 歴史を訪ねて

しています.

日本にもあった

材料の組合せによる構造強化が鉄筋コンクリートですが,この着想は日本の建築物にも古くから見られ,石やわらを混ぜて家の塀や壁をつくっています.

塀には石を入れることにより体積を増やすと同時に強度を受け持たせ,壁に竹を格子状に入れる発想は現在の鉄筋コンクリートスラブに通じ,格子状の竹に細いわら縄を巻きつけるのは土と竹の付着をよくするためで,異形鉄筋に通じるのではないでしょうか.

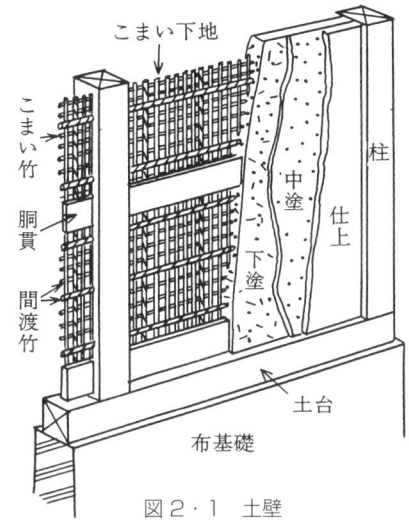

図2・1 土壁

鉄筋コンクリートの登場

鉄筋コンクリートは 1850 年にフランス人のランボが鉄の網を入れた側壁を持つボートを製作し,1855 年の第1回パリ万国博覧会に出品されたのが最初といわれています.その後,鉄筋網や鋼板による補強法の改良を踏まえて,1867 年に,パリの庭師モニエが鉄筋を格子状に配置する「モニエ式鉄筋コンクリート」の特許をとり,植木鉢,RC パイプ,貯水槽,床板,さらにアーチ橋へ発展させていきました.

コンクリートは万能か?

19 世紀の中ごろに発明された鉄筋コンクリートの理論は,20 世紀の初頭までにほぼ体系化され,実用上の問題は解決されましたが,断面の算定に使われた許容応力度設計法は,安全第一の安全率 (s) に頼っていたため,施工の良否によってコンクリートの強度が変動することが悩みでした.実際にヨーロッパでは,許容曲げ圧縮応力度 $\sigma'_{ca} \leq f'_{ck}/s$,許容引張応力度 $\sigma_{ta} \fallingdotseq 0$ で設計された煙突が,設計風圧をわずかでも超えると,断面の引張側から破壊することがしばしば起こりました.

これにより,許容応力度法の安全率による安全性の確認が「安全を保証する」とはいえないことが示され,構造物の破壊に対する安全を確保する方法についての関心が高まり,材料および部材についての研究が盛んに行われました.

2-2 設計法の変遷

2
進化を続ける設計法

設計法の変遷

鉄筋コンクリート構造は，橋の上部構造，橋台，橋脚，擁壁や河川構造物，港湾構造物など，土木構造物に多く利用されています．土木構造物の設計とは，構造物の目的や用途から定められる**要求性能**を，施工中および設計耐用期間のすべてを通じて満たすことができるように，その構造形式，部材，断面，配筋等の諸元を定めることをいいます．

なお，鉄筋コンクリートの設計方法は，これまでの仕様規定型の「**許容応力度設計法**」から性能照査・性能規定型の「**性能照査型設計法**」へと移行過程にあります．性能照査型設計法に至る設計法の変遷とその特徴について，図2・2にまとめてみました．

許容応力度設計法（弾性設計法）
許容限界内である弾性範囲内で部材応力度の点検 ○部材に対する安全率一律…設計計算が簡単 △破壊に対する安全性の検討なし，荷重の種類によって変わる安全度の考慮

↓

終局強度設計法（荷重係数設計法）
○部材の塑性範囲まで考慮した設計，荷重の種類の影響の検討 △日常使用に対する機能の維持について構造物の変位量・変形量に対する検討なし △構造物の重要さの度合いにより要求される安全度の異なることについての検討なし

↓

限界状態設計法（部分安全係数法）
上の二つの設計法の欠点を改善し，終局・使用・疲労の三つの限界状態に対する安全性・使用性を個々に検討していく合理的な方法

↓

性能照査型設計法
要求性能の照査には限界状態設計法を適用することが多い 構造物の要求性能（安全性・耐久性・使用性・復旧性・環境性等）を設定し，その要求性能を満たすように構造計画，構造詳細の設定を行い，設計耐用期間を通じて要求性能が満足されていることを照査する方法 ○設計者や使用者の判断により材料や構造の選択が可…経済性の向上

図2・2 設計法の変遷（○は長所，△は短所を示す）

2 進化を続ける設計法

関連知識 地震被害と耐震設計基準の変遷

日本における 1970 年以前の構造物の耐震設計は，水平方向の設計震度 0.2 の地震荷重に対して，構造物の弾性強度のみを保証するものでした．しかしながら，自然現象を対象とした地盤震動そのものの予測および設計荷重の決定は簡単ではありません．現在までの耐震基準では，地震被害の経験や得られた地震記録をもとに逐次改正されてきているのが現状で，その都度耐震設計の見直しを進めてきています．

年代	主な地震	耐震設計関連の規定
1923(大正12)	関東大地震 (M7.9 海直)	・設計震度 0.1
1926(大正15)		・道路構造に関する細則案 ・最強地震力を考慮する．ただし，具体的な数値，計算方法は示されない ・震度法による耐震設計
1939(昭和14)		・鋼道路橋設計示方書　設計震度 0.2
1948(昭和23)	福井地震 (M7.1 直)	・SMAC 開発・耐震コード
1956(昭和31)		・鋼道路橋設計示方書　設計震度 0.1〜0.35
1964(昭和39)	新潟地震 (M7.5 海)	
1968(昭和43)	十勝沖地震 (M7.9 海)	・RC 柱せん断破壊
1971(昭和46)		・道路橋示方書耐震設計編　設計震度 0.1〜0.24 ・震度法(地域別，地盤別，重要度補正係数を考慮)による耐震計算 ・建築基準　せん断補強筋の強化
1978(昭和53)	宮城県沖地震 (M7.4 海)	
1980(昭和55)		・道路橋示方書（新耐震設計法案） ・変形性能照査 ・設計震度 0.1〜0.3 ・応答を考慮した修正震度法
1983(昭和58)	日本海中部地震 (M7.7 海)	・長周期地震動
1986(昭和61)		・コンクリート標準示方書 ・限界状態設計法の導入
1990(平成2)		・道路橋示方書耐震設計スペクトルの見直し
1992(平成4)		・道路橋の免震設計マニュアル
1993(平成5)	北海道南西沖地震 (M7.8 海)	
1994(平成6)	北海道東方沖地震 (M8.1 海)	
1995(平成7)	兵庫県南部地震 (M7.2 直) (都市直下型地震)	・強度を向上させてると同時に，変形性能を高めて橋全体系として地震に耐える構造を目指す ・地震動と橋の重要度に応じて橋の耐震性能を確保することを目標（健全性を損なわない，致命的な被害を受けない，限定された損傷にとどめる） ・免震設計の採用
2002(平成14)		・性能規定型基準への改訂 ・耐震性能 1〜3（健全性を損なわない性能，損傷が致命的とならない性能，損傷が限定的となり，機能回復が速やかに行いうる性能）の定義，性能の観点，限界状態の設計法
2011(平成23)	東北地方太平洋沖地震 (M9.0 海)	
2012(平成24)		・道路橋示方書（耐震設計大幅改訂） ・耐震性能 1：レベル 1 の地震動に対して，すべての橋梁部材が全く健全で，橋梁としての機能（通行できること）が完全に確保できる性能 ・耐震性能 2：レベル 2 の地震動で橋梁としての機能を一時的に失うが，損傷が小さく復旧が容易で，落橋しない性能 ・耐震性能 3：レベル 2 の地震動で橋梁としての機能を失い，部材の損傷も大きく復旧が容易でないが落橋しない性能

土木学会：土木構造物の耐震基準等に関する提言「第二次提言」解説より抜粋
藤原稔：道路橋技術基準の変遷より抜粋

2-3 許容応力度設計法

3
老　　　舗

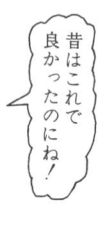

許容応力度設計法　許容応力度設計法は，従来から鉄筋コンクリート構造物の設計に用いられており，想定される荷重下で，構造物の各部材に生じる曲げモーメント，せん断力，軸方向力などを弾性理論により計算し，またコンクリートや鉄筋の応力度も弾性理論により計算します．部材の安全性は，この応力度がコンクリートや鉄筋の設計基準強度から定められた許容応力度とを比べることにより計算を進めていく設計方法です．

許容応力度は，次の仮定に基づいて計算を行います．

（1）コンクリートの引張応力を無視し，維ひずみは断面の中立軸からの距離に比例するものとします．

（2）鉄筋とコンクリートのヤング係数比（$n = E_s/E_c$）を 15 とします．

（3）鉄筋が部材の設計断面に直角に交わらない場合には，鉄筋断面積に鉄筋がその断面とのなす角の正弦をかけた値を鉄筋の有効断面積とします（$A_{se} = A_s \sin\theta$）．

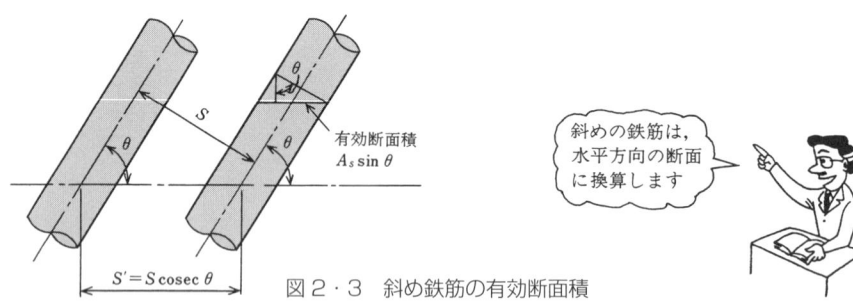

図 2・3　斜め鉄筋の有効断面積

設計基準強度と許容応力度　許容応力度設計法において，部材の安全を確認するための設計基準強度と許容応力度は，部材材料の材料強度試験を行い試験値のばらつきを想定したうえで，大部分

の試験値がその値を下回ることのないことが保証される値（4-3 を参照）を設計基準強度とし，この設計基準強度をもとにして，安全率や諸係数により計算される値を**許容応力度**といいます．曲げ圧縮，せん断，付着，支圧の各許容応力度は3-1，3-2 に示されています．

部材の材料強度は次式で求められます．

$$f = \frac{P}{A} \tag{2・1}$$

ただし，f：材料強度，P：破壊荷重，A：部材断面積

材料強度のばらつきを正規分布と仮定して，材料強度の特性値が次式で求められます（詳しくは 4-3 参照）．

$$f_k = f_m(1 - k\delta) \tag{2・2}$$

ただし，f_k：材料強度の特性値（設計基準強度）

　　　　f_m：材料強度の平均値

　　　　δ：変動係数

　　　　k：係数（＝ 1.64）

安全率を3で計算していました

許容応力度は次式で求められます．

$$\sigma_a = \frac{f_k}{s} \tag{2・3}$$

ただし，σ_a：許容応力度

　　　　f_k：設計基準強度

　　　　s：安全率

No.1　許容応力度の計算

コンクリートの圧縮強度試験を行い，設計基準強度 $f'_{ck} = 27 \text{ N/mm}^2$ を得た．安全率 $s = 3$ としたときの許容圧縮応力度 σ'_{ca} を求めよ．

【解答】　許容応力度設計法では

$$\sigma'_{ca} = \frac{f'_{ck}}{s} = \frac{27}{3} = 9 \text{ N/mm}^2$$

となる．

2-4 性能照査型設計法

4
ニューフェイス

限界状態設計法　限界状態設計法は，その構造物に生じてはならないいくつかの限界状態を設定し，その状態の発生に対して安全性を個々に検討する設計法で，性能照査型設計法のベースとなっています．

　限界状態とは，その状態に達すると構造物が転倒したり動きだしたり，構造物の部材の一部が破壊し使用できなくなったり，あるいは過大なひび割れやたわみが生じ正常な使用ができなくなったりする状態で，**終局限界状態**，**使用限界状態**，**疲労限界状態**の三つに分類することができます．

　三つの状態の説明は4章で詳しく述べることとして，ここでは設計手順をごく簡単にまとめると，図2・4～2・6のようになります．

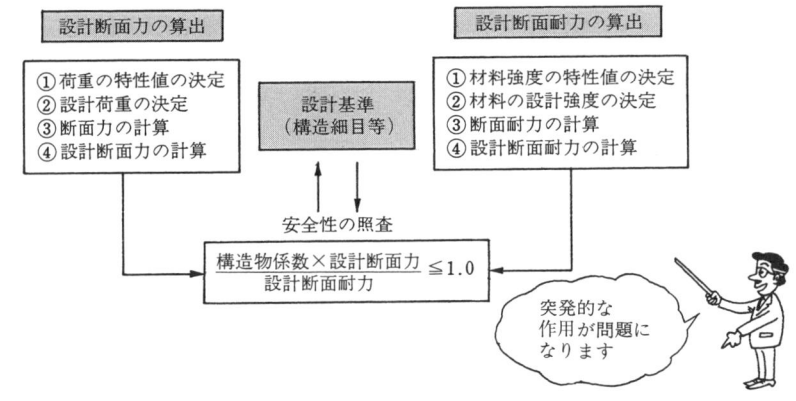

図2・4　設計手順（終局限界状態）

4 ニューフェイス

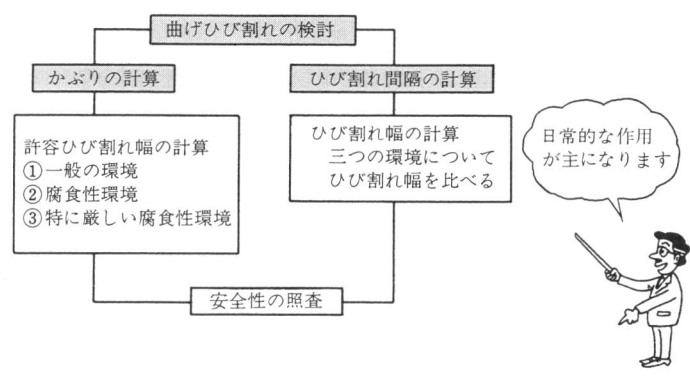

図2・5 設計手順（使用限界状態）

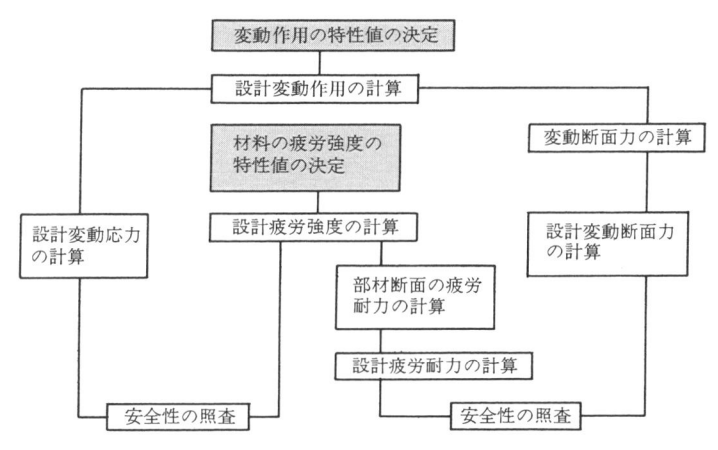

図2・6 設計手順（疲労限界状態）

性能照査型設計法　　性能照査型設計法は，先に述べた限界状態設計法をベースにしています．

4章では，要求性能や限界状態，照査指標，安全係数，特性値について説明します．さらに5章の安全性（断面破壊）に関する検討，6章の安全性（疲労破壊）に関する検討，7章の使用性に関する検討，8章の耐久性（環境作用）に関する検討で詳しく説明します．

2章のまとめ問題

【問題1】 次の文章の空欄に適語を入れて文章を完成させよ.

古代エジプトでは，ア と イ の混合物を ウ として，石材を組み合わせ構造物や エ がつくられた．

ギリシャ・ローマ時代になると，オ と カ を混ぜたポゾランセメントを用いて，建築物や道路がつくられた．

1855年，フランス人ランボが キ が入ったボートをパリ万博に出品したのが鉄筋コンクリートの最初とされている．

1867年，フランス人の庭師モニエは，鉄筋を格子状に入れた ク の特許をとり，ケ ， コ ， サ へと発展させた．

許容応力度設計法は，許容曲げ圧縮応力度を シ とし，許容引張応力度を ス としていたため，セ によりコンクリートの強度が一定にならず，設計以上の荷重が作用したときに，断面の引張側から破壊することがしばしば起こった．

【問題2】 許容応力度設計法に用いられる計算上の仮定で，コンクリートと鉄筋のヤング係数比 n はいくらか．

【問題3】 限界状態設計法では，構造物の安全性を三つの状態を設定して検討する．その状態を挙げよ．

【問題4】 限界状態設計法をベースにしている設計法で，構造物か要求性能を設定し，それを満たすように構造詳細を設定．耐用期間を通じて要求性能が満足されていることを照査する設計法を何というか．

3章 許容応力度設計法

　許容応力度設計法は，鉄筋とコンクリートをともに**弾性体**とみなし，荷重によって生じる鉄筋コンクリート部材の鉄筋やコンクリートの最大応力度が，それぞれの**許容応力度**（設計上許される限界の応力度）を超えないように制限して設計する方法です．

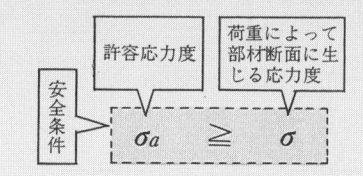

　そこで，本章では，鉄筋とコンクリートの許容応力度の求め方と，曲げモーメントやせん断力を受ける鉄筋コンクリート部材に生じる応力度の計算について学習します．

　また，鉄筋コンクリート部材には，大別して**はり**と**床版**（スラブ）および**柱**があります．鉄筋コンクリートのはりには，引張側だけに鉄筋を配置した**単鉄筋ばり**と，圧縮側にも鉄筋を入れた**複鉄筋ばり**があります．そして，その断面形には，一般に**長方形断面**と**T形断面**がよく用いられます．

　スラブは，一般に，高さが小さく，幅の大きな平板状のはりであるといえます．ここでは基礎的な断面である**単鉄筋長方形ばり**と**単鉄筋T形ばり**を中心に述べていきます．

　なお，許容応力度法は「土コ示」2002年版をもとに述べています．

安全条件：$\sigma_a \geq \sigma$

（σ_a：許容応力度，σ：荷重によって部材断面に生じる応力度）

3-1 コンクリートの許容応力度

1
関所の通行手形

許容応力度の種類

コンクリートの許容応力度は，一般に**設計基準強度** f'_{ck} をもとにして定めます．コンクリートの許容応力度には，次のような種類があります．

① **許容曲げ圧縮応力度** σ'_{ca} 〔N/mm²〕
② **許容せん断応力度** τ_{a1}, τ_{a2} 〔N/mm²〕
③ **許容付着応力度** τ_{0a} 〔N/mm²〕
④ **許容支圧応力度** σ_{ba} 〔N/mm²〕

設計基準強度 f'_{ck}

コンクリートの設計基準強度は，構造物の設計において基準とするコンクリートの強度であり，これをもとに，上記のコンクリートの許容応力度は，「土コ示」(2002) でそれぞれ規定されています（表3・1）．

そこで，この設計基準強度を決めるには，使用するコンクリートから多数の試料を採取し，JISの規定にしたがって，円柱供試体をつくり，標準養生（20℃水中養生）した材齢28日の圧縮強度から算出して求めます．

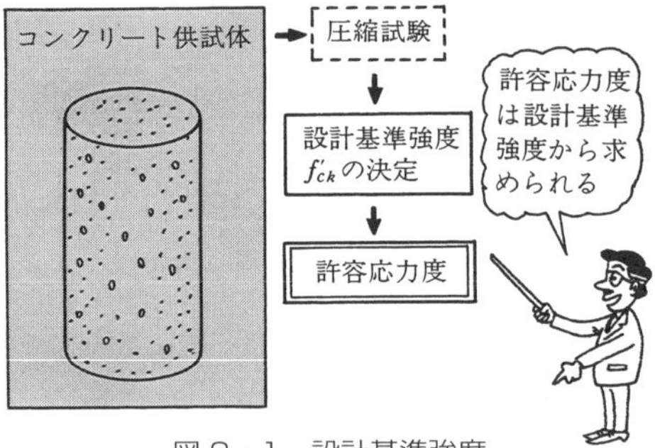

図3・1 設計基準強度

許容曲げ 圧縮応力度 σ'_{ca}

鉄筋コンクリート部材が曲げモーメントを受けると，部材には曲げ応力が生じます．そして，この曲げ応力のうち圧縮応力はコンクリート部分によって受け持つと考えます．したがって，許容曲げ圧縮応力度 σ'_{ca} は，鉄筋コンクリートばりのコンクリートの安全性の検討に用います．

1 関所の通行手形

表3・1　コンクリートの許容応力度（普通コンクリートの場合）（「土コ示」2002）

項　　目			設計基準強度 f'_{ch} [N/mm²]			
			18	24	30	40以上
許容曲げ圧縮応力度 σ'_{ca}			7	9	11	14
許容せん断応力度 τ_a	斜め引張鉄筋の計算をしない場合 τ_{a1}	はりの場合	0.4	0.45	0.5	0.55
		スラブの場合	0.8	0.9	1.0	1.1
	斜め引張鉄筋の計算をする場合 τ_{a2}	せん断力のみの場合	1.8	2.0	2.2	2.4
許容付着応力度 τ_{0a}	鉄筋の種類	普通丸鋼	0.7	0.8	0.9	1.0
		異形鉄筋	1.4	1.6	1.8	2.0
許容支圧応力度 σ_{ba}	全面載荷の場合		$\sigma_{ca} \leq 0.3 f'_{ck}$			
	局部載荷の場合		$\sigma_{ca} \leq (0.25 + 0.05 A/A_a) f'_{ck}$ ただし，$\sigma_{ca} \leq 0.5 f'_{ck}$ ここで，A：コンクリート面の全面積 A_a：支圧力作用面積			

許容せん断応力度 τ_a

一般に，鉄筋コンクリートばりはせん断力だけによって破壊することは少なく，後述する**斜め引張応力**によるひび割れが生じます．ひび割れ発生直後から斜め引張応力を負担して破壊から防ぐために，**斜め引張鉄筋**（3-14参照）を入れます．

表3・1中の τ_{a1}，τ_{a2} は次のようなことを意味しています．

τ_{a1}：斜め引張鉄筋を入れていないはりでも，せん断応力はコンクリートや軸方向鉄筋などによって受け持たれます．τ_{a1} は，このとき負担できるせん断応力度の許容値を示したもので，τ_{a2} の 1/4.5 程度に定めています．

τ_{a2}：常時の荷重のもとで，ひび割れが生じないようにするためのせん断応力の限界を示したもので，この値はコンクリートの引張強度に近い値です．そして，設計基準強度の 1/10〜1/17 くらいです．

許容付着応力度 τ_{0a}

鉄筋コンクリート部材は鉄筋とコンクリートが一体となって成り立っています．付着応力度は，鉄筋とコンクリートの付着が保たれるときの限界の応力度を示したものです．

許容支圧応力度 σ_{ca}

たとえば，鉄筋コンクリート橋脚の支承部のように，コンクリート表面の一部または全面に圧縮力が作用するとき，この圧縮力を**支圧力**といい，支圧力によってコンクリートに生じる応力を**支圧応力**といいます．

3-2 鉄筋の許容応力度

2
ひび割れ耐疲労性降伏点がルーツ

鉄筋の許容応力度

「土コ示」(2002)には，鉄筋の許容引張応力度を表3・2のように定めています．これは，基本的には鉄筋の降伏点応力度に対して安全率を見込んで定めていますが，その他に，ひび割れの発生による耐久性への影響や，繰返し作用による疲労なども考慮しています（図3・2）．

表3・2において，(a)，(b)，(c)欄は以下のような意味を持っています．

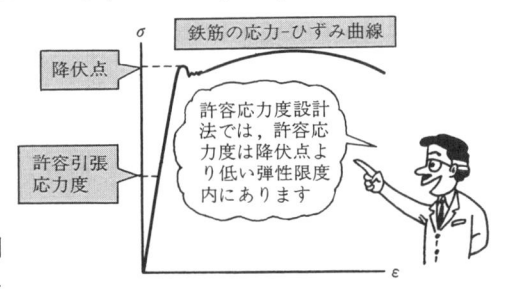

図3・2 鉄筋の応力-ひずみ曲線

(a)欄：ひび割れの影響を考慮した一般の構造物（普通の露出状態）に適用する値です．鉄筋のさびの発生に直接関係する曲げひび割れが有害とならないよう許容引張応力度に上限を設けたものです．
(b)欄：疲労に対する耐久性を考慮して定めた値で，道路橋のスラブや鉄道橋の主げたのような繰返し作用の影響を著しく受ける部材に用いる値です．
(c)欄：降伏点に対して安全率1.7～1.8として定めた値で，一般には地震時の影響を考える場合に用います．

表3・2 鉄筋の許容引張応力度 σ_{sa} 〔N/mm²〕（「土コ示」2002）

	鉄筋の種類	SR 235	SR 295	SD 295A, B	SD 345	SD 390
(a)	一般の場合の許容引張応力度	137	157	176	196	206
(b)	疲労強度より定まる許容引張応力度	137	157	157	176	176
(c)	降伏強度より定まる許容引張応力度	137	176	176	196	216

注1) コンクリートの設計基準強度 f'_{ck} が 18 N/mm² 未満の場合，鉄筋の許容引張応力度は，普通丸鋼に対して 117 N/mm² 以下，異形鉄筋に対して 157 N/mm² 以下とする．
注2) 鉄筋の許容圧縮応力度は(c)欄の許容引張応力度の値としてよい．
注3) 表3・2以外の鉄筋を用いるときは，必ず試験の結果に基づき責任技術者の指示にしたがって，許容応力度を定めなければならない．

2 ひび割れ耐疲労性降伏点がルーツ

許容応力度の割増し

温度変化，乾燥収縮，地震の影響，一時的作用などを考える場合は，これらの特別な作用載荷確率を考慮して，表3·1，表3·2で述べた許容応力度を次のように割増ししてよいとされています（「土コ示」(2002)）．

① 温度変化および乾燥収縮を考える場合 ………………………………… 1.15 倍まで
② 地震の影響を考える場合 ………………………………………………… 1.5 倍まで
③ 温度変化，乾燥収縮および地震の影響を考える場合 ………………… 1.65 倍まで
④ 一時的な作用または，きわめてまれな作用を考える場合 ……… σ'_{ca} は 2 倍まで
　　　　　　　　　　　　　　　　　　　　　　　　　　　　　　　τ_a は 1.65 倍まで

No.1 鉄筋の許容応力度

次の文章の空欄を埋めて完成せよ．
・鉄筋の許容応力度は，一般に鉄筋コンクリート部材の破壊が，鉄筋の降伏に原因があるものと考えられているから，鉄筋の ① に対し所要の安全率を持つように定められている．
・鉄筋の許容引張応力度は，鉄筋の耐力の他，部材の ② や，繰返し作用による ③ を考慮して定められている．
・許容応力度の割増しは，特別な作用（温度変化，乾燥収縮，地震の影響，一時的作用）の ④ を考慮して定められている．

【解答】 ① 降伏点　② 耐久性　③ 疲労　④ 載荷確率

No.2 許容応力度の割増し

ある鉄筋コンクリート擁壁を設計している．コンクリートの設計基準強度は $f'_{ck} = 24 \text{ N/mm}^2$，鉄筋は SD 345 を使用する．このとき，常時と，地震の影響を考えた場合のコンクリートの許容曲げ圧縮応力度 σ'_{ca} と鉄筋の許容引張応力度 σ_{sa} を求めよ．

【解答】 常時の計算に用いる許容応力度：
　　　コンクリートは，表3·1より　$\sigma'_{ca} = 9 \text{ N/mm}^2$
　　　鉄筋は，表3·2より　　　　　$\sigma_{sa} = 196 \text{ N/mm}^2$
地震の影響を考えた場合の許容応力度は，常時の1.5倍までの割増しが許されているので

$\sigma'_{ca} = 9 \times 1.5 = 13.5 \text{ N/mm}^2$
$\sigma_{sa} = 196 \times 1.5 = 294.0 \text{ N/mm}^2$

となる．

3 しなやかな強さ

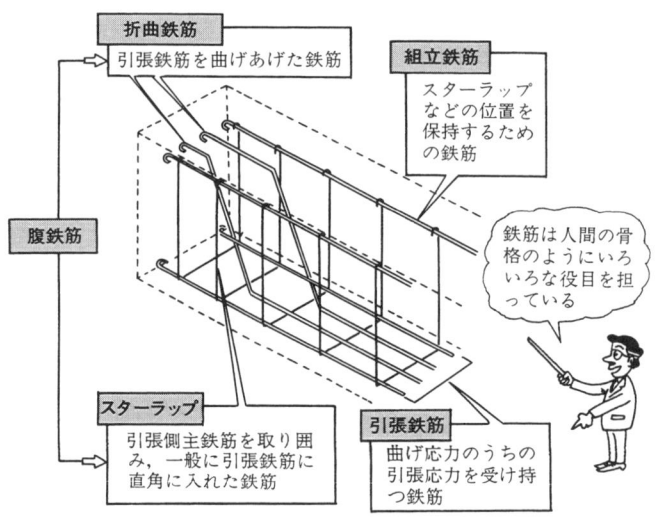

3-3 鉄筋コンクリートばり

> 鉄筋コンクリートは弾性体

鉄筋コンクリートばりを覗いてみよう

図3・3は，長方形断面をした鉄筋コンクリートばりの内部です．はりの内部は，このようにいろいろな形と，太さの異なる多くの種類の鉄筋で組み立てられています．そして，それぞれの鉄筋には，役目に応じて名称がつけられています．

- **折曲鉄筋**：引張鉄筋を曲げあげた鉄筋
- **組立鉄筋**：スターラップなどの位置を保持するための鉄筋
- **腹鉄筋**
- **スターラップ**：引張側主鉄筋を取り囲み，一般に引張鉄筋に直角に入れた鉄筋
- **引張鉄筋**：曲げ応力のうちの引張応力を受け持つ鉄筋

> 鉄筋は人間の骨格のようにいろいろな役目を担っている

図3・3 鉄筋コンクリートばりの内部

はりには，曲げモーメントやせん断力が働きます．これらの断面力に対して安全であるように断面の形状や寸法，そして鉄筋の直径や形状，本数などが合理的に設計されなければなりません．

鉄筋コンクリートばりの断面形

鉄筋コンクリートばりの断面のうち，もっとも基本的な断面形として，**長方形断面**と**T形断面**があります．また，それぞれの断面について，鉄筋の配置の方法には，

図 3·4 に示すように引張側だけに引張鉄筋 A_s を持つ**単鉄筋ばり**と，引張鉄筋 A_s の他に圧縮鉄筋 A'_s を持つ**複鉄筋ばり**とがあります．

(a) 単鉄筋長方形ばり　(b) 単鉄筋 T 形ばり　(c) 複鉄筋長方形ばり　(d) 複鉄筋 T 形ばり

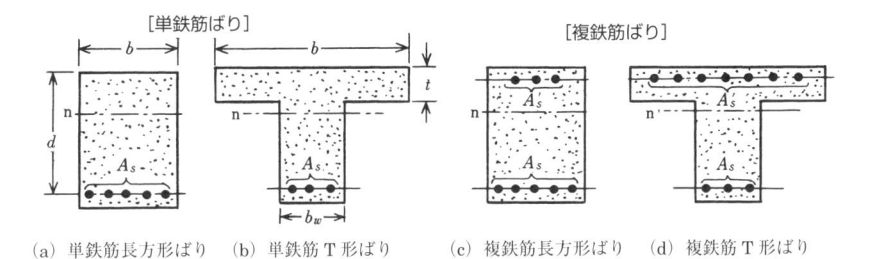

図 3·4　鉄筋コンクリートばりの断面

計算上の三つの仮定

鉄筋コンクリートばりに荷重が作用すると，曲げモーメントやせん断力によって変形します．許容応力度設計法でははりを**弾性体**とみなし，弾性理論によって断面に生じる応力を計算して，この値が許容応力度以下になることを条件に設計します．はりの応力を弾性理論によって解く場合には，図 3·5 に示す三つの仮定に基づいて行われます．

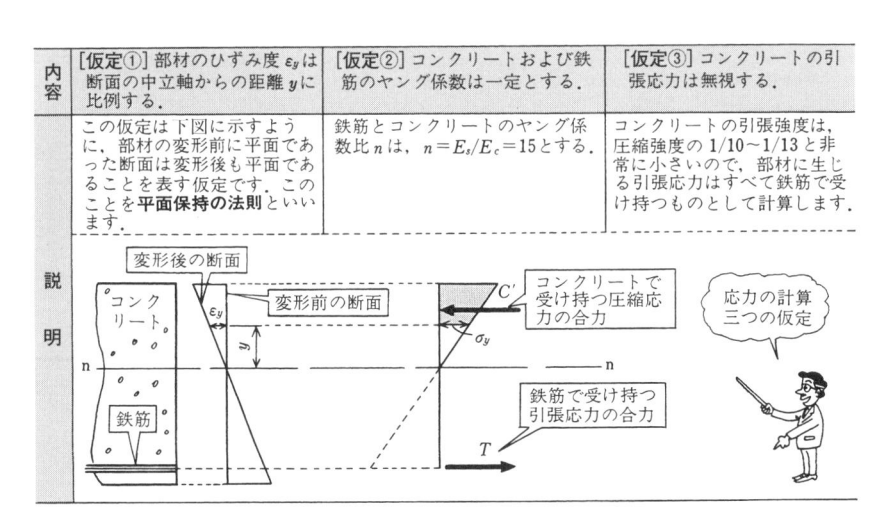

内容	[仮定①] 部材のひずみ度 ε_y は断面の中立軸からの距離 y に比例する．	[仮定②] コンクリートおよび鉄筋のヤング係数は一定とする．	[仮定③] コンクリートの引張応力は無視する．
説明	この仮定は下図に示すように，部材の変形前に平面であった断面は変形後も平面であることを表す仮定です．このことを**平面保持の法則**といいます．	鉄筋とコンクリートのヤング係数比 n は，$n = E_s/E_c = 15$ とする．	コンクリートの引張強度は，圧縮強度の $1/10 \sim 1/13$ と非常に小さいので，部材に生じる引張応力はすべて鉄筋で受け持つものとして計算します．

図 3·5　鉄筋コンクリートばりの計算上の仮定

3-4 中立軸の計算

4
応力の無風地帯

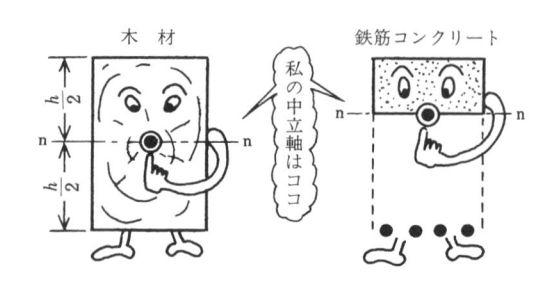

単鉄筋長方形ばりの中立軸

単鉄筋長方形ばりに曲げモーメントが作用すると、はりの内部には曲げ応力が発生します.

木材や鋼材のような等質の材料の長方形ばりでは、**中立軸**は断面の図心を通るから、はりの**高さの1/2**の位置にあります. しかし、鉄筋コンクリートばりでは、引張側は鉄筋のみで、コンクリートは無視するので、中立軸の位置ははりの**高さの1/2**にはなりません.

鉄筋コンクリートばりの中立軸の位置は、前述した「計算上の三つの仮定」から求められます. 単鉄筋長方形ばりの中立軸について、計算の順序と計算式を図3・6に示します.

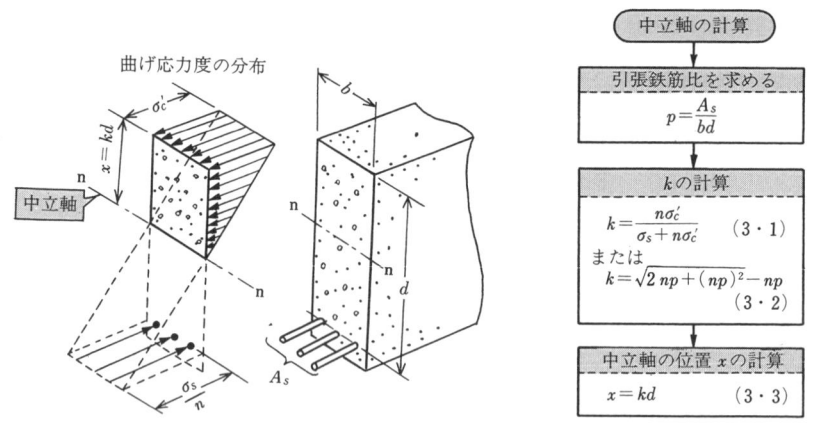

図3・6 単鉄筋長方形ばりの中立軸の求め方

中立軸の計算

引張鉄筋比を求める
$$p = \frac{A_s}{bd}$$

k の計算
$$k = \frac{n\sigma'_c}{\sigma_s + n\sigma'_c} \quad (3\cdot1)$$
または
$$k = \sqrt{2np + (np)^2} - np \quad (3\cdot2)$$

中立軸の位置 x の計算
$$x = kd \quad (3\cdot3)$$

単鉄筋T形ばりの中立軸

単鉄筋T形ばりの中立軸について、計算の順序と計算式を図3・7に示します.

4 応力の無風地帯

なぜT形ばりなのでしょう? 長方形ばりでは,中立軸から上のコンクリート部分は圧縮応力を受け持つが,中立軸から下の部分は計算上無視され,単に鉄筋を保持しているだけですから,幅は狭くてよいのです

単鉄筋T形ばりはフランジと腹部(ウェブ)から成り立っています. 圧縮応力は➡フランジで,引張応力は➡引張主鉄筋で受け持つと仮定して式を導きます

中立軸の計算 → 引張鉄筋比を求める $p = \dfrac{A_s}{bd}$ (3・4) → k の計算 式(3・1)または $k = \dfrac{np+(1/2)(t/d)^2}{np+(t/d)}$ (3・5) → 中立軸の位置 x の計算 $x = kd$ (3・6)

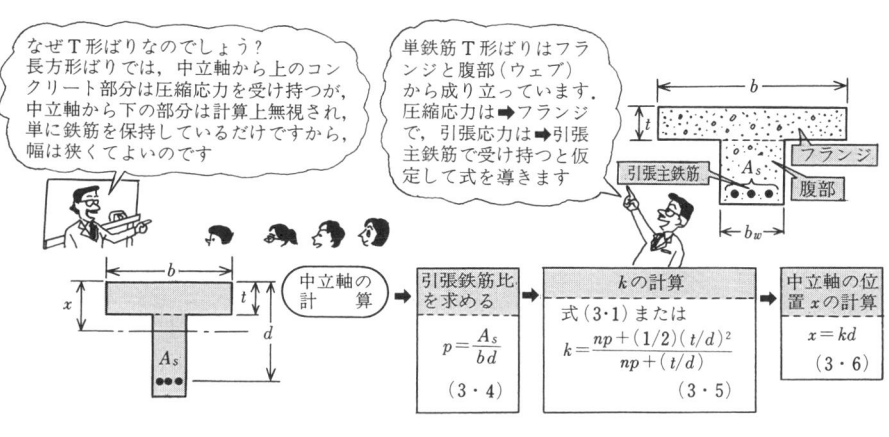

図3・7 単鉄筋T形ばりの中立軸の求め方

No.3 単鉄筋長方形ばりの中立軸の計算

図3・8に示す断面を持つ長方形ばりの中立軸の位置を求めよ.

【解答】 $A_s = 3\,097\text{ mm}^2$ (付表3から)

$$\therefore p = \frac{A_s}{bd} = \frac{3\,097}{480 \times 800} = 0.0081$$

$$k = \sqrt{2\,np + (np)^2} - np$$
$$= \sqrt{2 \times 15 \times 0.0081 + (15 \times 0.0081)^2} - 15 \times 0.0081$$
$$= 0.386$$

$$\therefore x = kd = 0.386 \times 800 = 309 \text{ mm}$$

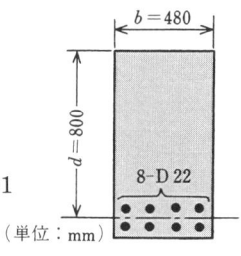

図3・8 ($b=480$, $d=800$, 8-D 22, 単位:mm)

No.4 T形ばりの中立軸の計算

図3・9に示す断面を持つT形ばりの中立軸の位置を求めよ.

【解答】 $A_s = 7\,942\text{ mm}^2$ (付表3から)

$$\therefore p = \frac{A_s}{bd} = \frac{7\,942}{1\,200 \times 1\,000} = 0.0066$$

$$t/d = 200/1\,000 = 0.2$$

$$k = \frac{np + (1/2)(t/d)^2}{np + t/d}$$
$$= \frac{15 \times 0.0066 + (1/2) \times 0.2^2}{15 \times 0.0066 + 0.2} = 0.398$$

$$\therefore x = kd = 0.398 \times 1\,000 = 398 \text{ mm}$$

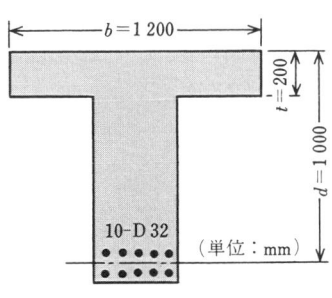

図3・9 ($b=1\,200$, $t=200$, $d=1\,000$, 10-D 32, 単位:mm)

3-5 応力の計算

5
二人の主役の演技力

鉄筋とコンクリートの応力度 σ_s, σ_c'

単鉄筋長方形ばりを構成する二つの主役, つまり鉄筋とコンクリートに生じる応力度 σ_s, σ_c' を求めてみましょう。

ここでは, 断面の諸値 b, d, A_s および曲げモーメント M が与えられて, σ_s および σ_c' を求めるのです。図 3・10 を参照して, σ_s, σ_c' を求める式を導くと右頁のようになります。

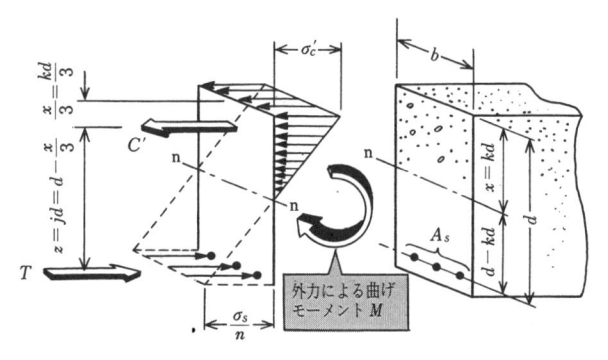

図 3・10 応力の計算の説明図

No.5 単鉄筋長方形ばりの応力度の計算

幅 $b = 460$ mm, 有効高さ $d = 400$ mm, 6-D 16 の鉄筋を持つ単鉄筋長方形ばりが, $M = 48$ kN·m の曲げモーメントを受けるとき σ_s, σ_c' を求めよ。

【解答】 付表 3 から $A_s = 1\,192$ mm², $p = \dfrac{A_s}{bd} = \dfrac{1\,192}{460 \times 400} = 0.0065$

付表 4 から $k = 0.355$, $j = 0.882$

式(3・8) から $\sigma_s = \dfrac{M}{A_s jd} = \dfrac{48 \times 10^6}{1\,192 \times 0.882 \times 400} = 114.1$ N/mm²

式(3・9) から $\sigma_c' = \dfrac{2M}{kjbd^2} = \dfrac{2 \times 48 \times 10^6}{0.355 \times 0.882 \times 460 \times 400^2} = 4.17$ N/mm²

※付表 4 は p の値に対する k, j の値を示したものです。

5 二人の主役の演技力

[考え方]　　応力の計算

コンクリートの全圧縮応力 C' の作用点は，三角形の応力分布の図心ですから，断面の上縁より，$x/3 = kd/3$ になります。
よって，C' と T の距離を z とすると z は右のようになります。

[式の展開]

$z = jd$ とおくと
$$z = jd = d - \frac{kd}{3} = d\left(1 - \frac{k}{3}\right)$$
$$\therefore\ j = 1 - \frac{k}{3} \quad (3 \cdot 7)$$

さて，この断面は外力による曲げモーメント M と，応力である C' および T とで「つりあい」の状態にあります。
そこで，つりあいの条件式 $\Sigma H = 0$ から，T と C' は大きさが等しく平行ですから，この 2 力は偶力です。そして，この偶力によるモーメントは，次のようになります。
　　　Tz 　または　 $C'z$
この偶力モーメントと曲げモーメント M とが，つりあっているのです。つまり，つりあいの条件式
　　　$\Sigma M = 0$
を満足しているのです。
このことから，右の式が成り立ちます。

$\Sigma M = 0$ から，$M = Tz = C'z$ となります。
ここで，
① $M = Tz$ より，$M = Tz = \sigma_s A_s jd$ となります。
また，$p = A_s/bd$ から，$A_s = pbd$ となるので，これを上式に代入すると，$M = \sigma_s pjbd^2$ となります。
$$\therefore\ \sigma_s = \frac{M}{A_s jd} = \frac{M}{pjbd^2} \quad (3 \cdot 8)$$
② $M = C'z$ より，$M = (1/2)\sigma_c' kjbd^2$
$$\therefore\ \sigma_c' = \frac{2M}{kjbd^2} \quad (3 \cdot 9)$$

おわり

No.6 単鉄筋長方形ばりの応力度の計算

スパン $l = 4.4$ m，有効高さ $d = 220$ mm，幅 $b = 1\,000$ mm，8-D 16 の鉄筋を持つ単鉄筋長方形ばりが，自重を含めて $w = 18$ kN/m の等分布荷重を受けたとき，この断面は安全か。
ただし，許容応力度 $\sigma_{sa} = 196$ N/mm^2，$\sigma_{ca}' = 9$ N/mm^2 とする。

【解答】　部材が安全であるためには，はりの最大曲げモーメントに対して，σ_s，σ_c' を求め，$\sigma_s \leq \sigma_{sa}$，$\sigma_c' \leq \sigma_{ca}'$ が成り立つことが必要である。

最大曲げモーメント $M = \dfrac{wl^2}{8} = \dfrac{18 \times 4.4^2}{8} = 43.56$ kN·m $= 4.356 \times 10^7$ N·mm

付表 3 から $A_s = 1\,589$ mm^2，$p = \dfrac{A_s}{bd} = \dfrac{1\,589}{1\,000 \times 220} = 0.0072$

付表 4 から $k = 0.369$，$j = 0.877$

式 (3·8) から $\sigma_s = \dfrac{M}{A_s jd} = \dfrac{4.356 \times 10^7}{1\,589 \times 0.877 \times 220} = 142.1$ N/mm^2 < $\sigma_{sa}(= 196$ N/mm$^2)$

式 (3·9) から $\sigma_c' = \dfrac{2M}{kjbd^2} = \dfrac{2 \times 4.356 \times 10^7}{0.369 \times 0.877 \times 1\,000 \times 220^2}$
$= 5.6$ N/mm^2 < $\sigma_{ca}'(= 9$ N/mm$^2)$

よって，$\sigma_s < \sigma_{sa}$，$\sigma_c' < \sigma_{ca}'$ となって，この断面は**安全**である。

3-6 単鉄筋 T 形ばりの応力

6 姿は T 形, でも正体は…

T 形ばりか？ 判定は中立軸の位置

断面の形が T 形であっても，図 3・11 (a) のように，圧縮応力を受けるコンクリート部分が長方形となる（中立軸がフランジ内にある）場合は，フランジの幅を b とする長方形ばりとして計算します．図 (b) のように，中立軸が腹部内にある場合は，圧縮応力を受けるコンクリート部分が T 形になるので T 形断面として計算します．したがって，T 形断面の計算では，まず中立軸の位置を求めて以上の判定を行うことが必要です．

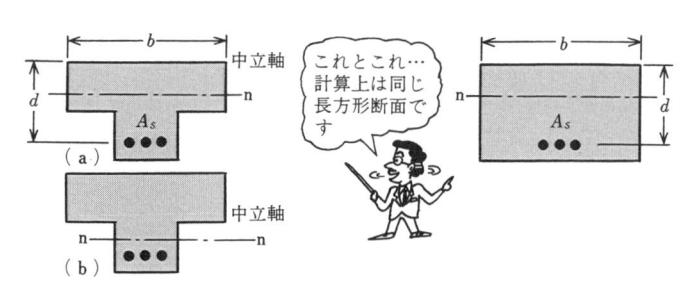

これとこれ…計算上は同じ長方形断面です

図 3・11 T 形断面の判定

応力度 σ_s, σ_c' の計算式は…
① 圧縮応力はフランジ部分で受け持つ．
② 圧縮応力の合力 C' と鉄筋で受け持つ引張応力の合力 T によるモーメントが外力によるモーメント M に等しい．
……つまり，つりあいの条件式 $\Sigma M = 0$ を用いて導かれます

基本的には前に導いた単鉄筋長方形ばりの応力度の求め方と同じ考え方ですね……

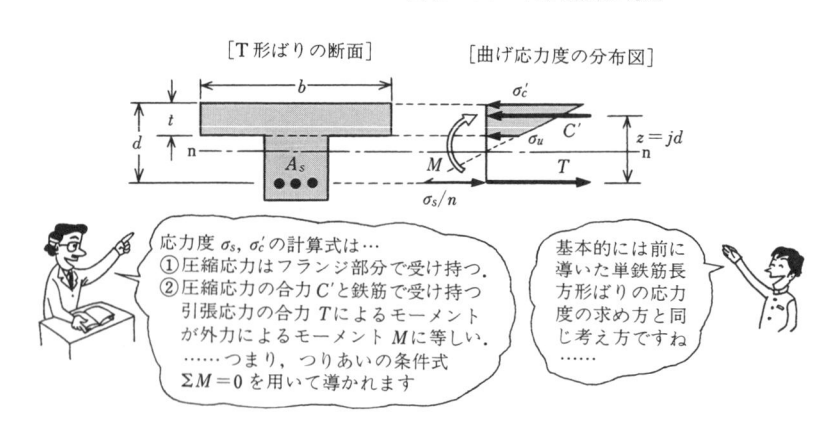

図 3・12 単鉄筋 T 形ばりの応力

6 姿はT形，でも正体は…

T形ばりの応力度 σ_s, σ_c' の計算

断面の諸値 d, b, t, A_s およびこの断面に働く曲げモーメント M が与えられて，σ_s, σ_c' を求める計算式は，図 3・13 に示すようになります．これは，基本的には，図 3・12 に示した考え方に基づいて導かれたものです．

No.7 単鉄筋T形ばりの応力度の計算
図 3・14 に示す単鉄筋T形ばりに $M = 700$ kN·m が作用するとき，σ_s, σ_c' を求めよ．

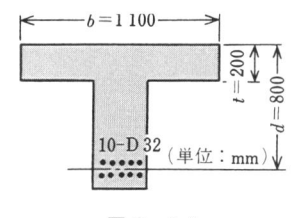

図 3・14

図 3・13 単鉄筋T形ばりの応力度の計算

【解答】 $A_s = 7\,942$ mm^2 （付表 3 から）

$$p = \frac{A_s}{bd} = \frac{7\,942}{1\,100 \times 800} = 0.0090$$

式 (3・5) から

$$k = \frac{np + (1/2)(t/d)^2}{np + (t/d)}$$

$$= \frac{15 \times 0.0090 + (1/2)(200/800)^2}{15 \times 0.0090 + (200/800)} = 0.432$$

∴ $x = kd = 0.432 \times 800 = 346$ mm $> t\,(= 200$ mm$)$

したがって，中立軸は腹部内にあるから，T形ばりとして計算する．

式 (3・10) から

$$j = 1 - \frac{1}{3}\left(\frac{t}{d}\right)\frac{3k - 2(t/d)}{2k - (t/d)} = 1 - \frac{1}{3} \times \frac{200}{800} \times \frac{3 \times 0.432 - 2 \times (200/800)}{2 \times 0.432 - (200/800)}$$
$$= 0.892$$

式 (3・11)，(3・12) から

$$\sigma_s = \frac{M}{A_s j d} = \frac{700 \times 10^6}{7\,942 \times 0.892 \times 800} = 123.6 \text{ N/mm}^2$$

$$\sigma_c' = \frac{k}{n(1-k)}\sigma_s = \frac{0.432}{15 \times (1 - 0.432)} \times 123.6 = 6.3 \text{ N/mm}^2$$

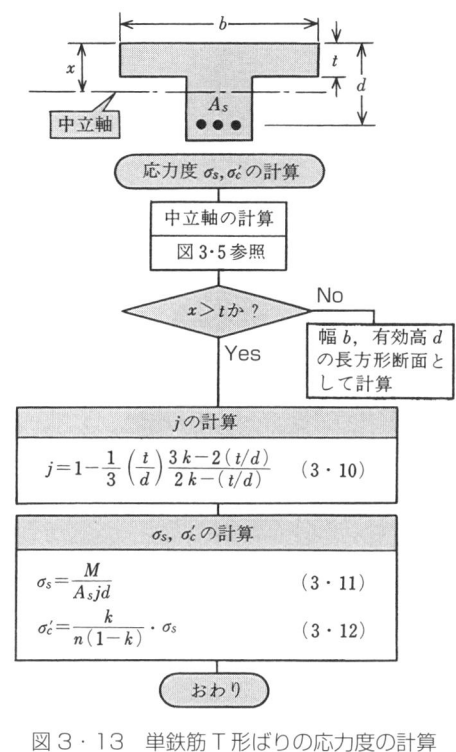

3-7 抵抗モーメントの計算

7 断面の抵抗モーメントを求めよう

抵抗モーメント

はりの断面が与えられると，その断面が抵抗できる最大の曲げモーメントを求めることができます．このときの曲げモーメントを**抵抗モーメント M_r** といいます．単鉄筋長方形ばりの抵抗モーメントは次のようにして求められます．

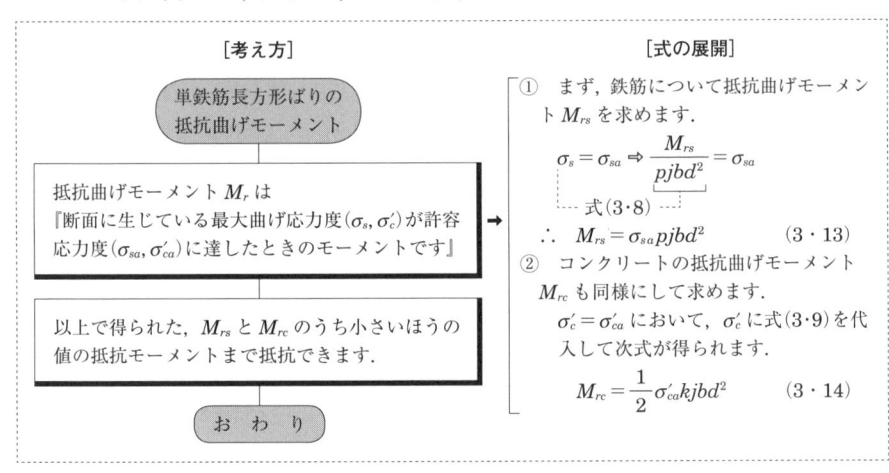

[考え方]

単鉄筋長方形ばりの抵抗曲げモーメント

↓

抵抗曲げモーメント M_r は『断面に生じている最大曲げ応力度（σ_s, σ_c'）が許容応力度（$\sigma_{sa}, \sigma_{ca}'$）に達したときのモーメントです』

↓

以上で得られた，M_{rs} と M_{rc} のうち小さいほうの値の抵抗モーメントまで抵抗できます．

↓

おわり

[式の展開]

① まず，鉄筋について抵抗曲げモーメント M_{rs} を求めます．

$$\sigma_s = \sigma_{sa} \Rightarrow \frac{M_{rs}}{pjbd^2} = \sigma_{sa}$$

……式(3・8)

$$\therefore M_{rs} = \sigma_{sa} pjbd^2 \qquad (3 \cdot 13)$$

② コンクリートの抵抗曲げモーメント M_{rc} も同様にして求めます．

$\sigma_c' = \sigma_{ca}'$ において，σ_c' に式(3・9)を代入して次式が得られます．

$$M_{rc} = \frac{1}{2}\sigma_{ca}' kjbd^2 \qquad (3 \cdot 14)$$

単鉄筋 T 形ばりの抵抗モーメントについても，同様の考え方から得られます．その結果を示すと次のようになります．

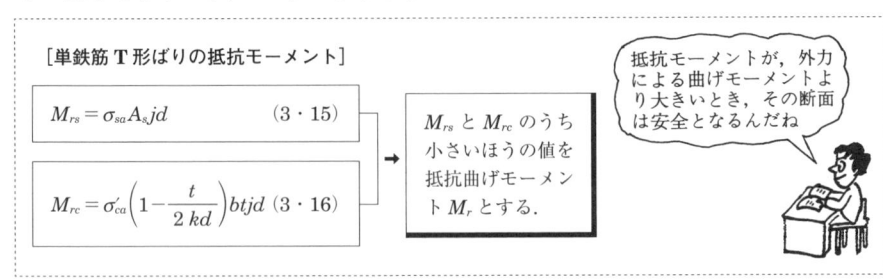

[単鉄筋 T 形ばりの抵抗モーメント]

$$M_{rs} = \sigma_{sa} A_s jd \qquad (3 \cdot 15)$$

$$M_{rc} = \sigma_{ca}'\left(1 - \frac{t}{2kd}\right)btjd \qquad (3 \cdot 16)$$

→ M_{rs} と M_{rc} のうち小さいほうの値を抵抗曲げモーメント M_r とする．

抵抗モーメントが，外力による曲げモーメントより大きいとき，その断面は安全となるんだね

7　断面の抵抗モーメントを求めよう

No.8　単鉄筋長方形ばりの抵抗モーメントの計算

図3·15のような単鉄筋長方形ばりの断面の抵抗モーメントを求めよ．

ただし，$\sigma'_{ca} = 7$ N/mm^2，$\sigma_{sa} = 180$ N/mm^2 とする．

【解答】　$A_s = 1936$ mm^2　（付表3から）

$$p = \frac{A_s}{bd} = \frac{1936}{400 \times 620} = 0.0078$$

（単位：mm）

図3·15

式(3·2)から

$$k = \sqrt{2np + (np)^2} - np$$
$$= \sqrt{2 \times 15 \times 0.0078 + (15 \times 0.0078)^2} - 15 \times 0.0078 = 0.381$$

式(3·7)から

$$j = 1 - k/3 = 1 - 0.381/3 = 0.873$$

式(3·13)から

$$M_{rs} = \sigma_{sa} pjbd^2 = 180 \times 0.0078 \times 0.873 \times 400 \times 620^2$$
$$= 1.884 \times 10^8 \text{ N·mm} = 188.4 \text{ kN·m}$$

式(3·14)から

$$M_{rc} = \frac{1}{2}\sigma'_{ca} kjbd^2 = \frac{1}{2} \times 7 \times 0.381 \times 0.873 \times 400 \times 620^2$$
$$= 1.790 \times 10^8 \text{ N·mm} = 179.0 \text{ kN·m}$$

$M_{rs} > M_{rc}$ であるから，抵抗モーメントは，$M_r = M_{rc} = 179.0$ kN·m

No.9　単鉄筋T形ばりの抵抗モーメントの計算

図3·14の断面の抵抗モーメントを求めよ．

ただし，$\sigma_{sa} = 180$ N/mm^2，$\sigma'_{ca} = 7$ N/mm^2 とする．

【解答】　No.7の解答より，$A_s = 7942$ mm^2，$k = 0.432$，$j = 0.892$

式(3·15)から

$$M_{rs} = \sigma_{sa} A_s jd = 180 \times 7942 \times 0.892 \times 800 = 1.020 \times 10^9 \text{ N·mm} = 1020.1 \text{ kN·m}$$

式(3·16)から

$$M_{rc} = \sigma'_{ca}\left(1 - \frac{t}{2kd}\right) btjd$$
$$= 7 \times \left(1 - \frac{200}{2 \times 0.432 \times 800}\right) \times 1100 \times 200 \times 0.892 \times 800$$
$$= 7.809 \times 10^8 \text{ N·mm} = 780.9 \text{ kN·m}$$

$M_{rs} > M_{rc}$ であるから，抵抗モーメントは，$M_r = M_{rc} = 780.9$ kN·m

No.10　単鉄筋T形ばりの安全性の検討

前問のT形ばりに，外力による曲げモーメント $M = 800$ kN·m が作用するとき，この断面は安全かどうか．

【解答】　$M(= 800$ kN·m$) > M_r(= 780.9$ kN·m$)$ となっているので，この断面は**危険**である．

3-8 長方形断面の計算

8
長方形断面の d と A_s を求めよう

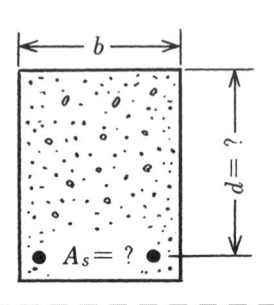

単鉄筋長方形ばりの「断面の計算」

まず,「断面の計算」では,何が与えられて何を求めるのかをはっきりさせておきましょう.

与えられた値		求める値	
はりの幅	: b	有効高さ	: d
コンクリートおよび鉄筋の許容応力度	: σ'_{ca}, σ_{sa}	鉄筋断面積	: A_s
曲げモーメント	: M		

有効高さ d の計算

まず,単鉄筋長方形ばりの有効高さ d を求める計算式を導いてみましょう.

[考え方]
単鉄筋長方形ばりの d の計算

コンクリートの応力度 σ'_c が,コンクリートの許容応力度 σ'_{ca} に等しいときもっとも経済的な断面になるから,$\sigma'_c = \sigma'_{ca}$ の条件式から求めます.

おわり

[式の展開]

$\sigma'_c = \sigma'_{ca}$ に,式(3·9)を代入して

$$\sigma'_{ca} = \frac{2M}{kjbd^2} = \frac{1}{(k/2)(1-k/3)} \cdot \frac{M}{bd^2}$$

$$\therefore d = \sqrt{\frac{2}{k(1-k/3)\sigma'_{ca}}} \sqrt{\frac{M}{b}} = C_1 \sqrt{\frac{M}{b}} \quad (3·17)$$

鉄筋量 A_s の計算

鉄筋量 A_s についても,上記と同様の考え方で求めることができます.その式を導くと次のようになります.

[考え方]
単鉄筋長方形ばりの A_s の計算

鉄筋の応力度 σ_s が,鉄筋の許容応力度 σ_{sa} に等しいときもっとも経済的な断面になるから,$\sigma_s = \sigma_{sa}$ の条件式から求めます.

おわり

[式の展開]

$\sigma_s = \sigma_{sa}$ に,式(3·8)を代入して

$$\sigma_{sa} = \frac{M}{A_s jd}$$

$$\therefore A_s = \frac{M}{\sigma_{sa} jd} = \frac{M}{\sigma_{sa}(1-k/3)d} \quad (3·18)$$

上式の k に式(3·1),d に式(3·17)を代入すると

$$A_s = \frac{\sigma'_{ca}}{2\sigma_{sa}} \sqrt{\frac{6n}{2n\sigma_{ca} + 3\sigma_{sa}}} \sqrt{bM} = C_2 \sqrt{bM} \quad (3·19)$$

8 長方形断面の d と A_s を求めよう

鉄筋量 A_s の近似式

一般に j の変化量は小さく，$7/8 \sim 8/9$ くらいの範囲にあります．したがって，式(3・18)の j にこの値を代入して，次のような近似式が得られます．

$$A_s = \frac{M}{\sigma_{sa}(7/8 \sim 8/9)d} \tag{3・20}$$

係数 C_1，C_2 の表

d および A_s を求める式の中の係数 C_1，C_2 は，許容応力度 σ_{sa}，σ'_{ca} がわかっていれば定まる値です．この関係を表にしたものを付表5に示してあります．

No.11 単鉄筋長方形ばりの d，A_s の計算

はりの幅 $b = 400$ mm の単鉄筋長方形ばりに $M = 54$ kN·m の曲げモーメントが働いている．このとき，有効高さ d および鉄筋量 A_s を求めよ．また，7-D 16 の鉄筋を使用すると鉄筋の配置はどのようにすればよいか．
ただし，コンクリートの設計基準強度 $f'_{ck} = 24$ N/mm^2，鉄筋の許容引張応力度 $\sigma_{sa} = 196$ N/mm^2 とする．

【解答】 表3・1 から $\sigma'_{ca} = 9$ N/mm^2，付表5 から $C_1 = 0.794$，$C_2 = 0.00744$
式(3・17)から $d = C_1\sqrt{M/b} = 0.794\sqrt{54 \times 10^6/400} = 292$ mm
よって，有効高さ $d = 300$ mm とする．次に，式(3・19)から
$A_s = C_2\sqrt{bM} = 0.00744\sqrt{400 \times 54 \times 10^6} = 1093$ mm^2
付表3 から，D 16 の鉄筋を 7 本（$A_s = 1390$ mm^2）使用する．
以上の結果から，断面を設計すると図3・16のようになる．
最後に，式(3・8)，(3・9)から応力度 σ_s，σ'_c を求めて，安全性について検算をする（省略）．

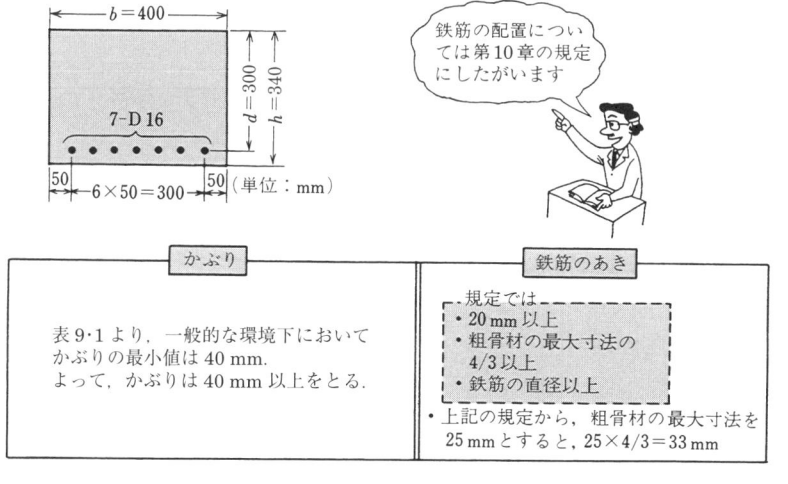

かぶり

表9・1 より，一般的な環境下においてかぶりの最小値は 40 mm．
よって，かぶりは 40 mm 以上をとる．

鉄筋のあき

- 規定では
  - 20 mm 以上
  - 粗骨材の最大寸法の 4/3 以上
  - 鉄筋の直径以上
- 上記の規定から，粗骨材の最大寸法を 25 mm とすると，$25 \times 4/3 = 33$ mm

図3・16

3-9 T形断面の計算

9
T形断面の d と A_s を求めよう

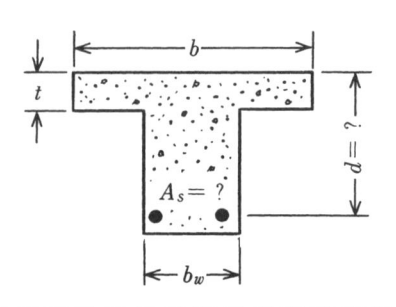

単鉄筋T形ばりの「断面の計算」

まず，T形断面の何が与えられて何を求めるのかをはっきりさせておきましょう．

| 与えられた値 | 断面の有効幅：b
腹部の幅：b_w
曲げモーメント：M | フランジの厚さ：t
許容応力度：$\sigma'_{ca}, \sigma_{sa}$ | → | 求める値 | 有効高さ：d
鉄筋断面積：A_s |

有効高さ d と鉄筋量 A_s の計算

単鉄筋長方形ばりの場合と同様の考え方で，T形ばりの有効高さ d と鉄筋量 A_s は導かれます．式を導くことは省略しますが，その計算の手順を図3・17に示します．

No.12 単鉄筋T形ばりの d, A_s の計算

図3・18に示す断面に，$M = 420$ kN·m の曲げモーメントを受けるときの断面を求めよ．ただし，$\sigma'_{ca} = 9$ N/mm², $\sigma_{sa} = 196$ N/mm² とする．

【解答】 式(3・21)から

$$k = \frac{n\sigma'_{ca}}{n\sigma'_{ca} + \sigma_{sa}} = \frac{15 \times 9}{15 \times 9 + 196} = 0.408$$

式(3・22)から

$$D = \frac{M}{2\sigma'_{ca}bt} + \frac{t}{4}\left(1 + \frac{1}{k}\right)$$

$$= \frac{420 \times 10^6}{2 \times 9 \times 1600 \times 180} + \frac{150}{4}\left(1 + \frac{1}{0.408}\right)$$

$$= 210 \text{ mm}$$

式(3・23)から

$$d = D + \sqrt{D^2 - \frac{t^2}{3k}} = 210 + \sqrt{210^2 - \frac{150^2}{3 \times 0.408}} = 370 \text{ mm}$$

$$x = kd = 0.408 \times 370 = 151 \text{ mm} > t \ (= 150 \text{ mm})$$

よって，T形断面として計算できる．

式(3・25)から鉄筋量 A_s を求めると

図3・18
$b = 1600$, $t = 150$, $b_w = 340$ （単位：mm）

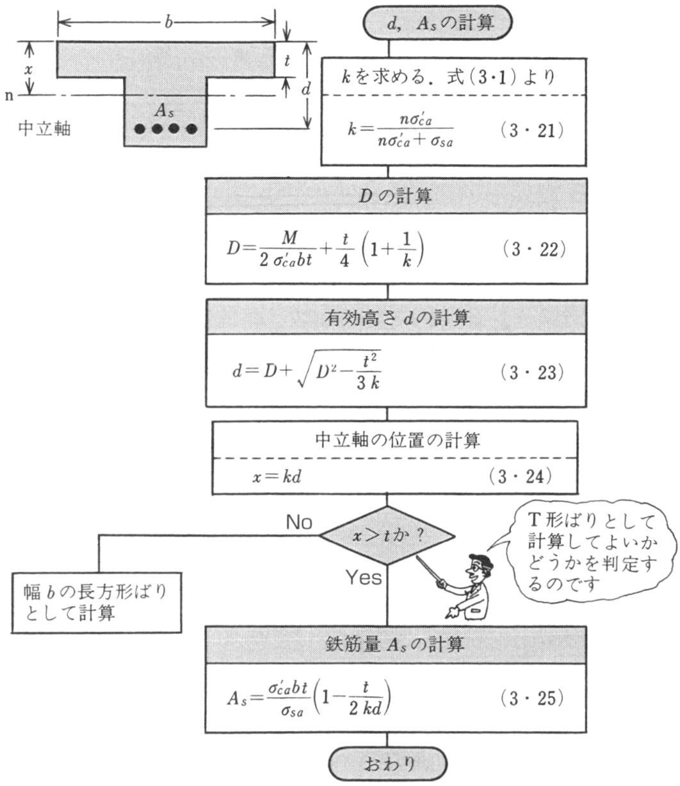

9 T形断面の d と A_s を求めよう

図3・17 単鉄筋T形ばりの d と A_s の計算

フローチャート:

- d, A_s の計算
- k を求める．式（3・1）より
$$k = \frac{n\sigma'_{ca}}{n\sigma'_{ca} + \sigma_{sa}} \quad (3 \cdot 21)$$
- D の計算
$$D = \frac{M}{2\sigma'_{ca}bt} + \frac{t}{4}\left(1 + \frac{1}{k}\right) \quad (3 \cdot 22)$$
- 有効高さ d の計算
$$d = D + \sqrt{D^2 - \frac{t^2}{3k}} \quad (3 \cdot 23)$$
- 中立軸の位置の計算
$$x = kd \quad (3 \cdot 24)$$
- $x > t$ か？
  - No → 幅 b の長方形ばりとして計算
  - Yes → 鉄筋量 A_s の計算
$$A_s = \frac{\sigma'_{ca}bt}{\sigma_{sa}}\left(1 - \frac{t}{2kd}\right) \quad (3 \cdot 25)$$
- おわり

（T形ばりとして計算してよいかどうかを判定するのです）

$$
\begin{aligned}
A_s &= \frac{\sigma'_{ca}bt}{\sigma_{sa}}\left(1 - \frac{t}{2kd}\right) \\
&= \frac{9 \times 1\,600 \times 180}{196} \times \left(1 - \frac{180}{2 \times 0.408 \times 370}\right) = 5\,340 \text{ mm}^2
\end{aligned}
$$

3-10 断面計算のまとめ

10 断面計算のまとめをしよう

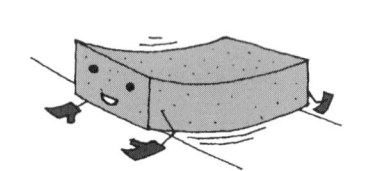

単鉄筋長方形ばりの計算式

単鉄筋長方形ばりに曲げモーメント M が作用した場合の中立軸の位置，鉄筋とコンクリートの応力度，抵抗モーメント，そして断面の設計として，有効高さと鉄筋量の計算について述べてきました．一つの区切りとして，これまでに得られた計算式を図 3・19 に示します．

曲げ応力に関する値 / 断面に関する値

コンクリートの圧縮応力
$$\sigma_c' = \frac{2M}{kjbd^2}$$
$$\left(j = 1 - \frac{k}{3}\right)$$

鉄筋の引張応力
$$\sigma_s = \frac{M}{pjbd^2}$$
$$\left(p = \frac{A_s}{bd}\right)$$

曲げモーメント M

中立軸

抵抗モーメント
$$M_{rs} = \sigma_{sa} p j b d^2$$
$$M_{rc} = \frac{1}{2} \sigma_{ca}' k j b d^2$$
このうちの小さいほうの値

有効高さ
$$d = C_1 \sqrt{\frac{M}{b}}$$

中立軸の位置
$$x = kd$$
$$(k = \sqrt{2np + (np)^2} - np)$$

鉄筋量
$$A_s = C_2 \sqrt{Mb}$$

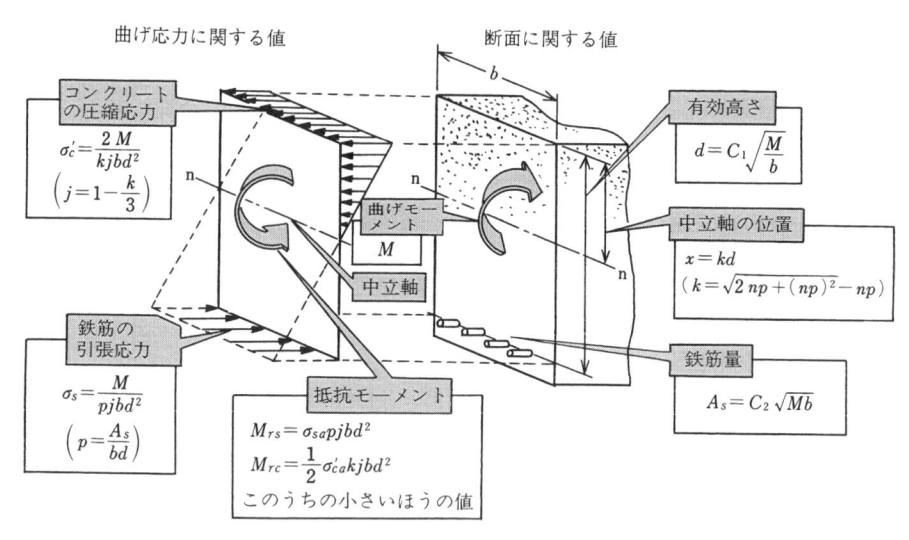

図 3・19　曲げモーメントを受ける単鉄筋長方形ばりのまとめ

10 断面計算のまとめをしよう

単鉄筋 T 形ばりの計算式

単鉄筋 T 形ばりについても，図 3·20 にこれまでのまとめをしておきます．

中立軸の位置 x

$$x = kd$$

$$k = \frac{np + \frac{1}{2}\left(\frac{t}{d}\right)^2}{np + \left(\frac{t}{d}\right)}, \quad p = \frac{A_s}{bd}$$

$x \geq t$ のとき，T 形断面として計算
$x < t$ のとき，幅 b の長方形断面として計算

有効高さ d

$$d = D + \sqrt{D^2 - \frac{t^2}{3k}}$$

$$D = \frac{M}{2\sigma'_{ca}bt} + \frac{t}{4}\left(1 + \frac{1}{k}\right)$$

$$k = \frac{n\sigma'_{ca}}{n\sigma'_{ca} + \sigma_{sa}}$$

コンクリートの圧縮応力度 σ'_c

$$\sigma'_c = \frac{k}{n(1-k)}\sigma_s$$

鉄筋の引張応力度 σ_s

$$j = 1 - \frac{1}{3}\left(\frac{t}{d}\right)\frac{3k - 2(t/d)}{2k - (t/d)}$$

$$\sigma_s = \frac{M}{A_s jd}$$

鉄筋量 A_s

$$A_s = \frac{\sigma'_{ca}bt}{\sigma_{sa}}\left(1 - \frac{t}{2x}\right)$$

$\sigma'_c \leq \sigma'_{ca}, \quad \sigma_s \leq \sigma_{sa}$
が同時に満足されるとき断面は安全である

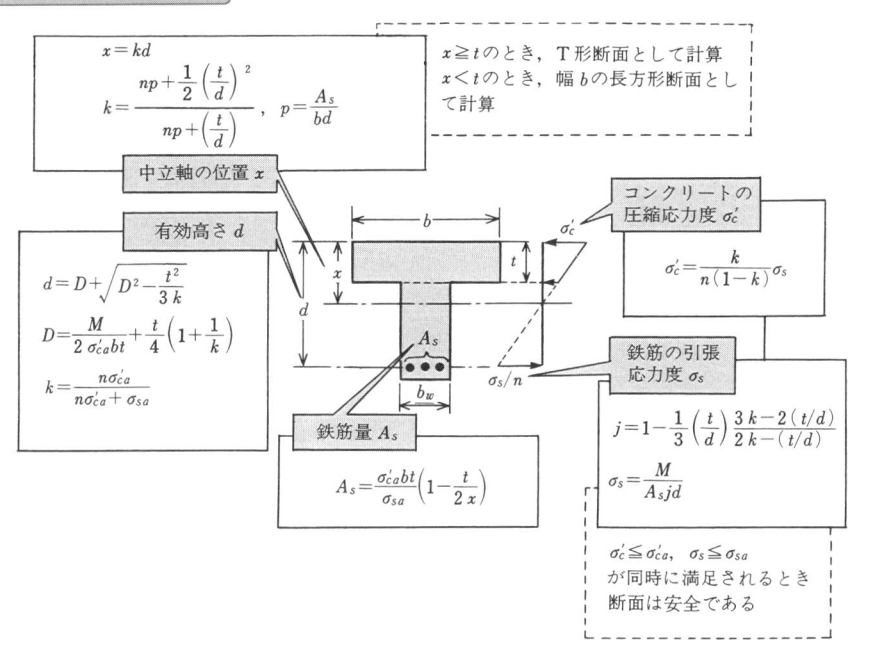

図 3·20 曲げモーメントを受ける単鉄筋 T 形ばりのまとめ

関連知識　長方形ばりと T 形ばり

長方形ばりと T 形ばりの代表的な施工事例を，下の写真に示します．

RC 床版橋（長方形ばり）　　　RCT 桁橋（T 形ばり）

3-11 長方形断面のせん断応力度の計算

11
せん断力による応力

せん断応力と付着応力

鉄筋コンクリートばりでは，引張鉄筋を用いて曲げモーメントに十分抵抗できるようにしても，せん断力のための破壊したり，また鉄筋とコンクリートの間の付着力が十分でないためにすべりが生じたりして，破壊することが少なくないため，**せん断応力**と**付着応力**について計算しておかなければなりません．

単鉄筋長方形ばりのせん断応力度

それでは，まず，せん断応力度 τ を求める式を導きましょう．

図 3・21(b)は，はりの長さ方向に微小距離 dl だけ離れた2断面 A–A，および A′–A′ を取り出したものです．そこで，この両断面に働く力のつりあいを考えることによってせん断応力度 τ を導いていきます．

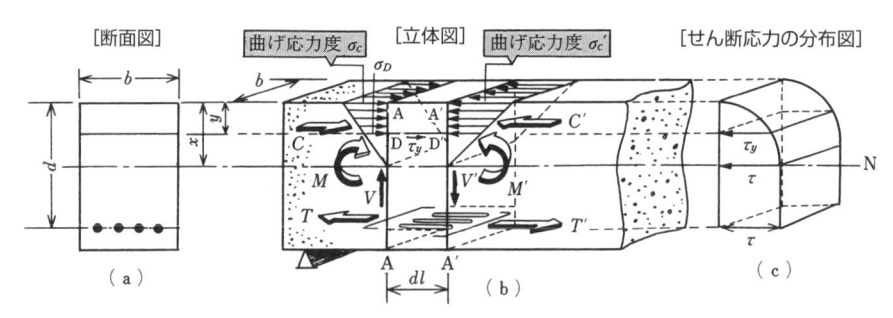

図 3・21　単鉄筋長方形ばりのせん断応力度の説明図

No.13　単鉄筋長方形ばりの τ の計算

$b = 400$ mm，$d = 650$ mm，6-D 25 の単鉄筋長方形ばりにせん断力 $V = 150$ kN が作用するとき，せん断応力度を求めよ．

【解答】　付表3から $A_s = 3\,040$ mm^2，$p = \dfrac{A_s}{bd} = \dfrac{3\,040}{400 \times 650} = 0.0117$

11　せん断力による応力

[考え方]

せん断応力度の計算

断面 A-A には,曲げモーメント M と,せん断力 V が働いています. 断面 A′-A′ に働く曲げモーメントを M' とすると, M' は右のようになります.

はり上縁から y の距離に水平断面 D-D′ をとると, AD, A′D′ 面に働く圧縮応力の総和(水平力)を C, C' とすると,この大きさは右のようになります.

D-D′ 面に生じる水平せん断力度の合力は, $\tau_y \cdot dl \cdot b$ になります. 図 3·22 に示すように, D-D′ 面より外側の直方体部分の水平力のつりあい条件を考えます.

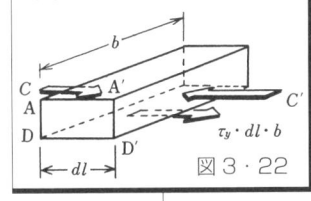

図 3·22

式⑤が, はり断面の上縁から y の面に生じるせん断応力度を示す式であって, つまり, せん断応力度の一般式です. ここで, 式⑤から, せん断応力度の分布の様子と, その大きさについて検討してみましょう.

おわり

[式の展開]

$$\left[\begin{array}{l}\text{断面 A-A の曲げモーメント} = M \\ \text{断面 A′-A′ の曲げモーメント } M' = M + V \cdot dl\end{array}\right] \quad ①$$

$C = \text{AD 面に働く曲げ応力度の合力} = \dfrac{1}{2}(\sigma_c + \sigma_D)yb$

$= \dfrac{1}{2}\left[\sigma_c + \dfrac{\sigma_c(x-y)}{x}\right]yb = \dfrac{\sigma_C}{2x}(2x-y)yb \quad$ ——②

$C' = \dfrac{1}{2}(\sigma_c' + \sigma_D')yb = \dfrac{\sigma_c'}{2x}(2x-y)yb \quad$ ——③

$\Sigma H = C - C' + \tau_y \cdot dl \cdot b = 0$

上式の C', C に式②,③を代入します.

$\tau_y \cdot dl \cdot b = C' - C = \dfrac{(2x-y)yb}{2x}(\sigma_c' - \sigma_c) \quad$ ——④

ここで, σ_c, σ_c' は, 式(3·9)より

$\sigma_c = \dfrac{2M}{kjbd^2}$, $\sigma_c' = \dfrac{2M'}{kjbd^2} = \dfrac{2(M+Vdl)}{kjbd^2}$

となるので, これを式④に代入して, τ_y について解くと次のようになります.

$\tau_y = \dfrac{V}{bjd}\left(\dfrac{2}{kd}y - \dfrac{1}{k^2d^2}y^2\right) \quad$ ——⑤

(1) τ_y は, y の二次式であるから, はりの上縁から中立軸までのせん断応力度の分布は放物線になります.

(2) また, せん断応力度の大きさは, 次のようになります.

　　$y = 0$ のとき……$\tau = 0$

　　$y = kd$(中立軸)のとき……$\tau = \dfrac{V}{bjd}$

中立軸より下方は, 曲げ応力度の分布を無視するので, せん断応力度は, 中立軸上の大きさに等しくなります.

つまり, 設計上必要になる最大せん断応力度は中立軸上で生じ, その大きさは

$$\tau = \dfrac{V}{bjd} \qquad (3·26)$$

となります. 以上の結果からせん断応力度の分布は図 3·21 (c)のようになります.

注) A-A 面に働く曲げ応力度 σ_c および A-D 面の曲げ応力度の合力 C はともに圧縮力ですから「′ (ダッシュ)」をつけるべきですが, 説明の都合上省略しました.

付表 4 から $k = 0.442$, $j = 0.852$

式(3·26)から $\tau = \dfrac{V}{bjd} = \dfrac{150 \times 10^3}{400 \times 0.852 \times 650} = 0.68 \text{ N/mm}^2$

3-12 長方形断面の付着応力度の計算

12
鉄筋が抜け出さないために

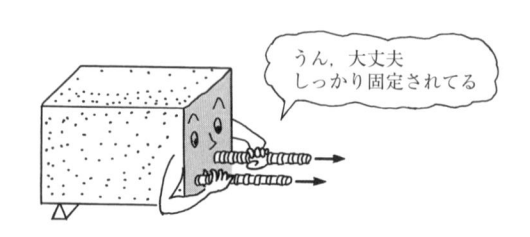

うん，大丈夫 しっかり固定されてる

単鉄筋長方形ばりの付着応力度

鉄筋コンクリートばりがせん断力を受けると，コンクリートには水平せん断力が生じます．この水平せん断力によって，鉄筋がコンクリートからずれようとします．これに抵抗するために，鉄筋表面とコンクリートの接触面に生じる応力が**付着応力**です．この付着応力によって，鉄筋がコンクリートから抜け出ることなく，一体となって外力に対して抵抗するのです．以下に，付着応力度の計算式を導いてみましょう．

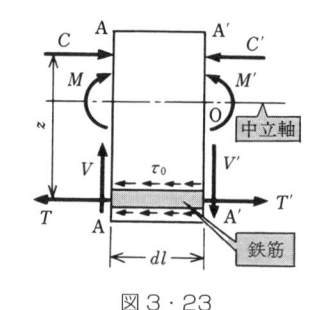

図 3・23

[考え方]　　　　　　　　　　　　　　　　　　　　[式の展開]

付着応力度の計算

図 3・23 は，図 3・21(b) に示した微小区長 dl 区間を取り出したものです．微小距離 dl 離れた鉄筋の両断面に働く引張力を T，T' とすると，この引張力の差と，鉄筋周面に働く全付着応力とがつりあっていなければならないので，右のようになります．

鉄筋の周長の総和を u とすると
$$u \cdot \tau_0 \cdot dl = T' - T \quad\text{―①}$$
図 3・23 に示す微小部分は，両断面に，曲げモーメント M，M' と，せん断力 V，V' が働いて，つりあいの状態にあるから，点 O について，$\Sigma M = 0$ を求めてみます．
$$M - M' + V \cdot dl = 0$$
$$\therefore\ M' - M = V \cdot dl \quad\text{―②}$$

また，図 3・10 で明らかなように，$M = Tz$ から $T = M/z$ となります．これを式①に代入して，式②と組み合わせて τ_0 を求めていきます．

式①の右辺は
$$T' - T = \frac{1}{z}(M' - M) = \frac{1}{z} V \cdot dl$$
これを，式①に代入して
$$u \tau_0 dl = \frac{1}{z} V \cdot dl$$
$$\therefore\ \tau_0 = \frac{V}{uz} = \frac{V}{ujd} \quad (3 \cdot 27)$$

おわり

12 鉄筋が抜け出さないために

No.14 単鉄筋長方形ばりの τ と τ_0 の計算

$b = 420$ mm,$d = 660$ mm で,6-D 25 の単鉄筋長方形ばりが,160 kN のせん断力を受けるとき,せん断応力度 τ,付着応力度 τ_0 を求めよ。また,設計基準強度 $f'_{ck} = 24$ N/mm^2 とするとき,その安全性を検討せよ。

【解答】 許容応力度
表3・1から
 許容せん断応力度 $\tau_{a1} = 0.45$ N/mm^2
 許容付着応力度 $\tau_{0a} = 1.6$ N/mm^2

せん断応力度,付着応力度の計算
付表3から $A_s = 3\,040$ mm^2,周長 $u = 480$ mm

$$p = \frac{A_s}{bd} = \frac{3\,040}{420 \times 660} = 0.0110$$

付表4から $j = 0.856$
式(3・26)から

$$\tau = \frac{V}{bjd} = \frac{160 \times 10^3}{420 \times 0.856 \times 660} = 0.67 \text{ N/mm}^2 > \tau_{a1} (= 0.45 \text{ N/mm}^2)$$

よって,せん断応力に対しては**危険**である.
式(3・27)から

$$\tau_0 = \frac{V}{ujd} = \frac{160 \times 10^3}{480 \times 0.856 \times 660} = 0.59 \text{ N/mm}^2 < \tau_{0a} (= 1.6 \text{ N/mm}^2)$$

付着応力に対しては**安全**である.

関連知識 付着について

鉄筋とコンクリートは,それぞれ性質が非常に異なっていますが,一体となって外力に抵抗し,鉄筋コンクリートとして成り立つ条件が三つあることは1章で説明しました.その中の「**鉄筋とコンクリートの付着強度は大きく,鉄筋とコンクリートが一体となって外力に抵抗します。**」における鉄筋とコンクリートの付着の機構は,次の三つの作用によると考えられます.

① コンクリート中のペーストと鉄筋表面との間の化学的粘着作用(**粘着**)
② コンクリートと鉄筋表面との摩擦作用(**摩擦**)
③ 異形鉄筋表面の突起による機械的作用(**支圧**)

普通丸鋼の付着抵抗は①→②の作用でなされていますが,**異形鉄筋**は①→②の作用の他に鉄筋表面にふしがあるため,ふしに対する支圧抵抗により機械的抵抗が生じます.

3-13 T形断面のせん断応力度・付着応力度

13
T形断面の τ と τ_0 を求めよう

単鉄筋T形ばりのせん断応力度

これまでに述べたように，単鉄筋T形ばりの計算は，中立軸がフランジ内にある場合と腹部内にある場合によって違ってきます．

中立軸がフランジ内にある場合 ($x < t$)	幅 b の長方形断面とし，$p = A_s/bd$ で計算し，τ の計算では式(3・26)の b は b_w を用いる．	$\tau = \dfrac{V}{b_w jd}$　　(3・28)
中立軸が腹部内にある場合 ($x \geq t$)	T形ばりとして計算します．ただし，右の式の j は，単鉄筋T形ばりにおける値です．	$\tau = \dfrac{V}{b_w jd}$　　(3・29)

単鉄筋T形ばりの付着応力度

単鉄筋T形ばりの付着応力度は，以下に示すように単鉄筋長方形ばりの場合と同様の式で示されます．

いうまでもなく，中立軸が腹部内にある場合 ($x \geq t$) に単鉄筋T形ばりとして計算します．

$$\tau_0 = \frac{V}{ujd} \qquad (3・30)$$

折曲鉄筋およびスターラップを用いて全せん断力を受け持たせる場合は

$$\tau_0 = \frac{V}{2\,ujd} \qquad (3・31)$$

No.15　単鉄筋T形ばりの τ と τ_0 の計算

図3・24のような単鉄筋T形ばりに，せん断力 $V = 250$ kN が作用するとき，せん断応力度および付着応力度を求めよ．また，コンクリートの設計基準強度 $f'_{ck} = 24$ N/mm² であるとき，安全性を検討せよ．

【解答】　まず，中立軸の位置 x を求めて，T形ばりとして計算してよいかどうか判定する．

13　T形断面の τ と τ_0 を求めよう

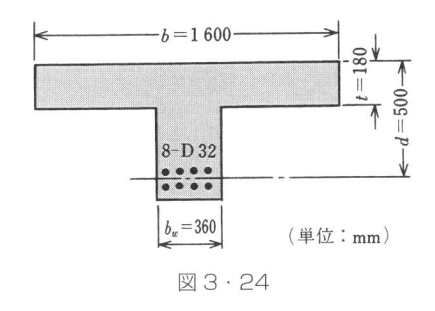

図3・24

$$p = \frac{A_s}{bd} = \frac{6354}{1600 \times 500} = 0.00794$$

式(3・5)から

$$k = \frac{np + (1/2)(t/d)^2}{np + (t/d)}$$

$$= \frac{15 \times 0.00794 + (1/2) \times (180/500)^2}{15 \times 0.00794 + (180/500)} = 0.384$$

∴ $x = kd = 0.384 \times 500 = 192 \text{ mm} > t \ (=180 \text{ mm})$

よって，中立軸は腹部内にあるから，T形断面として計算してよい．
式(3・10)から

$$j = 1 - \frac{1}{3}\left(\frac{t}{d}\right)\frac{3k - 2(t/d)}{2k - (t/d)}$$

$$= 1 - \frac{1}{3} \times \frac{180}{500} \times \frac{3 \times 0.384 - 2 \times (180/500)}{2 \times 0.384 - (180/500)} = 0.873$$

せん断応力度の計算　式(3・29)から

$$\tau = \frac{V}{b_w j d} = \frac{250 \times 10^3}{360 \times 0.873 \times 500} = 1.59 \text{ N/mm}^2$$

付着応力度の計算　付表3から $u = 800$ mm
式(3・30)から

$$\tau_0 = \frac{V}{ujd} = \frac{250 \times 10^3}{800 \times 0.873 \times 500} = 0.72 \text{ N/mm}^2$$

安全性の検討　表3・1から
はりの許容せん断応力度 $\tau_{a1} = 0.45 \text{ N/mm}^2$，許容付着応力度 $\tau_{0a} = 1.6 \text{ N/mm}^2$ であるから，上で求めた値と比較する．

$\tau (=1.59 \text{ N/mm}^2) > \tau_{a1} (=0.45 \text{ N/mm}^2)$

よって，斜め引張鉄筋で補強しなければ**危険**である．

$\tau_0 (=0.72 \text{ N/mm}^2) < \tau_{0a} (=1.6 \text{ N/mm}^2)$

となるから，付着応力に対しては十分**安全**である．

3-14 腹鉄筋

14 はりに肋骨を入れよう

斜め引張応力はオレたち三兄弟に任せろ
（スターラップ・折曲鉄筋・コンクリート）

斜め引張応力

引張主鉄筋だけを配置した単純ばりに荷重をかけて実験してみると，図3・25に示すように支点付近では斜め方向のひび割れが生じてきます．これは曲げ応力とせん断応力が合成され，その結果，図に示すように斜め方向の線に沿って引張応力が生じるためです．この応力を**斜め引張応力**と呼びます．

斜め引張応力によるひび割れ
〔特徴〕
○ ひび割れの方向が傾斜している
○ ひび割れは急激に成長する

曲げ引張応力によるひび割れ
○ ひび割れは鉛直にできる
○ 引張鉄筋によって防ぐ

図3・25 腹鉄筋のない鉄筋コンクリートばりの破壊

腹鉄筋はなぜ入れる？

コンクリートは引張力には抵抗できないと考えるので，斜め引張応力に対しては鉄筋を用いてコンクリートを補強しなければなりません．このときの鉄筋を**斜め引張鉄筋**または**腹鉄筋**といいます（図3・3参照）．

腹鉄筋の種類

腹鉄筋の種類には，図3・26に示すように**スターラップ**と**折曲鉄筋**があります．はりに使用する場合は，一般にはスターラップと折曲鉄筋を併用します．

どんな場合に腹鉄筋を入れる？

それではどんな場合に腹鉄筋を入れるのでしょうか？
先述したように，腹鉄筋の役目は斜め引張応力に抵抗させることでした．そこで，まず斜め引張応力の性質について述べると次のようになります．

14 はりに肋骨を入れよう

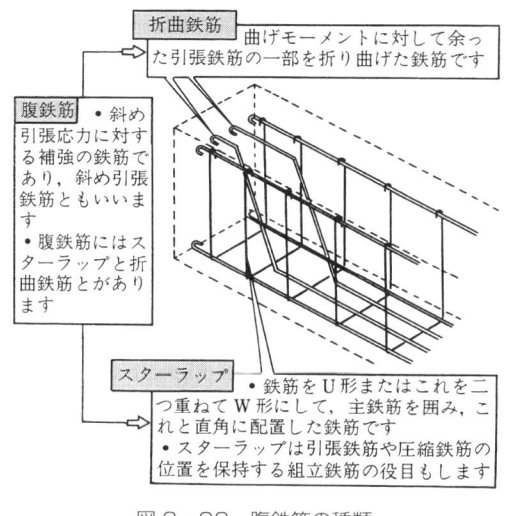

折曲鉄筋　曲げモーメントに対して余った引張鉄筋の一部を折り曲げた鉄筋です

腹鉄筋
- 斜め引張応力に対する補強の鉄筋であり、斜め引張鉄筋ともいいます
- 腹鉄筋にはスターラップと折曲鉄筋とがあります

スターラップ
- 鉄筋をU形またはこれを二つ重ねてW形にして、主鉄筋を囲み、これと直角に配置した鉄筋です
- スターラップは引張鉄筋や圧縮鉄筋の位置を保持する組立鉄筋の役目もします

図 3・26　腹鉄筋の種類

斜め引張応力の性質

① はりの支点付近で大きく、スパン中央に近づくにつれて小さくなります。
② その方向は、中立軸上では、どの断面でも水平と45°をなすが、引張縁では支点付近で水平と45°、スパン中央に近づくにつれて水平となります。
③ 各断面の斜め引張応力の最大値は、それぞれの中立軸上のせん断応力度 τ に等しいと考えてよい。

腹鉄筋が計算上必要であるかどうかの判定は次のようになります。

1. 腹鉄筋を入れる必要のある場合は、上記③のことから斜め引張応力（せん断応力度 τ）が、表 3・1 の許容せん断応力度 τ_{a1} より大きく、τ_{a2} 以下のとき（$\tau_{a1} < \tau \leq \tau_{a2}$）です。
2. $\tau \leq \tau_{a1}$ のときは、腹鉄筋は計算上入れる必要はありません。しかし、はりの場合は、安全を考えて適当な間隔でスターラップを配置します。
3. $\tau > \tau_{a2}$ のときは、腹鉄筋を用いても、斜め引張応力を負担できないので、断面寸法を大きくして、$\tau \leq \tau_{a2}$ になるようにします。

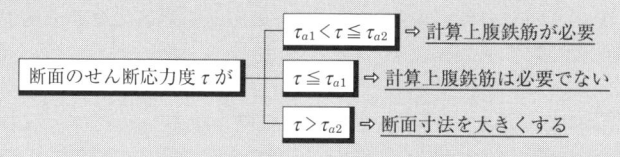

断面のせん断応力度 τ が
- $\tau_{a1} < \tau \leq \tau_{a2}$ ⇒ 計算上腹鉄筋が必要
- $\tau \leq \tau_{a1}$ ⇒ 計算上腹鉄筋は必要でない
- $\tau > \tau_{a2}$ ⇒ 断面寸法を大きくする

3-15 腹鉄筋の計算（その1）

15
腹鉄筋はどこに入れるか

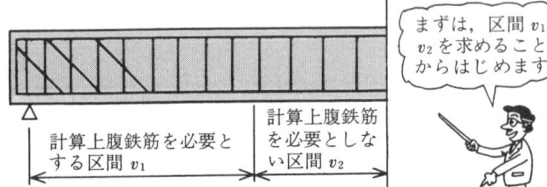

まずは，区間 v_1，v_2 を求めることからはじめます

計算上腹鉄筋を必要とする区間 v_1　　計算上腹鉄筋を必要としない区間 v_2

腹鉄筋の配置法　　はりのある区間における全斜め引張応力は，その区間のせん断応力度図の面積で表されます．このことから腹鉄筋の配置法として，**せん断応力度図**を用いる方法があります．この方法について以下に述べます．

まず，腹鉄筋の計算は，①スターラップだけを配置する場合と，②スターラップの折曲鉄筋を併用する部分に分割しなければなりません．まず，これを決定する方法について例題を挙げて説明していきます．

No.16　腹鉄筋を配置する区間
図3・27に示す単鉄筋T形ばりにおいて，腹鉄筋を配置する区間を求めよ．

$P=150\,\text{kN}$，$w=30\,\text{kN/m}$，$l=12\,\text{m}$（6 m + 6 m）
$b=2\,000$，$d=950$，$h=1\,050$，$t=160$，$b_w=500$，10-D32（単位：mm）

コンクリートの設計基準強度 $f'_{ck}=24\,\text{N/mm}^2$
鉄筋の許容応力度　$\sigma_{sa}=196\,\text{N/mm}^2$
$\tau_{a1}=0.45\,\text{N/mm}^2$，$\tau_{a2}=2\,\text{N/mm}^2$，$\tau_{0a}=1.6\,\text{N/mm}^2$

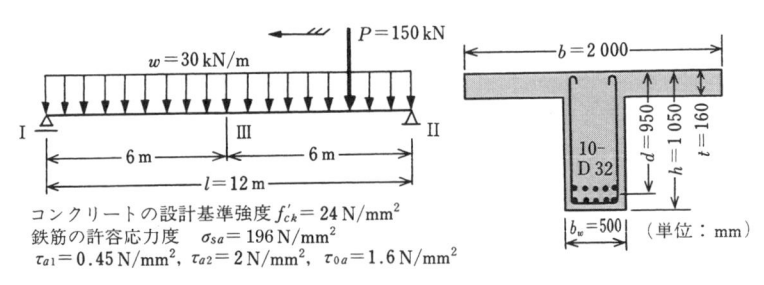

図3・27

【解答】　**せん断応力度図**　まず，腹鉄筋の計算のもとになるせん断応力度図を描く．これは死荷重および活荷重による最大せん断力から描くが，簡単と安全のため一般に支点上のせん断応力度とスパン中央のせん断応力度を直線で結んでせん断応力度図とする．図3・27の場合について以下に求めてみる．

15 腹鉄筋はどこに入れるか

せん断応力度の計算：
最大せん断応力度 τ_{max} は，支点の最大せん断力 V_1 を用いる．
$$V_1 = P + \frac{wl}{2} = 150 \times 10^3 + \frac{30 \times 10^3 \times 12}{2} = 330 \times 10^3 \text{ kN}$$
$$\tau_{max} = \tau_1 = \frac{V_1}{b_w jd} = \frac{330 \times 10^3}{500 \times 0.925 \times 950} = 0.75 \text{ N/mm}^2$$
ここで，$j = 0.925$（計算は省略）
最小せん断応力度 τ_{min} は，スパン中央で生じるから
$$V_{\text{III}} = P/2 = 150 \times 10^3/2 = 75 \times 10^3 \text{ kN}$$
$$\tau_{min} = \tau_{\text{III}} = \frac{V_{\text{III}}}{b_w jd} = \frac{75 \times 10^3}{500 \times 0.925 \times 950} = 0.17 \text{ N/mm}^2$$
せん断応力度図： 以上で求めた τ_1 と τ_{III} を直線で結んで得られる．⇒ 図 3・28

腹鉄筋が計算上必要か？ まず，腹鉄筋が計算上必要かどうかの判定をする．

例題の場合は，$\tau_{a1}(= 0.45 \text{ N/mm}^2) < \tau_{max}(= 0.75 \text{ N/mm}^2) < \tau_{a2}(= 2.0 \text{ N/mm}^2)$
となるので，腹鉄筋の計算をして，腹鉄筋を配置しなければならない．

腹鉄筋を配置する区間 v_1 腹鉄筋を計算上必要とする区間 v_1 は，せん断応力度が τ_{a1} を超える区間 x を求めればよいことになるが，これに有効高さを加えた範囲としている．
図 3・28 から，比例式で x を導くと
$$x = \frac{l(\tau_1 - \tau_{a1})}{2(\tau_1 - \tau_{\text{III}})} \quad (3 \cdot 32)$$
これに d を加えて v_1 になる．
$$v_1 = x + d \quad (3 \cdot 33)$$
計算上腹鉄筋を必要としない区間 v_2 $\tau \leq \tau_{a1}$ では腹鉄筋は計算上必要ないので，その区間 v_2 は，$(l/2 - v_1)$ になる．

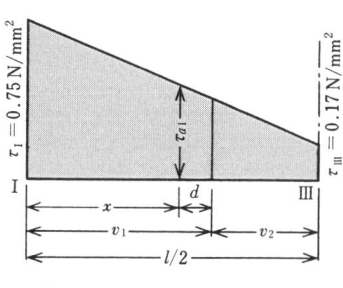

図 3・28 せん断応力度図

図 3・28 の場合は次のようになる．
$$x = \frac{l(\tau_1 - \tau_{a1})}{2(\tau_1 - \tau_{\text{III}})} = \frac{12\,000(0.75 - 0.45)}{2(0.75 - 0.17)} = 3\,103 \text{ mm}$$
$$v_1 = x + d = 3\,103 + 950 = 4\,053 \text{ mm}$$
$$v_2 = l/2 - v_1 = 12\,000/2 - 4\,053 = 1\,947 \text{ mm}$$

3-16 腹鉄筋の計算法（その2）

16 スターラップの配置法

各々の受持ち分

これまでに得られたせん断応力度図の中で，スターラップで受け持つ部分と，折曲鉄筋で受け持つ部分とに分割して，その本数や折り曲げる位置を求めるのです．

図3・29に示すように，はりに生じるせん断応力度 τ は，コンクリート部分で受け持つせん断応力度 $\tau_c (= \tau_{a1}/2)$ と，スターラップが受け持つせん断応力度 τ_v および折曲鉄筋が受け持つ応力度 τ_b によって分担して受け持たれます．このとき，どの断面においても次の関係が成り立っています．

$$\tau \leqq \tau_c + \tau_v + \tau_b \quad (3\cdot34)$$

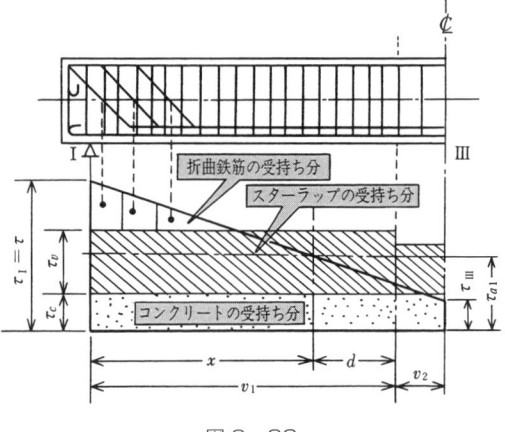

図3・29

スターラップの受け持つせん断応力度

スターラップの受け持つせん断応力度 τ_v は次式で示されます．

$$\tau_v = \frac{\sigma_{sa} a}{s b_w} \quad (3\cdot35)$$

ここに，σ_{sa}：スターラップの許容引張応力度
　　　　a：1組のスターラップの断面積（図3・30）
　　　　s：スターラップの間隔
　　　　b_w：断面腹部の幅（長方形断面の場合は b を用いる）

U形 $a = 2a_0$　　W形 $a = 4a_0$
a_0：スターラップ1本の断面積

図3・30

16 スターラップの配置法

スターラップの配置

スターラップの配置においては次の点に留意しなければなりません.

スターラップ配置上の留意事項:
① はりには,腹部の幅にスターラップの間隔を乗じた面積の 0.15% 以上のスターラップを全長にわたって配置する.
$$a_{w\min}/(b_w s) = 0.0015 \qquad (3 \cdot 36)$$
ここに,$a_{w\min}$:最小鉛直スターラップ
　　　　b_w:腹部幅
　　　　s:スターラップの配置間隔
② スターラップの間隔は,計算上スターラップが必要な区間(v_1 区間)には,はりの有効高さ d の 1/2 以下で,かつ 300 mm 以下としなければならない.計算上スターラップが必要でない区間(v_2 区間)では,はりの有効高さ d の 3/4 以下で,かつ 400 mm 以下とするのを原則とする.

No.17　スターラップの計算
No.16 で求めた v_1 区間および v_2 区間のスターラップの計算をせよ.

【解答】① v_1 区間のスターラップ
いま,スターラップの間隔を $s = 300$ mm とすると,式(3・36)から
$$a_{w\min} = 0.0015 \times b_w s = 0.0015 \times 500 \times 300 = 225 \text{ mm}^2$$
となるので,D 13 の U 形($a = 253$ mm^2)を $s = 300$ mm で配置する.
　このとき,スターラップの受けるせん断応力度 τ_v は,T 形ばりであるから,式(3・35)の $b = b_w$ を代入して求める.
$$\tau_v = \frac{\sigma_{sa} a}{s b_w} = \frac{196 \times 253}{300 \times 500} = 0.33 \text{ N/mm}^2$$

② v_2 区間のスターラップ
この区間のスターラップも D 13 の U 形を $s = 300$ mm で配置する.

③ 配置図
図 3・31 に示す.

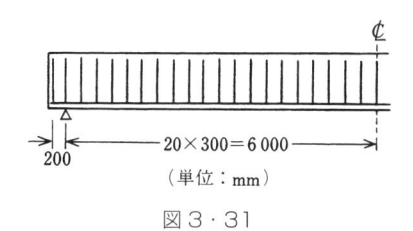

図 3・31

3-17 腹鉄筋の計算（その3）

17 折曲鉄筋を入れよう

折曲鉄筋の本数

折曲鉄筋は，引張鉄筋の一部を折り曲げたものです．折曲鉄筋の計算の目的は，引張鉄筋のうちの何本の鉄筋をどの位置で折り曲げればよいのかを決めることです．図3・32(b)において，折曲鉄筋が受け持つせん断応力度図の部分の距離 v を求めると次式のようになります．

$$v = \frac{l(\tau_1 - \tau_c - \tau_v)}{2(\tau_1 - \tau_{\text{III}})} \quad (3\cdot 37)$$

また，折曲鉄筋が受け持つせん断力 V_b は，せん断応力度図の面積に，はり断面の腹部の幅 b_w をかければよいから次式のようになります．

$$V_b = \frac{(\tau_1 - \tau_c - \tau_v) v b_w}{2} \quad (3\cdot 38)$$

必要な折曲鉄筋の総断面積は次式で示されます．

$$A_b = \frac{V_b \cos 45°}{\sigma_{sa}} \quad (3\cdot 39)$$

したがって，折曲鉄筋の本数はこの A_b に見合う本数を求めればよいのです．

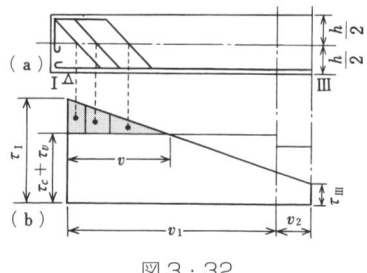

図3・32

折曲鉄筋の本数に関する規定

以上で得られた折曲鉄筋の本数が次に述べる規定に適合するようにして，最終的な折曲本数を決定します．

① 引張鉄筋のうち，折り曲げないで支点を越えて定着させる鉄筋の数は，引張鉄筋の総本数の1/3以上とします．
② 付着応力から，定着する鉄筋の全周長は折曲鉄筋とスターラップを併用する場合は，次式で求める周長以上を必要とします．

$$u \geq \frac{V}{2\tau_{0a} jd} \quad (\text{ただし，} V = V_1) \quad (3\cdot 40)$$

17 折曲鉄筋を入れよう

折り曲げる位置

以上の方法で折曲鉄筋の本数が決まったら，次に折り曲げる位置を決めます．そのためには次の順序で行います．

① 折曲鉄筋の負担するせん断応力度図の面積を図 3・33 に示す作図法によって鉄筋本数に等分します．
② 次に，分割された各々の平面の図心から鉛直線を引き上げて図 3・32 のようにはりの高さの中心線との交点を水平と 45°の角度で通るようにします．

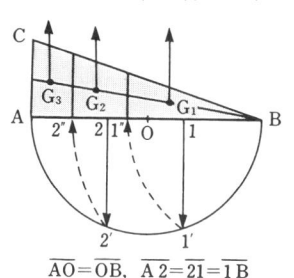

$\overline{AO} = \overline{OB}, \quad \overline{A2} = \overline{21} = \overline{1B}$
$\overline{B1'} = \overline{B1'}, \quad \overline{B2'} = \overline{B2''}$

図 3・33 面積の等分割

No.18 折曲鉄筋の計算

前問（No.17）の続きとして，折曲鉄筋の計算をせよ．

【解答】 式(3・37)から

$$v = \frac{l(\tau_1 - \tau_c - \tau_v)}{2(\tau_1 - \tau_{\mathrm{III}})} = \frac{12\,000(0.75 - 0.225 - 0.33)}{2(0.75 - 0.17)} = 2\,017 \text{ mm}$$

折曲鉄筋の受け持つせん断力 V_b は，式(3・38)から

$$V_b = \frac{(\tau_1 - \tau_c - \tau_v)vb_w}{2} = \frac{(0.75 - 0.225 - 0.33) \times 2\,017 \times 500}{2} = 98\,329 \text{ N}$$

必要な折曲鉄筋の断面積 A_b は，式(3・39)から

$$A_b = \frac{V_b \cos 45°}{\sigma_{sa}} = \frac{98\,329 \times \cos 45°}{196} = 355 \text{ mm}^2$$

よって，主鉄筋 10-D 32 のうち，1 本（$A_b = 794.2 \text{ mm}^2$）を折曲鉄筋として使用すればよいことになるが，ここでは 4 本を折曲鉄筋として使用する．

なお，支点を越えて定着する引張鉄筋として必要な周長は，式(3・40)から

$$u \geq \frac{V_1}{2\,\tau_{0a}jd} = \frac{330 \times 10^3}{2 \times 1.6 \times 0.925 \times 950} = 117.4 \text{ mm}$$

となり，定着する 6 本の周長（6-D 32）は $u = 600 \text{ mm} > 117.4 \text{ mm}$ であり，十分安全である．以上の結果を図 3・34 に示す．

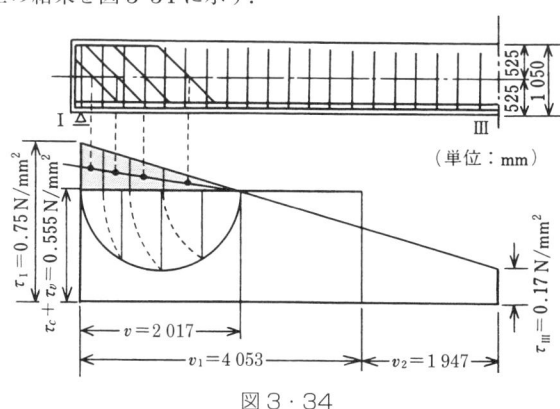

図 3・34

3-18 腹鉄筋の計算（その４）

18
折り曲げても安全か

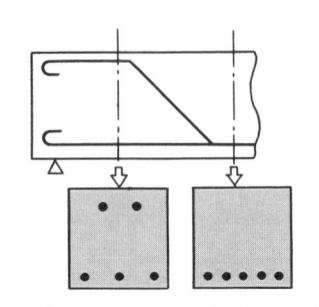

折曲点の抵抗モーメントの計算

引張主鉄筋を折り曲げることにより，その分だけ鉄筋量 A_s は減少するので，断面の抵抗モーメントも低下します．そこで，折曲後の各断面の抵抗モーメントを式 (3・41) で計算します．

$$M_r = \sigma_{sa} A_s jd \qquad (3・41)$$

ただし，A_s：曲げあげないで残っている鉄筋の総断面積〔mm^2〕

曲げモーメントに対する安全性の検討

次に各断面に生じる最大曲げモーメントを計算して，図 3・35 に示すように最大曲げモーメント図を描きます．これに，折曲鉄筋の折曲点における抵抗モーメントの値から抵抗モーメント図を描きます．その結果，どこでも抵抗モーメントが最大曲げモーメントより大きくなっていれば安全です．

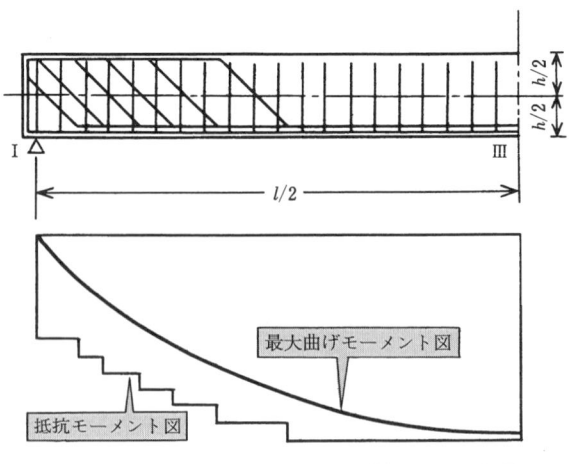

図 3・35　折曲鉄筋を考慮した抵抗モーメント図

18 折り曲げても安全か

No.19 曲げモーメントに対する安全性の検討

前問（No.18）の結果から，各折曲点における抵抗モーメントを計算して，曲げモーメントに対する安全性を検討せよ．

【解答】 抵抗モーメントの計算

引張鉄筋が10本，9本，8本，7本，6本のときの抵抗モーメントを Mr_{10}，Mr_9，Mr_8，Mr_7，Mr_6 とすると，式(3・41)から

$M_{r10} = 196 \times 7\,942 \times 0.925 \times 950 = 1.368 \times 10^9$ N・mm $= 1\,368$ kN・m
$M_{r9} = 196 \times 7\,148 \times 0.925 \times 950 = 1.231 \times 10^9$ N・mm $= 1\,231$ kN・m
$M_{r8} = 196 \times 6\,354 \times 0.925 \times 950 = 1.094 \times 10^9$ N・mm $= 1\,094$ kN・m
$M_{r7} = 196 \times 5\,559 \times 0.925 \times 950 = 9.575 \times 10^8$ N・mm $= 958$ kN・m
$M_{r6} = 196 \times 4\,765 \times 0.925 \times 950 = 8.207 \times 10^8$ N・mm $= 821$ kN・m

上の値から抵抗モーメント図を描くと図3・36のようになる．

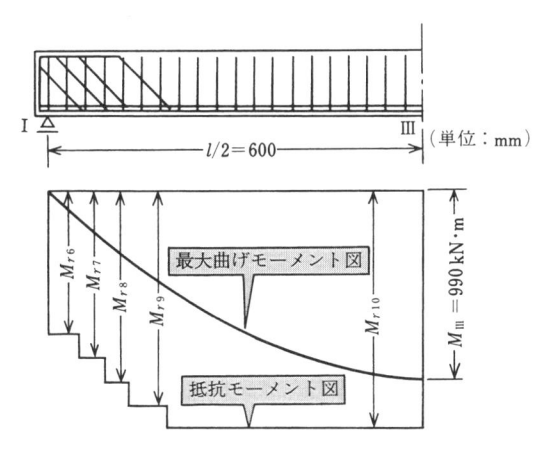

図3・36 最大曲げモーメントと抵抗モーメントの関係

最大曲げモーメントの計算

図3・36のはりの支点から x [m]の断面の最大曲げモーメント M は図3・37から次式で表される．

$$M = \frac{wl}{2}x - \frac{w}{2}x^2 + \frac{P(l-x)}{l}x$$
$$= 330\,x - 27.5\,x^2 \ [\text{kN·m}]$$

この式から最大曲げモーメント図を描くと，図3・36のようになる．

以上の結果から，どの断面も抵抗モーメントが最大曲げモーメントより大きいので曲げモーメントに対して**安全**である．

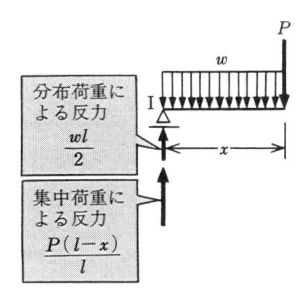

図3・37 最大曲げモーメント算定用荷重モデル図

3章のまとめ問題

【問題1】 $b = 400$ mm, $d = 600$ mm, 引張鉄筋 4-D 19 の単鉄筋長方形ばりに $M = 86$ kN·m の曲げモーメントが作用するとき,中立軸の位置と σ_s, σ'_c を求めよ.ただし,$\sigma_{sa} = 196$ N/mm², $\sigma'_{ca} = 9$ N/mm² とする.

【問題2】 図 3·38 に示す単鉄筋 T 形ばりに $M = 1\,000$ kN·m の曲げモーメントが作用するとき,次の問に答えよ.
(1) 中立軸の位置を求めよ.
(2) 曲げ応力度 σ_s, σ'_c を求めよ.
(3) $\sigma_{sa} = 196$ N/mm², $\sigma'_{ca} = 9$ N/mm² とするとき抵抗モーメントを求めよ.

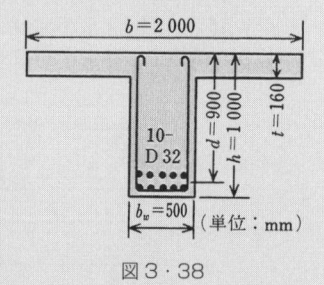

図 3·38

【問題3】 $b = 400$ mm の単鉄筋長方形ばりに $M = 80$ kN·m が作用するとき,d と A_s を求めよ.また,D 19 の鉄筋を使用するとき,鉄筋の本数はいくらにすればよいか.ただし,$f'_{ck} = 24$ N/mm², $\sigma_{sa} = 196$ N/mm² とする.

【問題4】 $b = 1\,400$ mm, $t = 150$ mm, $b_w = 300$ mm の単鉄筋 T 形ばりに $M = 340$ kN·m が作用するとき,d と A_s を求めよ.また,D 32 の鉄筋を使用するとき鉄筋の本数はいくらにすればよいか.ただし,$f'_{ck} = 24$ N/mm², $\sigma_{sa} = 196$ N/mm² とする.

【問題5】 図 3·38 に示す単鉄筋 T 形ばりに $V = 320$ kN のせん断力が作用するとき,せん断応力度 τ と付着応力度 τ_0 を求めよ.

4章 性能照査型設計法

　性能照査型設計法は，次頁の図4・1に示すように構造物の**要求性能**を設定し，その要求性能を満たすように構造物の構造計画構造詳細の設定を行い，設計耐用期間を通じて要求性能が満足されていることを照査する設計法です．
　構造計画では，要求性能を満たすように，構造特性，材料，施工方法，維持管理手法，経済性等を考慮して構造形式等の設定などを行います．
　構造詳細の設定では，構造計画で設定された構造形式に対して，「土コ示」(2012)の構造細目等にしたがって形状・寸法・配筋等の構造詳細を設定します．
　要求性能に対する照査では，設計耐用期間を通じて，構造物が**耐久性，安全性，使用性，復旧性，環境性**などに関して要求された性能を満足することを照査することとします．
　構造物が破壊するかどうかは，構造物に作用する荷重と構造物の抵抗力の大小によって決定されますが，安全性の検討は，構造物に作用する荷重から計算される**設計断面力**に**構造物係数**をかけて分子とし，構造物に使用される材料から計算される**設計断面耐力**を分母とし計算された値が，1.0以下になるようにします．

$$\frac{構造物係数\ \gamma_i \times 設計断面力\ S_d}{設計断面耐力\ R_d} \leq 1.0 \qquad (4・1)$$

　ここでは，設計断面耐力の計算方法を理解してもらうことを主な目的とします．

4-1 要求性能

1 もう我慢できない

性能照査の原則と方法

構造物の**性能照査**は原則として，要求性能に応じた限界状態を施工中および設計耐用期間中の構造物あるいは構成部材ごとに設定し，設計で仮定した形状・寸法・配筋等の構造詳細を有する構造物あるいは構造部材が限界状態に至らないことを確認することで行うこととします．限界状態は，一般に**耐久性**，**安全性**，**使用性**，および**復旧性**に対して設定することとします．**要求性能**に対する**限界状態**，**照査指標**と考慮する設計作用の例を表 4・1 に，限界状態の例を図 4・2 に示します．

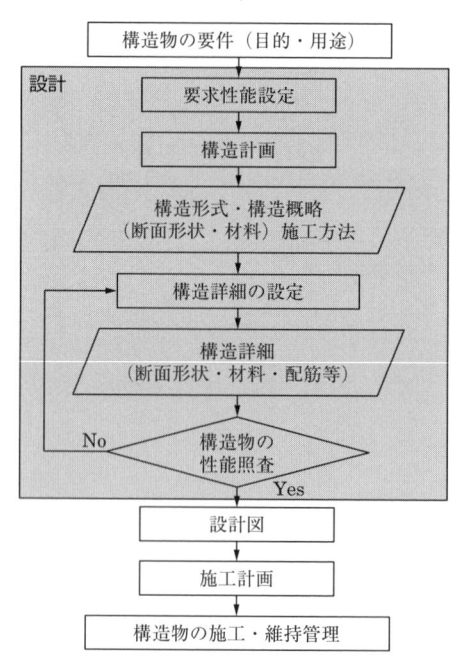

図 4・1 構造物の設計から施工への流れ

1 もう我慢できない

表4・1 要求性能, 限界状態, 照査指標と設計作用の例(「土コ示」)

要求性能	限界状態	照査指標	考慮する設計作用
安全性	断面破壊	力	すべての作用(最大値)
	疲労破壊	応力度・力	繰返し作用
	変位変形・メカニズム	変形・基礎構造による変形	すべての作用(最大値)・偶発作用
使用性	外観	ひび割れ幅, 応力度	比較的しばしば生じる大きさの作用
	騒音・振動	騒音・振動レベル	比較的しばしば生じる大きさの作用
	車両走行の快適性等	変位・変形	比較的しばしば生じる大きさの作用
	水密性	構造体の透水量	比較的しばしば生じる大きさの作用
		ひび割れ幅	
	損傷(機能維持)	力・変形等	変動作用等
復旧性	修復性	力・変形等	偶発作用(地震の影響等)

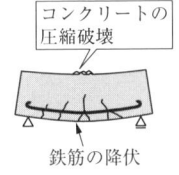

(a) 安全性(断面破壊)

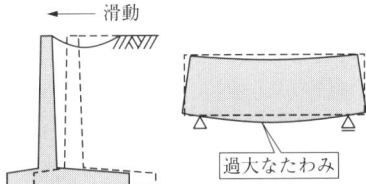

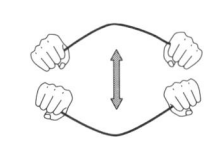

(b) 安全性(疲労破壊)

(c) 安全性(変位・変形)

(d) 使用性(外観(ひび割れ))

図4・2 要求性能と限界状態の例

4-2 安全係数

2 ステップごとの安全性

安全係数　性能照査では，材料や構造の力学機構に基づく数理モデルを用いること，あるいは実験等による実証を基本原則とします．過去に豊富な実績と経験がある場合には，定量的に検証された耐力式や経験則を用いてよいのです．限界状態に対する照査は，材料強度および作用の特性値ならびに表 4・2, 4・3 に定める**安全係数**を用いて応答値の算定を行います．照査は，一般に次式により行います．

$$\gamma_i \cdot S_d / R_d \leqq 1.0$$

ここに，S_d：設計応答値，R_d：設計限界値

γ_i：構造物係数（表 4・2，表 4・3）

線形解析を用いる場合の安全係数を，断面破壊の限界状態の照査を例にとると，図 4・3 のようになります．

表 4・2　安全係数により配慮されている内容
（線形解析を用いた断面破壊の照査の場合）（「土コ示」）

	配慮されている内容	取り扱う項目
断面耐力	1. 材料強度のばらつき 　(1) 材料実験データから判断できる部分	特性値 f_k
	(2) 材料実験データから判断できない部分（材料実験データの不足・偏り，品質管理の程度，供試体と構造物中との材料強度の差異，経時変化等による）	材料係数 γ_m
	2. 限界状態に及ぼす影響の度合 3. 部材断面耐力の計算上の不確実性，部材寸法のばらつき，部材の重要度，破壊性状	部材係数 γ_b
断面力	1. 作用のばらつき 　(1) 作用の統計的データから判断できる部分	特性値 F_k
	(2) 作用の統計的データから判断できない部分（作用の時計的データの不足・偏り，設計耐用期間中の作用の変化，作用の算定方法の不確実性等による）	作用係数 γ_f
	2. 限界状態に及ぼす影響の度合 3. 断面力等の算定時の構造解析の不確実性	構造解析係数 γ_a
構造物の重要度，限界状態に達したときの社会的経済的影響等		構造物係数 γ_i

2 ステップごとの安全性

表4・3 標準的な安全係数の値（線形解析を用いる場合）（「土コ示」）

安全係数 要求性能 （限界状態）	材料係数 γ_m		部材係数 γ_b	構造解析係数 γ_a	作用係数 γ_f	構造物係数 γ_i
	コンクリート γ_c	鋼材 γ_s				
安全性（断面破壊）	1.3	1.0 または 1.05	1.1〜1.3	1.0	1.0〜1.2	1.0〜1.2
安全性（疲労破壊）	1.3	1.05	1.0〜1.3	1.0	1.0	1.0〜1.1
使用性	1.0	1.0	1.0	1.0	1.0	1.0

設計断面耐力と設計断面力

　設計断面耐力とは，材料強度により構造物や部材断面が耐えることのできる強度をいいます．**設計断面力**とは，その構造物に作用するあらゆる荷重を想定し，その荷重により構造物や部材断面に生じる力をいいます．

　設計断面耐力と断面力の求め方は図4・3のようになりますが，その計算過程の中で安全係数が使われます．

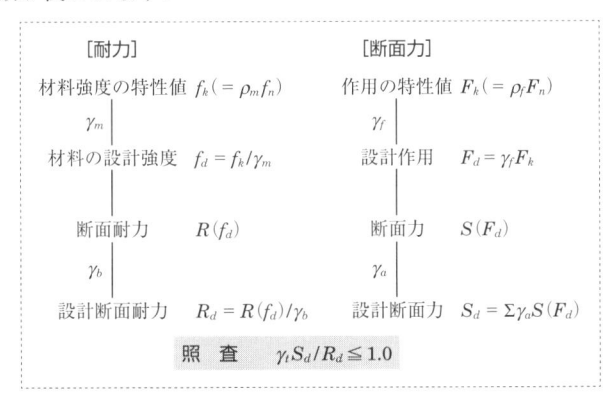

```
［耐力］                          ［断面力］
材料強度の特性値 f_k(= ρ_m f_n)    作用の特性値 F_k(= ρ_f F_n)
      ↓ γ_m                            ↓ γ_f
材料の設計強度  f_d = f_k/γ_m      設計作用   F_d = γ_f F_k
      ↓                                ↓
断面耐力      R(f_d)              断面力    S(F_d)
      ↓ γ_b                            ↓ γ_a
設計断面耐力   R_d = R(f_d)/γ_b    設計断面力 S_d = Σγ_a S(F_d)

         照 査   γ_i S_d/R_d ≦ 1.0
```

図4・3 線形解析を用いる場合の安全係数（「土コ示」）

No.1　設計断面耐力の計算

　コンクリートの設計基準強度 $f'_{ck} = 27$ N/mm² のコンクリートの柱（図4・4）の設計断面耐力を求めよ．ただし，$\gamma_c = 1.3$，$\gamma_b = 1.15$ とする．

【解答】　$f'_{cd} = f'_{ck}/\gamma_c = 27/1.3 = 20.7$ N/mm²
　　　　$N'_d = f'_{cd} A = 20.7 \times 500 \times 500 = 5\,175\,000$ N
　　　　$N'_{ud} = N'_d/\gamma_b = 5\,175\,000/1.15 = 4\,500\,000$ N

（単位：mm）

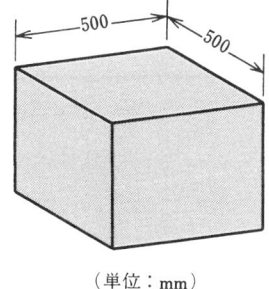

図4・4

4-3 特性値

3 設計の基礎となる値

特性値

鉄筋やコンクリートなどの材料の強度は，同じ条件でつくってもその値に多少のばらつきが生じます．また作用についてもいろいろな大きさがありますが，設計する場合，それらを代表する値を一つ決めて計算しなければなりません．その値を**特性値**といいます．

(1) 材料強度の特性値

ばらつきの平均値より低く，かつ，統計的にその作用を下回ることが，ほとんどないと考えられる材料強度の大きさをいいます．

(2) 作用の特性値

そのばらつきの平均値より高く，かつ，統計的にその作用を上回る（特別の場合は下回る）ことが，ほとんどないと考えられる作用の大きさをいいます．

たとえば，コンクリートの圧縮強度の特性値 f'_{ck} は，試験値のばらつきを正規分布（図 4・5）と仮定して，圧縮強度の平均値 f'_{cm} を求め，試験値が特性値以下となる確率（一般には 5%）を指定することにより，大部分の試験値がその値を下回ることのないことが保証される値で，式(4・2)により求められます．

$$f'_{ck} = f'_{cm}(1-k\delta) \qquad (4・2)$$

ただし，f'_{cm}：圧縮強度試験値の平均値

k：係数で，設計基準強度を下回る確率を 5% とし，分布形を正規分布とすると $k=1.64$ となります（表 4・4 参照）．

δ：試験値の変動係数

σ：試験値の標準偏差

データ数が増えるとこの型に近づいてきます．

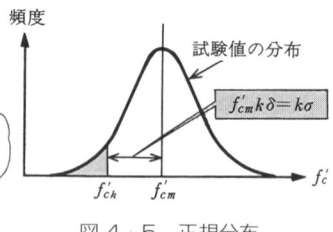

図 4・5 正規分布

3 設計の基礎となる値

表4・4 設計基準強度を下回る確率と係数 k との関係

下回る確率	0.5	0.159	0.05	0.042	0.023	0.00135
係 数 k	0	1	1.64	1.73	2	3

　わが国においてコンクリートの圧縮試験に使用されるコンクリートの供試体は $\phi 10 \times 20$ cm の円柱で，20 ℃ の水中に 28 日間養生された供試体を用いています（図4・6参照）．

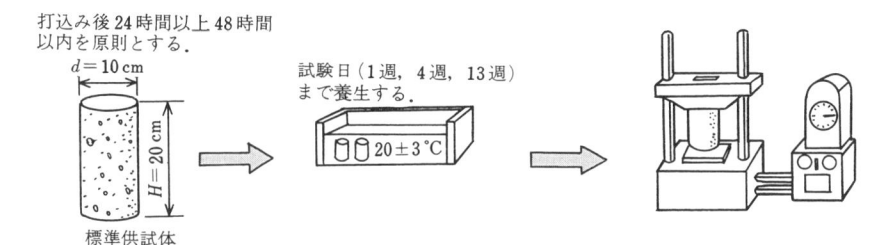

図4・6　コンクリートの圧縮試験

No.2　コンクリートの設計基準強度の計算
　　現場で採取した 3 個の供試体の試験値が次のような値になり，変動係数が $\delta = 0.15$ のときの設計基準強度を求めよ．
$$f'_{c1} = 35.5 \text{ N/mm}^2, \quad f'_{c2} = 37.5 \text{ N/mm}^2, \quad f'_{c3} = 35.0 \text{ N/mm}^2$$

【解　答】　圧縮強度試験値の平均
$$f'_{cm} = (35.5 + 37.5 + 35.0)/3 = 36.0 \text{ N/mm}^2$$
$k = 1.64$ （設計強度を下回る確率を 5% としたときの係数）
式(4・2)より
$$f'_{ck} = 36.0(1 - 1.64 \times 0.15) = 27.1 \text{ N/mm}^2$$

4章のまとめ問題

【問題1】 性能照査型設計法における三つの要求性能と，それぞれの限界状態，照査指標をまとめよ．

【問題2】 設計断面耐力と設計断面力について，簡単に説明せよ．

【問題3】 性能照査型設計法では設計断面耐力と設計断面力をいくつかの安全係数を使い計算するが，その手順を以下に示す．空欄を埋めて完成させよ．

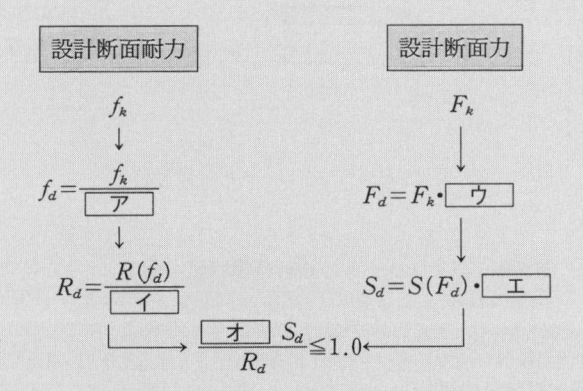

設計断面耐力

f_k
↓
$f_d = \dfrac{f_k}{\boxed{ア}}$
↓
$R_d = \dfrac{R(f_d)}{\boxed{イ}}$

設計断面力

F_k
↓
$F_d = F_k \cdot \boxed{ウ}$
↓
$S_d = S(F_d) \cdot \boxed{エ}$

$\dfrac{\boxed{オ} \, S_d}{R_d} \leq 1.0$

【問題4】 下の文章の空欄を埋め文章を完成させよ．

コンクリートの圧縮試験に使用される供試体は，$\boxed{ア} \times \boxed{イ}$ の円柱で，20 ℃の水中に $\boxed{ウ}$ 養生された供試体を使用し，圧縮強度の特性値は，圧縮強度の平均値を求め，計算式 $\boxed{エ}$ で求められる．

5章 安全性（断面破壊）に関する検討

　土木構造物は，橋梁，道路，トンネル，防波堤，上下水道，ダムなど，市民生活に直接関係する公共性の高いものがほとんどであり，その使用期間がいずれも長期間になります．そのため，使用期間中に構造物に作用するあらゆる外力に対して安全でなければなりません．構造物に作用する荷重は，**人工的なもの（自重，自動車，列車，群衆など）** と自然的なもの（**地震，風，雪，土圧，水圧など**）とに分けることができます．

　断面破壊（限界状態） とは，非常に大きな荷重が 1 回だけでも構造物に作用したとき，その構造物に最大耐荷力が生じ，その先は構造物のある 1 断面だけでも荷重に対して耐えることができなくなり，鉄筋の降伏やコンクリートの破壊が生じたり，構造物全体が安定を失って転倒や滑動したり，使用目的を失うような変形やひび割れが生じる状態をいいます．断面破壊（限界状態）に対する照査に用いる作用係数と設計作用の組合せを表 5・1 に示します．

　このような状態は日常頻繁に起こることではなく，何十年に 1 回というようなサイクルであるため，それがいつ起こるか予想がつかないため，その発生の確率を非常に小さくする必要があります．

　ここでは断面破壊（限界状態）における単鉄筋長方形ばりと単鉄筋 T 形ばりの設計曲げ耐力と設計せん断耐力を求め，さらに，その限界状態に対する安全性の検討を，例題を解きながら学んでいきます．

表 5・1　断面破壊に対する照査に用いる作用係数と設計作用の組合せ（「土コ示」）

要求性能	限界状態	作用の種類	作用係数	考慮すべき組合せ
安全性	断面破壊等	永続作用	1.0～1.2	永続作用＋主たる変動作用＋従たる変動作用
		主たる変動作用	1.1～1.2	
		従たる変動作用	1.0	

5-1 基本仮定

1 断面耐力

基本仮定　部材の設計断面耐力を，断面力の作用方向に応じて，部材断面あるいは部材の単位幅について算定する場合，以下の (1)〜(4) の仮定に基づいて行うものとします．その場合，部材係数 γ_b は，一般に 1.1 とします．

(1) 縦ひずみは，断面の中立軸からの距離に比例します．
(2) コンクリートの引張応力は，無視します．
(3) コンクリートの応力-ひずみ曲線は，図 5・1(a) を原則とします．
(4) 鉄筋の応力-ひずみ曲線は，図 5・1(b) を原則とします．

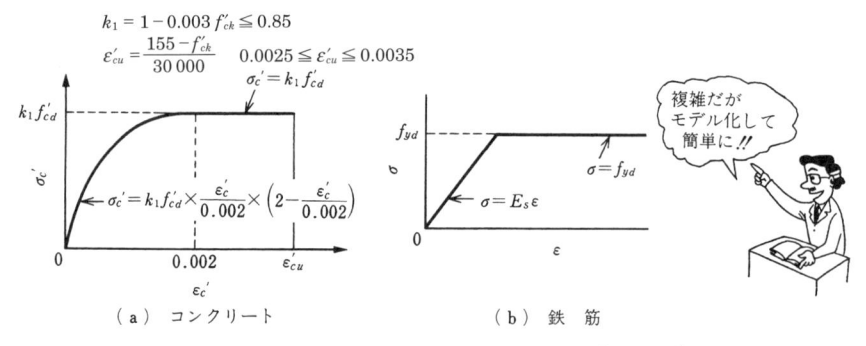

$k_1 = 1 - 0.003 f'_{ck} \leq 0.85$

$\varepsilon'_{cu} = \dfrac{155 - f'_{ck}}{30\,000}$　　$0.0025 \leq \varepsilon'_{cu} \leq 0.0035$

$\sigma'_c = k_1 f'_{cd}$

$\sigma'_c = k_1 f'_{cd} \times \dfrac{\varepsilon'_c}{0.002} \times \left(2 - \dfrac{\varepsilon'_c}{0.002}\right)$

(a) コンクリート

$\sigma = E_s \varepsilon$　　$\sigma = f_{yd}$

(b) 鉄　筋

図 5・1　モデル化された応力-ひずみ曲線（「土コ示」）

圧縮力と引張力　断面破壊（限界状態）における鉄筋コンクリートの部材断面に生じる曲げ応力度の分布は，図 5・2(a) のようになります．このとき，圧縮力の合力 C' はコンクリートが受け持ち，引張応力の合力 T は鉄筋が受け持つのが基本の考え方です．

　C' と T との距離を**アーム長 z** と呼び，z と C' または T との積を**抵抗曲げモー**

1 断面耐力

メントと呼びます。コンクリートに作用する引張力は一般には無視され、理論的には、圧縮側にコンクリート、引張側に鉄筋があればよいことになります。ここでは、単鉄筋長方形断面と単鉄筋T形断面について考えることにします。

等価応力ブロック 曲げモーメントを受ける鉄筋コンクリート部材断面が破壊するとき、断面の抵抗曲げモーメントが最大となり、応力分布は図5・2(a)のようになります。しかし、設計計算では圧縮応力の合力 C' と作用位置が同じであれば応力分布はどんな形でもよいので、部材断面のひずみがすべて圧縮となる場合以外は、これをもっとも単純化して図5・2(c)のように長方形のブロック（**等価応力ブロック**）として考えて計算をしていきます。

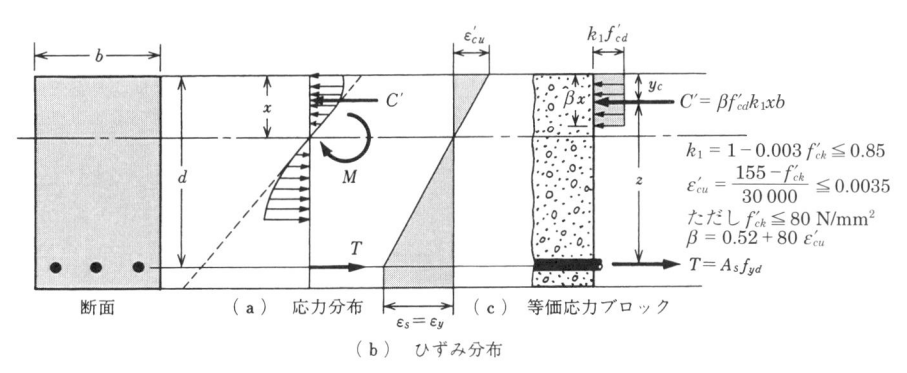

図中の式:
$$C' = \beta f'_{cd} k_1 x b$$
$$k_1 = 1 - 0.003 f'_{ck} \leq 0.85$$
$$\varepsilon'_{cu} = \frac{155 - f'_{ck}}{30\,000} \leq 0.0035$$
ただし $f'_{ck} \leq 80 \text{ N/mm}^2$
$$\beta = 0.52 + 80 \varepsilon'_{cu}$$
$$T = A_s f_{yd}$$

図5・2 終局限界状態の応力とひずみの分布

No.1 圧縮合力 C' の計算

図5・2の断面において、$b = 400$ mm、$f'_{cd} = 18.5$ N/mm²、$x = 200$ mm のとき、圧縮合力 C' を計算し、$f_{yd} = 300$ N/mm²、$A_s = 3\,097$ mm² のとき鉄筋が降伏しているかどうか検討せよ。ただし、$\gamma_b = 1.3$ とする。

【解答】 圧縮側の応力分布を単純化した、等価応力ブロックとして計算すると

$f'_{ck} = 18.5 \text{ N/mm}^2 \times 1.3 = 24 \text{ N/mm}^2$ より、$k_1 = 0.85$、$\beta = 0.8$
$C' = \beta f'_{cd} \times k_1 x \times b = 0.8 \times 18.5 \times 0.85 \times 200 \times 400 = 1\,006\,400$ N
$M = C'z = Tz$ から $C' = T$ となるので、$C' = A_s f_{yd}$ より
$$f_{yd} = \frac{C'}{A_s} = \frac{1\,006\,400 \text{ N}}{3\,097 \text{ mm}^2}$$
$\phantom{f_{yd}} = 324 \text{ N/mm}^2 > 300 \text{ N/mm}^2$
∴ 降伏している。

5-2 応力分布の変化

2 破壊のメカニズム

> 鉄筋が切れるか
> コンクリートが壊れるか
>
> ポキッ
> ギューン
> ブチッ!!
> 運命やいかに!!

断面破壊

軸方向力がなく曲げモーメントのみが作用する鉄筋コンクリートばりの断面が破壊する場合，引張側の鉄筋が降伏し破壊（**切断**）する場合と圧縮側のコンクリートが破壊（**圧壊**）する場合の2通りが考えられていますが，鉄筋が降伏してから破断するまでの伸びが非常に大きく，一般には鉄筋の破断が生じないので，最終的には圧縮側のコンクリートが必ず破壊することになるのです．

断面が破壊するまでの曲げ応力分布と断面の状態は図5・3のように四つの段階に分けて考えられています．

No.2　応力状態の説明
次の応力状態を図5・3を利用して説明せよ．
1)　許容応力度設計法のとき
2)　安全性（断面破壊）
3)　安全性（疲労破壊）
4)　使用性（外観や車両の走行の快適性）

【解答】
1)　許容応力度設計法のとき……………ひび割れの発生を認めており，第三段階と考えられる．
2)　安全性（断面破壊）…………………第四段階の部材断面が破壊する寸前の応力状態と考えられる．
3)　安全性（疲労破壊）…………………応力状態は第一段階や第二段階なのだが，荷重が繰り返し作用することにより第四段階になると考えられる．
4)　使用性（外観や車両の走行の快適性）…ひび割れで検討するならば第二段階から第三段階までの間と考えられる．

2 破壊のメカニズム

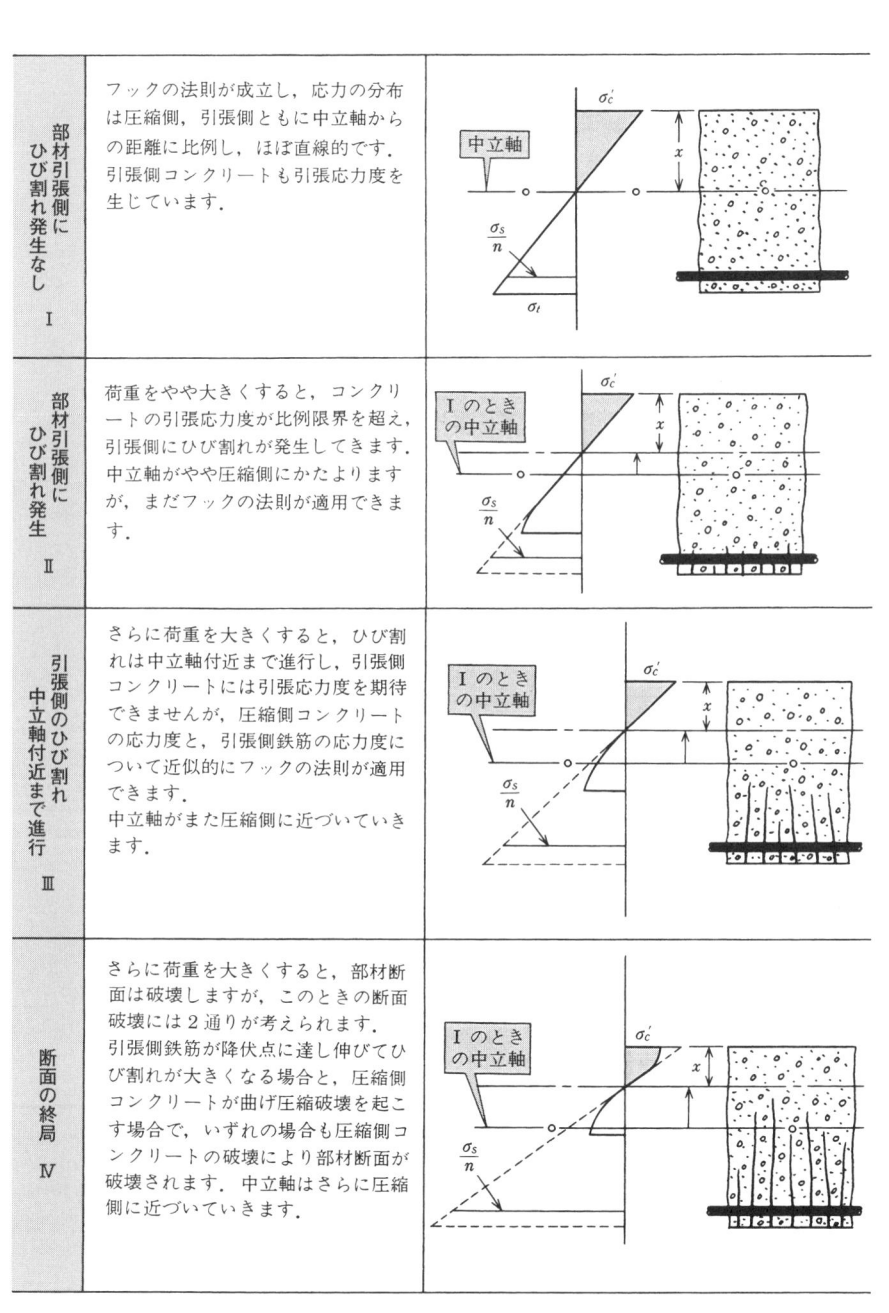

部材引張側にひび割れ発生なし Ⅰ	フックの法則が成立し，応力の分布は圧縮側，引張側ともに中立軸からの距離に比例し，ほぼ直線的です．引張側コンクリートも引張応力度を生じています．		
部材引張側にひび割れ発生 Ⅱ	荷重をやや大きくすると，コンクリートの引張応力度が比例限界を超え，引張側にひび割れが発生してきます．中立軸がやや圧縮側にかたよりますが，まだフックの法則が適用できます．		
引張側のひび割れ中立軸付近まで進行 Ⅲ	さらに荷重を大きくすると，ひび割れは中立軸付近まで進行し，引張側コンクリートには引張応力度を期待できませんが，圧縮側コンクリートの応力度と，引張側鉄筋の応力度について近似的にフックの法則が適用できます．中立軸がまた圧縮側に近づいていきます．		
断面の終局 Ⅳ	さらに荷重を大きくすると，部材断面は破壊しますが，このときの断面破壊には2通りが考えられます．引張側鉄筋が降伏点に達し伸びてひび割れが大きくなる場合と，圧縮側コンクリートが曲げ圧縮破壊を起こす場合で，いずれの場合も圧縮側コンクリートの破壊により部材断面が破壊されます．中立軸はさらに圧縮側に近づいていきます．		

図 5・3 破壊までの曲げ応力分布と断面の状態

5-3 設計曲げ耐力の計算

3 どこまで耐える？

単鉄筋長方形断面の設計曲げ耐力

図5·4のような単鉄筋長方形断面が曲げモーメントを受けて断面が破壊するには，曲げ引

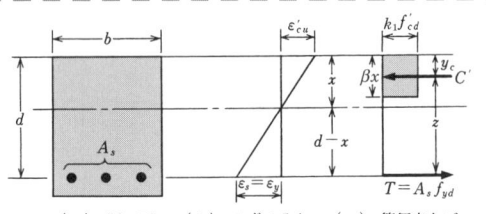

（a）断面　（b）ひずみ分布　（c）等価応力ブロック

図5·4 単鉄筋長方形断面の曲げ耐力

[考え方] / [式の展開]

設計曲げ耐力の計算

引張側の鉄筋が降伏しているので引張合力は
→ $T = A_s f_{yd}$
　A_s：鉄筋の断面積
　f_{yd}：鉄筋の設計降伏強度

等価応力ブロックより圧縮合力は
→ $C' = k_1 f'_{cd} b \cdot 2 y_c$
　f'_{cd}：コンクリートの設計圧縮強度

力の釣合条件 $T = C'$ により圧縮縁から圧縮合力までの距離 y_c は
→ $A_s f_{yd} = k_1 f'_{cd} b \cdot 2 y_c$
$$\therefore y_c = \frac{A_s f_{yd}}{2 \times k_1 f'_{cd} b}$$
$A_s = pbd$ を代入
$$\therefore y_c = \frac{p d f_{yd}}{2 \times k_1 f'_{cd}} \quad (5 \cdot 1)$$

引張合力と圧縮合力の距離アーム長 z
→ $z = d - y_c$

曲げ引張破壊で鉄筋が降伏しているので，曲げ耐力は Tz で求められます
→ $M_u = Tz$
$\quad = A_s f_{yd}(d - y_c) \quad (5 \cdot 2)$

設計曲げ耐力は，部材係数 γ_b で割って求めます
→ $M_{ud} = \dfrac{M_u}{\gamma_b} \quad (5 \cdot 3)$
$\quad = \dfrac{A_s f_{yd}(d - y_c)}{\gamma_b} \quad (5 \cdot 4)$

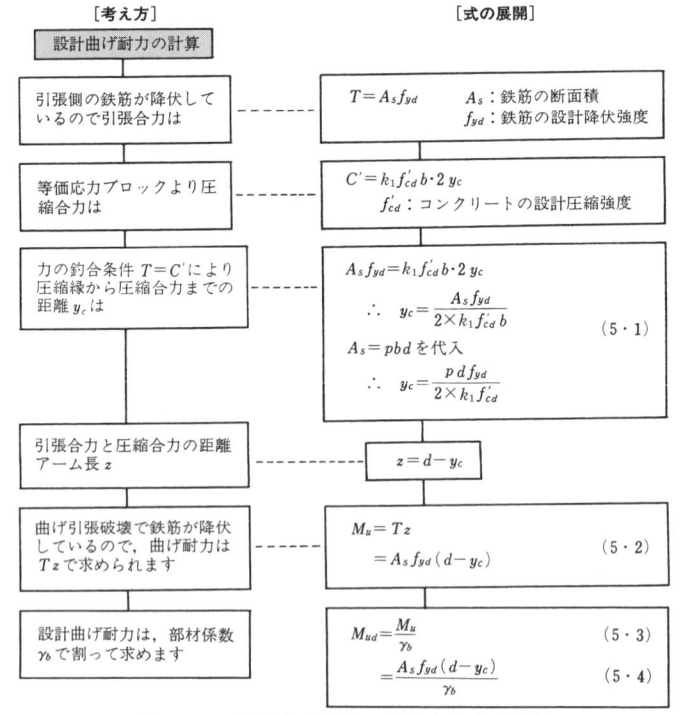

図5·5 設計曲げ耐力の考え方と式の展開

3 どこまで耐える？

張破壊と，曲げ圧縮破壊の2通りが考えられることは 5-2 で説明しましたが，最終的には引張鉄筋が降伏しているので，断面内の力のつりあいから，以下の手順により設計曲げ耐力を求めることができます。

No.3 単鉄筋長方形ばりの設計曲げ耐力の計算

図 5・4 のような単鉄筋長方形断面のはりに $M_d = 200$ kN・m の設計曲げモーメントが作用しているとき，設計曲げ耐力 M_{ud}（曲げ引張破壊）を求め，安全かどうか検討せよ。ただし，$b = 400$ mm，$d = 600$ mm，$A_s = 1\,936$ mm^2 とし，材料の力学的性質および安全係数は以下のとおりとする。

- コンクリートの設計基準強度 ：$f'_{ck} = 27$ N/mm^2
- コンクリートの圧縮終局ひずみ：$\varepsilon'_{cu} = 0.0035$ （$k_1 = 0.85$，$\beta = 0.8$）
- 鉄筋の降伏強度（特性値） ：$f_{yk} = 300$ N/mm^2
- 安全係数：$\gamma_c = 1.3$，$\gamma_s = 1.0$，$\gamma_b = 1.1$，$\gamma_i = 1.15$

計 算 量	計 算 式	計 算 値	使 用 値
設計圧縮強度 f'_{cd}	$f'_{cd} = \dfrac{f'_{ck}}{\gamma_c}$	$f'_{cd} = \dfrac{27}{1.3} = 20.7$ N/mm^2	20.7 N/mm^2
設計引張強度 f_{yd}	$f_{yd} = \dfrac{f_{yk}}{\gamma_s}$	$f_{yd} = \dfrac{300}{1.0} = 300$ N/mm^2	300 N/mm^2
圧縮合力の作用位置 y_c	式 (5・1) より $y_c = \dfrac{A_s f_{yd}}{2 \times k_1 \times f'_{cd} b}$	$y_c = \dfrac{1\,936 \times 300}{2 \times 0.85 \times 20.7 \times 400}$ $= 41.2$ mm	41.2 mm
引張鉄筋のひずみ ε_s	図 5・4(b) より導く。$\varepsilon_s = \dfrac{\varepsilon'_{cu}(d-x)}{x}$ $2\,y_c = \beta x$ より $x = 2.5\,y_c$ を代入 $\therefore\ \varepsilon_s = \dfrac{\varepsilon'_{cu}(d-2.5\,y_c)}{2.5\,y_c}$	$\varepsilon_s = \dfrac{0.0035(600-2.5\times 41.2)}{2.5\times 41.2}$ $= 0.016$	0.016
降伏ひずみ ε_y	$\varepsilon_y = \dfrac{f_{yd}}{E_s}$	$\varepsilon_y = \dfrac{300}{200\,000} = 0.0015$	0.0015
判定 鉄筋の降伏の確認	$\varepsilon_s > \varepsilon_y$	$0.016 > 0.0015$ ゆえに，降伏している。	
曲げ耐力 M_u	式 (5・2) より $M_u = A_s f_{yd}(d-y_c)$	$M_u = 1\,935 \times 300 (600-41.2)$ $= 324 \times 10^6$ N・mm $= 324$ kN・m	324 kN・m
設計曲げ耐力 M_{ud}	式 (5・3) より $M_{ud} = \dfrac{M_u}{\gamma_b}$	$M_{ud} = \dfrac{324 \text{ kN・m}}{1.1} = 294$ kN・m	294 kN・m
安全性の検討	$\dfrac{\gamma_i M_d}{M_{ud}} \leq 1.0$	$\dfrac{1.15 \times 200 \text{ kN・m}}{294 \text{ kN・m}} = 0.78 \leq 1.0$ ゆえに，安全である。	

5-4 単鉄筋 T 形ばり(その 1)

4
互いの長所を生かした経済断面

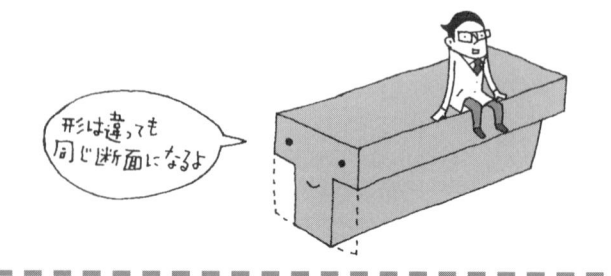

形は違っても同じ断面になるよ

単鉄筋 T 形ばりとは　単鉄筋長方形ばりの中立軸より上側(圧縮側)のコンクリートは曲げ圧縮力に抵抗しているが,下側(引張側)のコンクリートは計算上は無視されており,鉄筋を保護するためだけにあるようなものなので,鉄筋を適切に配置できれば後の余分な部分はなくてもよいことになります(図 5・6 参照).

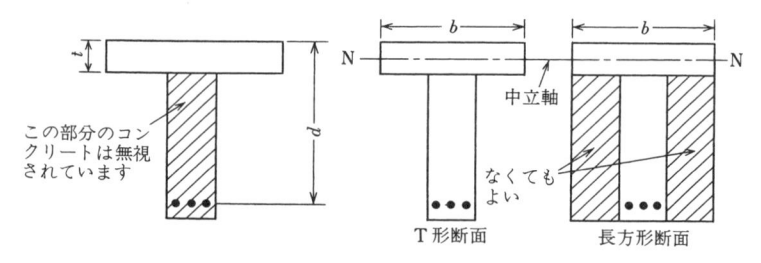

図 5・6　単鉄筋 T 形ばりの考え方

曲げ引張破壊の場合,断面の曲げ耐力にもっとも影響を与えるのは,引張鉄筋の断面積と降伏強度および断面の有効高さです.T 形断面のはりは,中立軸がフランジ内にある場合と,腹部(ウェブ)内にある場合の 2 通りが考えられます.中立軸がフランジ内にある場合は,T 形断面のときでも設計曲げ耐力の計算は,フランジ幅 b の長方形断面として計算します.中立軸が腹部内にあるときは,以下の手順により設計曲げ耐力を求めることができます.

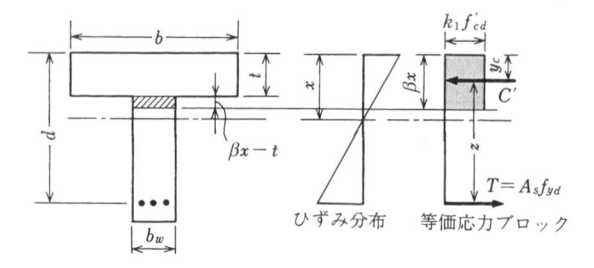

図 5・7　腹部に中立軸がある T 形ばりの考え方

4 互いの長所を生かした経済断面

[考え方]　設計曲げ耐力の計算

中立軸がフランジ内にあると仮定する（$x \leq t$）
コンクリートの圧縮合力 C'
引張鉄筋は降伏すると仮定する（$\varepsilon_s \geq \varepsilon_y$）
図5・7より $C' = T$ なので中立軸と圧縮上縁までの距離 x は

[式の展開]

$$2y_c = \beta x$$
$$C' = k_1 f'_{cd} b \cdot \beta x$$
$$T = A_s f_{yd}$$
$$k_1 f'_{cd} b \cdot \beta x = A_s f_{yd}$$
$$x = \frac{A_s f_{yd}}{\beta k_1 f'_{cd} b} \quad (5 \cdot 5)$$

判定　$x \leq t$ を行う

$x \leq t$?　Yes → フランジ幅の長方形断面として後の計算を行う

No ↓

コンクリートの圧縮合力 C' は図5・7より

$$C' = k_1 f'_{cd} \{bt + b_w(\beta x - t)\}$$

引張曲げ圧縮破壊時鉄筋は降伏しているので C' と T は等しい

$$C' = T$$
$$k_1 f'_{cd} \{bt + b_w(\beta x - t)\} = A_s f_{yd}$$

ゆえに中立軸と圧縮上縁までの距離 x は

$$x = \frac{A_s f_{yd}}{\beta k_1 f'_{cd} b_w} - \frac{(b - b_w) t}{\beta b_w} \quad (5 \cdot 6)$$

引張鉄筋のひずみ ε_s

$$\varepsilon_s = \varepsilon'_{cu}(d - x)/x$$

引張鉄筋の降伏ひずみ ε_s

$$\varepsilon_y = f_{yd}/E_s$$

コンクリート圧縮合力の作用点から圧縮縁までの距離 y_c は，中立軸に関する一次モーメントにより

$$C'(x - y_c) = k_1 f'_{cd} \{bt(x - t/2) + b_w(\beta x - t)((1 - \beta/2)x - t/2)\}$$
$$\therefore y_c = x - \frac{bt(x - t/2) + b_w(\beta x - t)((1 - \beta/2)x - t/2)}{bt + b_w(\beta x - t)} \quad (5 \cdot 7)$$

曲げ耐力 M_u は

$$M_u = Tz = A_s f_{yd}(d - y_c)$$

設計曲げ耐力 M_{ud} は，M_u を部材係数 γ_b で割る

$$M_{ud} = \frac{M_u}{\gamma_b} = \frac{A_s f_{yd}(d - y_c)}{\gamma_b}$$

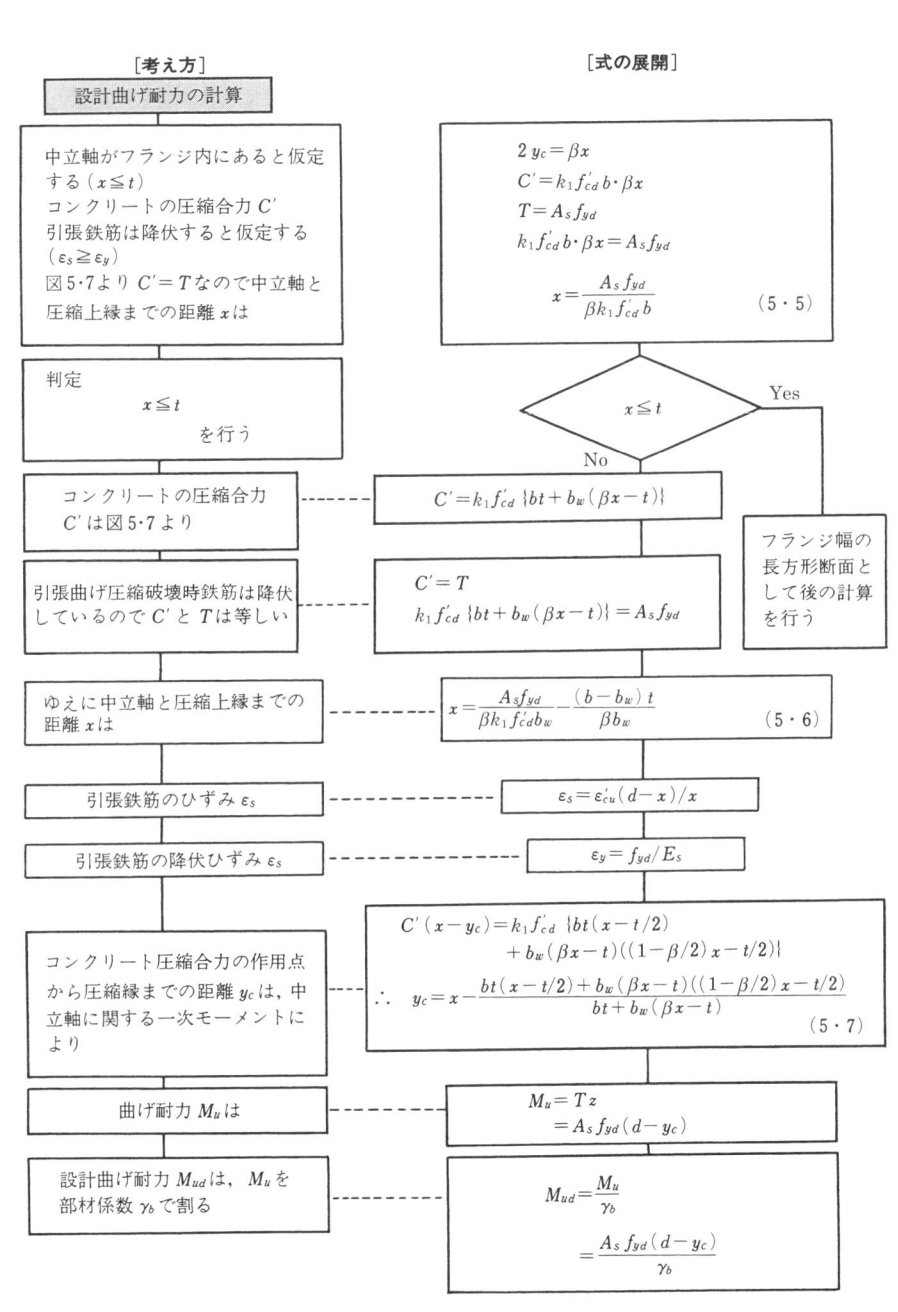

図5・8　設計曲げ耐力の考え方と式の展開

5-5 単鉄筋 T 形ばり（その2）

5 中心軸はどこ？

ところがあまり変わらないのです

中立軸の位置が違えば値も大きく変わるのですか？

長方形断面に比べ面積も小さくなりますね！

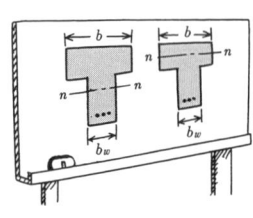

No.4 鉄筋筋 T 形ばりの設計曲げ耐力の計算

図 5·7 のような単鉄筋 T 形ばりに設計曲げモーメント $M_d = 200$ kN·m が作用しているとき，設計曲げ耐力 M_{ud}（曲げ引張破壊）を求めよ．ただし，$b = 400$ mm, $b_w = 200$ mm, $t = 150$ mm, $d = 600$ mm, $A_s = 1936$ mm² とし，材料の力学的性質および安全係数は以下のとおりとする．

コンクリートの設計基準強度：$f'_{ck} = 27$ N/mm²
コンクリートの圧縮終局ひずみ：$\varepsilon'_{cu} = 0.0035$ （$k_1 = 0.85$, $\beta = 0.8$）
鉄筋の降伏強度（特性値）：$f_{yk} = 300$ N/mm²
安全係数：$\gamma_c = 1.3$, $\gamma_s = 1.0$, $\gamma_b = 1.1$, $\gamma_i = 1.15$

計算量	計算式	計算値	使用値
設計圧縮強度 f'_{cd}	$f'_{cd} = \dfrac{f'_{ck}}{\gamma_c}$	$f'_{cd} = \dfrac{27}{1.3} = 20.7$ N/mm²	20.7 N/mm²
設計引張強度 f_{yd}	$f_{yd} = \dfrac{f_{yk}}{\gamma_s}$	$f_{yd} = \dfrac{300}{1.0} = 300$ N/mm²	300 N/mm²
中立軸はフランジ内にあると仮定（$x \leq t$） 中立軸から上縁までの距離 x	式(5·5)より $x = \dfrac{A_s f_{yd}}{\beta \times k_1 f'_{cd} b}$	$x = \dfrac{1936 \times 300}{0.8 \times 0.85 \times 20.7 \times 400}$ $= 103.15$ mm	103.15 mm
判定	$x(= 103.5$ mm$) < t(= 150$ mm$)$ ゆえに仮定どおりに中立軸はフランジ内にあることになる．		
引張鉄筋のひずみ ε_s	$\varepsilon_s = \dfrac{\varepsilon'_{cu}(d-x)}{x}$	$\varepsilon_s = \dfrac{0.0035(600 - 103.15)}{103.15} = 0.016$	0.016
引張鉄筋 降伏ひずみ ε_y	$\varepsilon_y = \dfrac{f_{yd}}{E_s}$	$\varepsilon_y = \dfrac{300}{200\,000} = 0.0015$	0.0015
判定 鉄筋の降伏の確認	$\varepsilon_s > \varepsilon_y$	$0.016 > 0.0015$ ゆえに，**降伏している．**	
結果	ゆえに，この T 形ばりは部材幅 b の長方形断面と同じと考えてよいことになる．		
曲げ耐力 M_u	式(5·2)より $M_u = A_s f_{yd}(d - y_c)$	$M_u = 1936 \times 200(600 - 41.2)$ $= 324 \times 10^6$ N·mm $= 324$ kN·m	324 kN·m
設計曲げ耐力 M_{ud}	式(5·3)より $M_{ud} = \dfrac{M_u}{\gamma_b}$	$M_{ud} = \dfrac{324 \text{ kN·m}}{1.1} = 294$ kN·m	294 kN·m
安全性の検討	$\dfrac{\gamma_i M_d}{M_{ud}} \leq 1.0$	$\dfrac{1.15 \times 200 \text{ kN·m}}{294 \text{ kN·m}} = 0.78 \leq 1.0$ ゆえに，**安全である．**	

5 中心軸はどこ？

No.5 単鉄筋 T 形ばりの設計曲げ耐力の計算

図 5·7 のような単鉄筋 T 形ばりに設計曲げモーメント $M_d = 200$ kN·m が作用しているとき，設計曲げ耐力 M_{ud}（曲げ引張破壊）を求めよ．ただし，$b = 400$ mm，$b_w = 200$ mm，$t = 150$ mm，$d = 600$ mm，$A_s = 3\,871$ mm^2 とし，材料の力学的性質および安全係数は **No.4** と同じとする．

計 算 量	計 算 式	計 算 値	使用値
中立軸の位置 x	式(5·5)より	$x = \dfrac{3\,871 \times 300}{0.8 \times 0.85 \times 20.7 \times 400} = 206.2$ mm	206.2 mm
判定		$x = 206.2$ mm $> t = 150$ mm ゆえに中立軸は腹部にあるので中立軸が腹部にあるときの計算とする．	
実際の中立軸の位置 x	式(5·6)より	$x = \dfrac{3\,871 \times 300}{0.8 \times 0.85 \times 20.7 \times 200} - \dfrac{(400-200) \times 150}{0.8 \times 200}$ $= 412.5 - 187.5 = 225.0$ mm	225.0 mm
引張鉄筋のひずみ ε_s	$\varepsilon_s = \dfrac{\varepsilon'_{cu}(d-x)}{x}$	$\varepsilon_s = \dfrac{0.0035(600-225.0)}{225.0} = 0.0058$	0.0058
引張鉄筋の降伏ひずみ ε_y	$\varepsilon_y = \dfrac{f_{yd}}{E_s}$	$\varepsilon_y = \dfrac{300}{200\,000} = 0.0015$	0.0015
判定	$\varepsilon_s > \varepsilon_y$	$0.0058 > 0.0015$ ゆえに降伏している．	
圧縮上縁より圧縮合力 C' までの距離 y_c	式(5·7)より	$y_c = 225.0$ $-\dfrac{400 \times 150(225.0-150/2)+200(0.8 \times 225.0-150)(0.6 \times 225.0-150/2)}{400 \times 150 + 200(0.8 \times 225.0-150)}$ $= 83.1$ mm	83.1 mm
曲げ耐力 M_u	$M_u = A_s f_{yd}(d - y_c)$	$M_u = 3\,871 \times 300(600 - 83.1)$ $= 600 \times 10^6$ N·mm $= 600$ kN·m	600 kN·m
設計曲げ耐力 M_{ud}	$M_{ud} = \dfrac{M_y}{\gamma_b}$	$M_{ud} = \dfrac{600\ \text{kN·m}}{1.1} = 545$ kN·m	545 kN·m
中立軸の位置を無視してフランジ幅の長方形断面として計算する．	式(5·4)より	$x = 206.2$ mm $y_c = 0.4 \times 206.2 = 82.48$ mm $M_{ud} = \dfrac{3\,871 \times 300(600 - 82.48)}{1.1}$ $= 546 \times 10^6$ N·mm $= 546$ kN·m	546 kN·m
判定		545 kN·m ≒ 546 kN·m でその差はきわめて小さく鉄筋量をよほど大きくしないかぎり，中立軸が腹部内にあってもフランジ幅の長方形断面として計算してさしつかえない．	

5-6 せん断力を受ける部材

6 斜めに作用する力

破壊のメカニズム

単鉄筋長方形ばりに，荷重を載荷すると曲げモーメントだけでなく，せん断力や軸方向力あるいはねじりモーメントが作用しています．ここでは，せん断力と曲げ応力が合成された**合成応力**の作用が主な原因で部材が破壊する場合について考えていきます（図5·9参照）．

(a) 曲げひび割れのメカニズム
鉄筋コンクリート部材に荷重が作用すると，引張側には引張鉄筋を配置していますが，コンクリートもある程度曲げ引張強度を持っているので，ある程度は抵抗しますが，引張応力度が大きくなり，コンクリートの曲げ引張強度を超えると，部材軸と直交する**曲げひび割れ**が発生してきます．

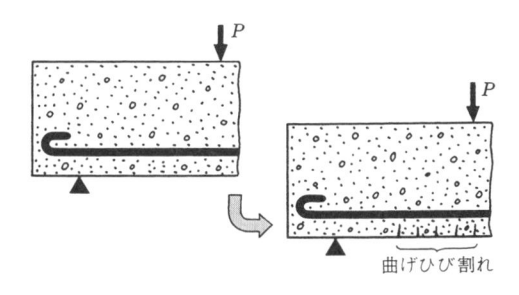

(b) 斜め引張破壊のメカニズム
支点付近ではせん断応力と曲げ応力との合成力により，部材軸と45°の角度で斜めせん断ひび割れが生じ，これに対し鉄筋が配置されていないと（図の点線の鉄筋）急激にひび割れが大きくなり，部材は破壊します．このような破壊を**斜め引張破壊**といいます．

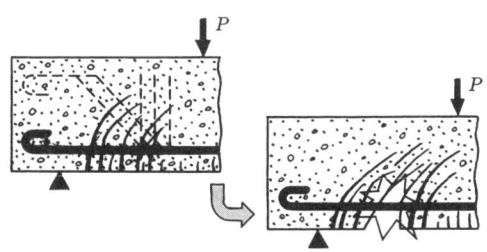

図5·9 破壊のメカニズム

せん断補強鉄筋

鉄筋コンクリートの部材は，斜めひび割れの発生により極端に耐力が減少しますが，この斜めひび割れを生じさせる斜め引張力により部材が破壊しないように，鉄筋により補強しています．この鉄筋をせん断補強鉄筋といいます（図5·10参照）．

6 斜めに作用する力

(a) スターラップ
(b) 折曲鉄筋
(c) 軸方向鉄筋

図5・10　せん断補強鉄筋の種類

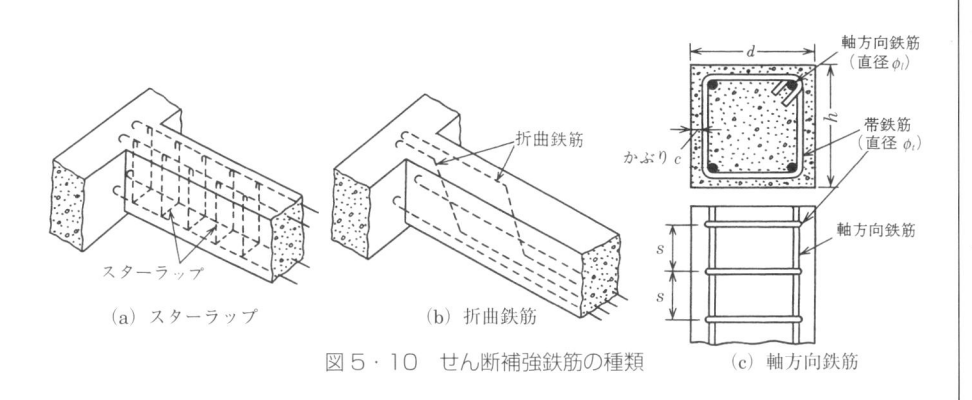

腹部の幅のとり方　矩形以外の断面において，設計せん断耐力の計算には腹部の幅が大切になるため，「土コ示」(2012) では次のように定めています．腹部の幅が部材の高さ方向に変化しているときは，有効高さの範囲内での最小幅とし，箱形の断面のように複数の腹部を持つときは，その合計幅とします．また，中実あるいは中空内形断面のときは，面積の等しい正方形断面や正方形箱形断面として腹部を考えます（図5・11参照）．

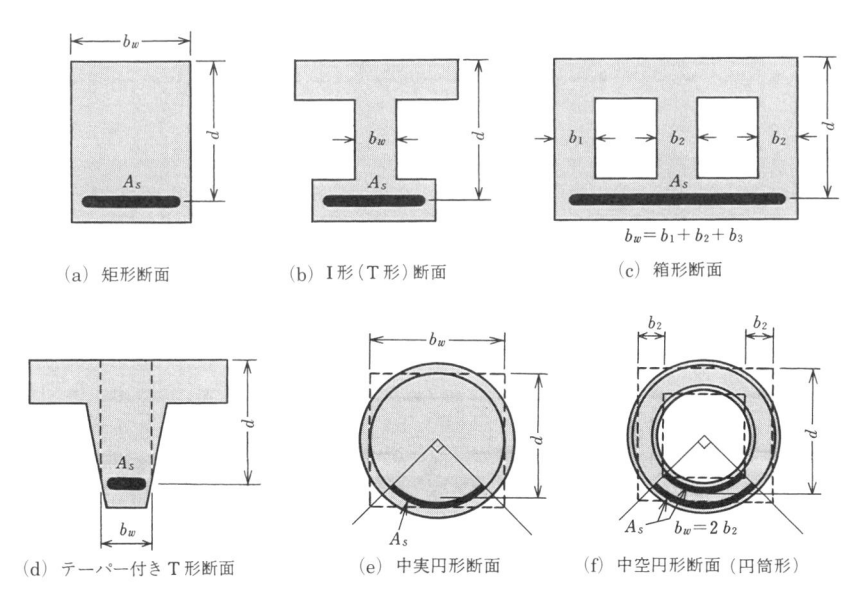

(a) 矩形断面
(b) I形（T形）断面
(c) 箱形断面　$b_w = b_1 + b_2 + b_3$
(d) テーパー付きT形断面
(e) 中実円形断面
(f) 中空円形断面（円筒形）　$b_w = 2b_2$

図5・11　矩形断面以外の断面の $b_w \cdot d$ のとり方（「土コ示」）

5-7 設計せん断耐力（その1）せん断補強鉄筋を用いない棒部材

肋骨なしでも大丈夫!?

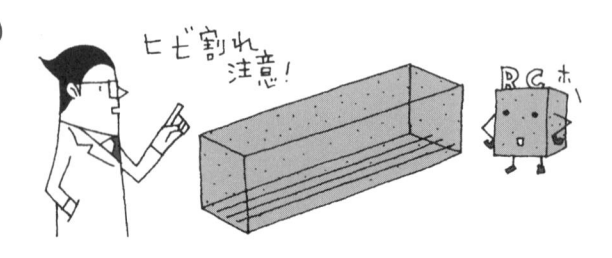

設計せん断耐力

斜めひび割れを発生時のせん断耐力は，コンクリートの引張強度や曲げ応力，引張鉄筋比，有効高さなどにより異なります．

ここに，せん断補強鉄筋を用いない棒部材のせん断耐力 V_{cd} は，コンクリートの設計圧縮強度，有効高さ，引張鉄筋比，軸方向力の影響を考慮して式(5・8)で求められます．

$$V_{cd} = \frac{\beta_d \beta_p f_{vcd} b_w d}{\gamma_b} \tag{5・8}$$

ここに，$f_{vcd} = 0.20\sqrt[3]{f'_{cd}}$ 〔N/mm²〕，ただし，$f_{vcd} \leqq 0.72$〔N/mm²〕
 f'_{cd}：コンクリートの設計圧縮強度〔N/mm²〕
 $\beta_d = \sqrt[4]{1000/d}$ (d：〔mm〕）　ただし，$\beta_d > 1.5$ の場合は $\beta_d = 1.5$ とする．
 $\beta_p = \sqrt[3]{100 p_v}$　ただし，$\beta_p > 1.5$ の場合は $\beta_p = 1.5$ とする．
 $p_v = A_s/(b_w d)$：引張鉄筋比
 A_s：引張側鉄筋の断面積〔mm²〕
 b_w：腹部の幅〔mm〕
 d：有効高さ〔mm〕
 γ_b：部材係数（一般に 1.3 とする）

No.6 せん断補強鉄筋を用いない棒部材の設計せん断耐力の計算

図5・12のような単鉄筋長方形ばりに設計せん断力 $V_d = 200$ kN が作用しているとき，せん断補強鉄筋を用いないときの設計せん断耐力 V_{cd} を求め，安全かどうか検討せよ．ただし，材料の力学的性質および安全係数は以下のとおりで，設計軸方向力は作用していないものとする．

　コンクリートの設計基準強度：$f'_{ck} = 24$ N/mm²
　安全係数：$\gamma_c = 1.3$, $\gamma_s = 1.0$, $\gamma_b = 1.3$, $\gamma_i = 1.15$

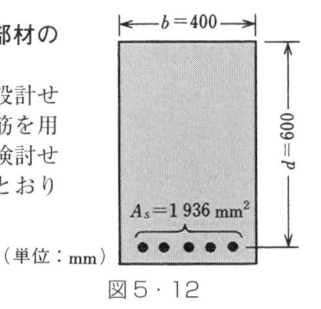

$b = 400$, $d = 600$, $A_s = 1936$ mm² （単位：mm）

図5・12

7 肋骨なしでも大丈夫 !?

【解答】

計 算 量	計 算 式	計 算 値	使 用 値
設計圧縮強度 f'_{cd}	表 1・2 より	$f'_{cd} = 18.5 \text{ N/mm}^2$	18.5 N/mm^2
引張鉄筋比 p_v	$p_v = \dfrac{A_s}{b_w d}$	$p_v = \dfrac{1\,936}{400 \times 600} = 0.00807$	0.00807
f_{vcd}	$f_{vcd} = 0.20 \sqrt[3]{f'_{cd}}$	$f_{vcd} = 0.20 \sqrt[3]{18.5} = 0.52 \text{ N/mm}^2$	0.52 N/mm^2
β_d β_p	$\beta_d = \sqrt[4]{1\,000/d}$ $\beta_p = \sqrt[3]{100\,p_v}$	$\beta_d = \sqrt[4]{1\,000/600} = 1.136$ $\beta_p = \sqrt[3]{100 \times 0.00807} = 0.931$	1.136 0.931
設計せん断耐力 V_{cd}	$V_{cd} = \dfrac{\beta_d \beta_p f_{vcd} b_w d}{\gamma_b}$	$V_{cd} = \dfrac{1.136 \times 0.931 \times 0.52 \times 400 \times 600}{1.3}$ $= 101\,531 \text{ N}$	101 kN
安全性の検討	$\dfrac{\gamma_i V_d}{V_{cd}} \leq 1.0$	$\dfrac{1.15 \times 200 \text{ kN}}{101 \text{ kN}} = 2.28 \geq 1.0$ ゆえに,安全でなく,せん断補強鉄筋が必要.	

関連知識 せん断補強鉄筋について

せん断補強鉄筋(折曲鉄筋)の組み立て例を,下の写真に示します.

5-8 設計せん断耐力（その2）せん断補強鉄筋を用いる棒部材

8
肋骨を入れて強くしよう

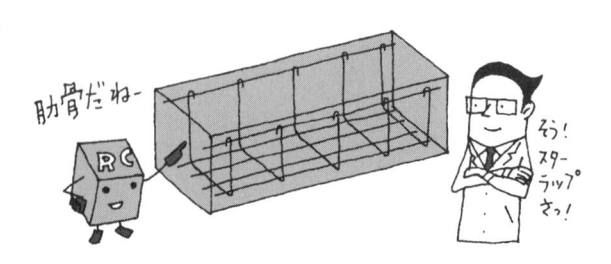

設計せん断耐力

せん断補強鉄筋を用いる部材の設計せん断耐力 V_{yd} は，せん断補強鉄筋を用いない部材の設計せん断耐力 V_{cd}，せん断補強鉄筋が受け持つ設計せん断耐力 V_{sd} を合わせたものと考えてよいので，式(5・9)により求めることができます．

ただし，せん断補強鉄筋として折曲鉄筋をスターラップを併用する場合は，せん断補強鉄筋が受け持つべきせん断力の 50% 以上をスターラップで受け持たせるものとします．

$$V_{yd} = V_{cd} + V_{sd} \qquad (5\cdot 9)$$

ここに，V_{cd}：せん断補強鉄筋を用いない棒部材の設計せん断耐力（式(5・8)）
V_{sd}：せん断補強鉄筋により受け持たれる設計せん断耐力

$$V_{sd} = \frac{A_w f_{wyd}(\sin \alpha_s + \cos \alpha_s)(z/s_s)}{\gamma_b} \qquad (5\cdot 10)$$

A_w：Z 間 s_s におけるせん断補強鉄筋の総断面積〔mm²〕
f_{wyd}：せん断補強鉄筋の設計降伏強度で，$25 f'_{cd}$ と 800 のいずれか小さい値を上限とする〔N/mm²〕．
α_s：せん断補強鉄筋と部材軸のなす角度
s_s：せん断補強鉄筋の配置間隔〔mm〕
z：圧縮応力の合力の作用位置から引張鉄筋の図心までの距離で，一般に $d/1.15$ としてよい．
γ_b：部材係数で，一般に 1.1 としてよい．

8 肋骨を入れて強くしよう

No.7 せん断補強鉄筋を用いる場合の設計せん断耐力の計算

No.6 の断面にせん断補強鉄筋を用いる場合，設計せん断耐力 V_{yd} を求め，安全かどうか検討せよ．ただし，スターラップは，D 13（断面積 $A_w = 253 \text{ mm}^2$）を 200 mm 間隔に配置する．

スターラップに用いる鉄筋の降伏強度：$f_{wyk} = 300 \text{ N/mm}^2$

スターラップの受け持つせん断耐力に対する部材係数：$\gamma_b = 1.1$

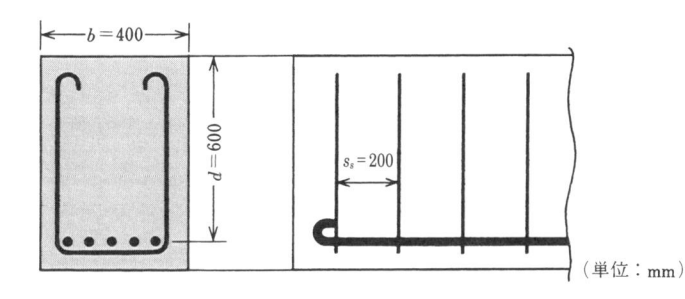

図 5・13 スターラップの配置

【解 答】

計 算 量	計 算 式	計 算 値	使 用 値
設計せん断耐力 V_{cd}	**No.6** より	$V_{cd} = 101 \text{ kN}$	101 kN
せん断補強鉄筋の設計降伏強度 f_{wyd}	$f_{wyd} = \dfrac{f_{wyk}}{\gamma_s}$	$f_{wyd} = \dfrac{300}{1.0} = 300 \text{ N/mm}^2$	300 N/mm²
アーム長 z（応力中心間距離）	$z = \dfrac{d}{1.15}$	$z = \dfrac{600}{1.15} = 521.7 \text{ mm}$	521.7 mm
せん断補強鉄筋の設計せん断耐力 V_{sd}	$V_{sd} = \dfrac{A_w f_{wyd}(z/s_s)}{\gamma_b}$	$V_{sd} = \dfrac{253 \times 300 \times (521.7/200)}{1.1}$ $= 179\,986 \text{ N}$	179 kN
設計せん断耐力 V_{yd}	$V_{yd} = V_{cd} + V_{sd}$	$V_{yd} = 101 + 179 = 280 \text{ kN}$	280 kN
安全性の検討	$\dfrac{\gamma_i V_d}{V_{yd}} \leq 1.0$	$\dfrac{1.15 \times 200 \text{ kN}}{280 \text{ kN}} = 0.82 \leq 1.0$ ゆえに，**安全**．	

5-9 設計せん断耐力(その3) 腹部コンクリートの耐力

9
ボディチェックも必要

設計斜め圧縮破壊耐力

設計せん断耐力の計算により,せん断補強鉄筋を用いることになった場合,せん断補強鉄筋を必要以上に入れても鉄筋の降伏が起こる前に,腹部のコンクリートが許容圧縮耐力を超えて圧縮破壊を起こすことになります.そのため,せん断補強鉄筋を用いる場合の設計せん断耐力と,腹部コンクリートの設計斜め圧縮破壊耐力の二つについて検討し,このうち小さいほうの耐力を,部材の設計せん断耐力とします.

設計斜め圧縮破壊耐力は式(5・11)により求めることができます.

$$V_{wcd} = \frac{f_{wcd} b_w d}{\gamma_b} \quad (5 \cdot 11)$$

ここに,f_{wcd}:腹部コンクリートの設計斜め圧縮強度 $= 1.25\sqrt{f'_{cd}}$ 〔N/mm^2〕
ただし,$f_{wcd} \leq 9.8$ N/mm^2
b_w:腹部の幅,d:有効高さ,γ_b:部材係数(一般に,1.3 としてよい)

No.8 設計せん断耐力の計算
No.6 の断面にせん断補強鉄筋を用いる場合,設計斜め圧縮破壊耐力 V_{wcd} を求め,安全かどうか検討せよ.

【解答】

計　算　量	計　算　式	計　算　値	使　用　値
設計圧縮強度 f'_{cd}	表1・2 より	$f'_{cd} = 18.5$ N/mm^2	18.5 N/mm^2
腹部コンクリートの設計斜め圧縮強度 f_{wcd}	$f_{wcd} = 1.25\sqrt{f'_{cd}}$	$f_{wcd} = 1.25 \times \sqrt{18.5} = 5.37$ N/mm^2	5.37 N/mm^2
腹部コンクリートの設計斜め圧縮破壊耐力 V_{wcd}	$V_{wcd} = \dfrac{f_{wcd} b_w d}{\gamma_b}$	$V_{wcd} = \dfrac{5.37 \times 400 \times 600}{1.3} = 991\,384$ N	991 kN
安全性の検討	$\dfrac{\gamma_i V_d}{V_{wcd}} \leq 1.0$	$\dfrac{1.15 \times 200 \text{ kN}}{991 \text{ kN}} = 0.23 \leq 1.0$　ゆえに,**安全**.	
使用設計せん断耐力	No.7 より $V_{yd}(=280$ kN$) < V_{wcd}(=991$ kN$)$ 本題より) ゆえに,V_{yd} を使用設計せん断耐力とする.		

9 ボディチェックも必要

No.9 設計せん断耐力の計算

図 5・14 の断面に設計せん断力 $V_d = 300$ kN が使用しているとき，**No.7** と同じせん断補強鉄筋が 100 mm 間隔で配置されているとき，設計せん断耐力 V_{yd} と，設計斜め圧縮破壊耐力 V_{wcd} を求め，安全かどうか検討せよ．力学的性質と安全係数も同じとする．

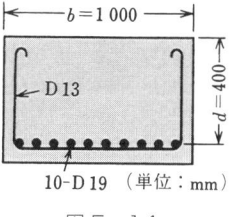

図 5・14

【解答】

計 算 量	計 算 式	計 算 値	使 用 値
設計圧縮強度 f'_{cd}	表 1・2 より	$f'_{cd} = 18.5 \text{ N/mm}^2$	18.5 N/mm²
引張鉄筋比 p_v	$p_v = \dfrac{A_s}{b_w d}$	$p_v = \dfrac{2\,865}{1\,000 \times 400} = 0.00716$	0.00716
f_{vcd}	$f_{vcd} = 0.20\sqrt[3]{f'_{cd}}$	$f_{vcd} = 0.20\sqrt[3]{18.5} = 0.52 \text{ N/mm}^2$	0.52 N/mm²
β_d β_p	$\beta_d = \sqrt[4]{1\,000/d}$ $\beta_p = \sqrt[3]{100\,p_v}$	$\beta_d = \sqrt[4]{1\,000/400} = 1.257$ $\beta_p = \sqrt[3]{100 \times 0.00716} = 0.894$	1.257 0.894
設計せん断耐力 V_{cd}	$V_{cd} = \dfrac{\beta_d \beta_p f_{vcd} b_w d}{\gamma_b}$	$V_{cd} = \dfrac{1.257 \times 0.894 \times 0.52 \times 1\,000 \times 400}{1.3}$ $= 179\,801 \text{ N}$	179 kN
安全性の検討	$\dfrac{\gamma_i V_d}{V_{cd}} \leq 1.0$	$\dfrac{1.15 \times 300 \text{ kN}}{179 \text{ kN}} = 1.93 \geq 1.0$ ゆえに，安全でなく，せん断補強鉄筋が必要．	
せん断補強鉄筋の設計降伏強度 f_{wyd}	$f_{wyd} = \dfrac{f_{wyk}}{\gamma_s}$	$f_{wyd} = \dfrac{300}{1.0} = 300 \text{ N/mm}^2$	300 N/mm²
アーム長 z（応力中心間距離）	$z = \dfrac{d}{1.15}$	$z = \dfrac{400}{1.15} = 347.8 \text{ mm}$	347.8 mm
せん断補強鉄筋の設計せん断耐力 V_{sd}	$V_{sd} = \dfrac{A_w f_{wyd}(z/s_s)}{\gamma_b}$	$V_{sd} = \dfrac{253 \times 300 \times (347.8/100)}{1.1}$ $= 239\,982 \text{ N}$	239 kN
設計せん断耐力 V_{yd}	$V_{yd} = V_{cd} + V_{sd}$	$V_{yd} = 179 + 239 = 418 \text{ kN}$	418 kN
安全性の検討	$\dfrac{\gamma_i V_d}{V_{yd}} \leq 1.0$	$\dfrac{1.15 \times 300 \text{ kN}}{418 \text{ kN}} = 0.82 \leq 1.0$　ゆえに，**安全**．	
腹部コンクリートの設計斜め圧縮強度 f_{wcd}	$f_{wcd} = 1.25\sqrt{f'_{cd}}$	$f_{wcd} = 1.25 \times \sqrt{18.5}$ $= 5.37 \text{ N/mm}^2$	5.37 N/mm²
腹部コンクリートの設計せん断耐力 V_{wcd}	$V_{wcd} = \dfrac{f_{wcd} b_w d}{\gamma_b}$	$V_{wce} = \dfrac{5.37 \times 1\,000 \times 400}{1.3}$ $= 1\,652.307 \text{ N}$	1 652 kN
安全性の検討	$\dfrac{\gamma_i V_d}{V_{wcd}} \leq 1.0$	$\dfrac{1.15 \times 300 \text{ kN}}{1\,652 \text{ kN}} = 0.21 \leq 1.0$　ゆえに，**安全**．	
使用設計せん断耐力		$V_{yd}(=418 \text{ kN}) < V_{wcd}(=1\,652 \text{ kN})$ ゆえに，V_{yd} を使用設計せん断耐力とする．	

5-10 設計せん断耐力（その4）単鉄筋T形ばり

10
T形ばりの耐力を求めてみよう

ぜい肉取ってもっ強いぞ！

No.10　単鉄筋T形ばりの設計せん断耐力の計算

図5・15のような，単鉄筋T形ばりのせん断補強鉄筋を用いない場合の設計せん断耐力 V_{cd} を求めよ．ただし，材料の力学的性質および安全係数は次のとおりとする．

$f'_{ck} = 24 \text{ N/mm}^2$
$\gamma_c = 1.3$（コンクリートの材料係数）
$\gamma_s = 1.0$（鉄筋の材料係数）
$\gamma_b = 1.3$（部材係数）

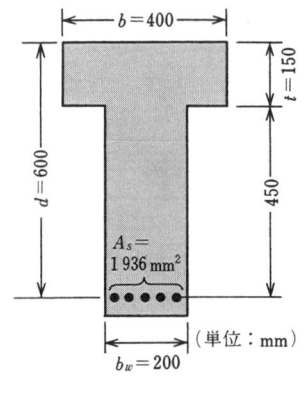

図5・15

【解　答】

計　算　量	計　算　式	計　算　値	使　用　値
設計圧縮強度 f'_{cd}	表1・2より	$f'_{cd} = 18.5 \text{ N/mm}^2$	18.5 N/mm^2
強張鉄筋比 p_v	$p_v = \dfrac{A_s}{b_w d}$	$p_v = \dfrac{1936}{200 \times 600} = 0.0161$	0.0161
f_{vcd}	$f_{vcd} = 0.20\sqrt[3]{f'_{cd}}$	$f_{vcd} = 0.20\sqrt[3]{18.5} = 0.52 \text{ N/mm}^2$	0.52 N/mm^2
β_d β_p	$\beta_d = \sqrt[4]{1000/d}$ $\beta_p = \sqrt[3]{100\,p_v}$	$\beta_d = \sqrt[4]{1000/600} = 1.136$ $\beta_p = \sqrt[3]{100 \times 0.0161} = 1.172$	1.136 1.172
設計せん断耐力 V_{cd}	$V_{cd} = \dfrac{\beta_d \beta_p f_{vcd} b_w d}{\gamma_b}$	$V_{cd} = \dfrac{1.136 \times 1.172 \times 0.52 \times 200 \times 500}{1.3}$ $= 63\,906.8 \text{ N}$	63.9 kN

10 T形ばりの耐力を求めてみよう

No.11 単鉄筋 T 形ばりの設計せん断耐力の計算

No.10 の断面と同じ T 形ばりに,設計せん断力 $V_d = 200$ kN が作用しているとき,せん断補強鉄筋を以下の条件で配置した.設計せん断耐力 V_{yd} および V_{wcd} を求め,安全性を検討せよ.ただし,スターラップは,D 13(断面積 $A_w = 253$ mm^2)を 200 mm 間隔に配置する.

スターラップに用いる鉄筋の降伏強度:$f_{wyk} = 300$ N/mm^2
スターラップが受け持つせん断耐力に対する部材係数:$\gamma_b = 1.1$
構造物係数:$\gamma_i = 1.15$

【解答】

計算量	計算式	計算値	使用値
設計せん断耐力 V_{cd}	No.10 より	$V_{cd} = 63.9$ kN	63.9 kN
せん断補強鉄筋の設計降伏強度 f_{wyd}	$f_{wyd} = \dfrac{f_{wyk}}{\gamma_s}$	$f_{wyd} = \dfrac{300}{1.0} = 300$ N/mm^2	300 N/mm^2
アーム長 z(応力中心間距離)	$z = \dfrac{d}{1.15}$	$z = \dfrac{600}{1.15} = 521.7$ mm	521.7 mm
せん断補強鉄筋の設計せん断耐力 V_{sd}	$V_{sd} = \dfrac{A_w f_{wyd}(z/s_s)}{\gamma_b}$	$V_{sd} = \dfrac{253 \times 300 \times (521.7/200)}{1.1}$ $= 179\,986$	179 kN
設計せん断耐力 V_{yd}	$V_{yd} = V_{cd} + V_{sd}$	$V_{yd} = 63.9 + 179 = 242$ kN	242 kN
安全性の検討	$\dfrac{\gamma_i V_d}{V_{yd}} \leqq 1.0$	$\dfrac{1.15 \times 200 \text{ kN}}{242 \text{ kN}} = 0.95 \leqq 1.0$ ゆえに,**安全**.	
腹部コンクリートの設計斜め圧縮強度 f_{wcd}	$f_{wcd} = 1.25\sqrt{f'_{cd}}$	$f_{wcd} = 1.25 \times \sqrt{18.5} = 5.37$ N/mm^2	5.37 N/mm^2
腹部コンクリートの設計せん断耐力 V_{wcd}	$V_{wcd} = \dfrac{f_{wcd} b_u d}{\gamma_b}$	$V_{wcd} = \dfrac{5.37 \times 200 \times 600}{1.3}$ $= 495\,692$ N	495 kN
安全性の検討	$\dfrac{\gamma_i V_d}{V_{wcd}} \leqq 1.0$	$\dfrac{1.15 \times 200 \text{ kN}}{495 \text{ kN}} = 0.46 \leqq 1.0$ ゆえに,**安全**.	
使用設計せん断耐力	$V_{yd}(= 242$ kN$) < V_{wcd}(= 495$ kN$)$ ゆえに,V_{yd} を使用設計せん断耐力とする.		

5章のまとめ問題

【問題1】 鉄筋コンクリートの断面が曲げモーメントの作用により破壊する場合，2通りが考えられるが，どんな破壊をするか簡単に答えよ．

【問題2】 鉄筋コンクリートばりの材料の力学的性質および安全係数が以下の条件のとき，次の問に答えよ．
[条件] $f'_{ck} = 24$ N/mm^2, $\varepsilon'_{cu} = 0.0035$ ($k_1 = 0.85$, $\beta = 0.8$), $f_{yk} = 300$ N/mm^2
安全係数：材料係数 $\gamma_c = 1.3$, $\gamma_s = 1.0$, 部材係数 $\gamma_b = 1.1$, 構造物係数 $\gamma_i = 1.15$

(1) 図5・16の単鉄筋長方形ばりに，設計曲げモーメント $M_d = 300$ kN·m が作用しているとき，設計曲げ耐力 M_{ud} を求め，安全かどうか検討せよ．

(2) 図5・17の単鉄筋T形ばりに，設計曲げモーメント $M_d = 900$ kN·m が作用しているとき，設計曲げ耐力 M_{ud} を求め，安全かどうか検討せよ．

(3) 図5・16のせん断補強鉄筋のない単鉄筋長方形ばりに，設計せん断力 $V_d = 200$ kN が作用しているとき，設計せん断耐力 V_{cd} を求め，安全かどうか検討せよ．

(4) 図5・17の単鉄筋T形ばりに，設計せん断力 $V_d = 300$ kN が作用しているとき，スターラップ (D13) を 200 mm 間隔に配置した．設計せん断耐力 V_{yd} および V_{wcd} を求めよ．ただし，スターラップの $f_{wyd} = 300$ N/mm^2, $\gamma_b = 1.3$ とする．

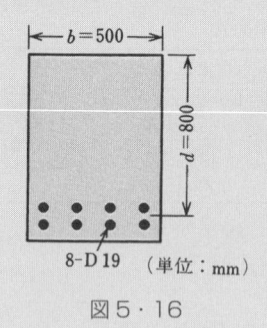

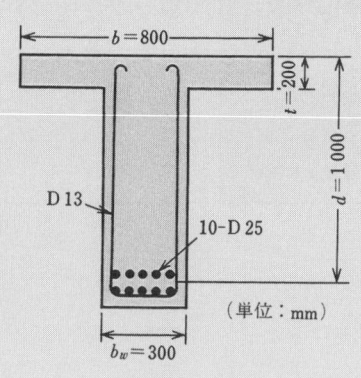

図5・16

図5・17

6章

安全性（疲労破壊）に関する検討

　この章では，**疲労**について学びます．まず，図6・1は，あるはりに繰返し外力が作用した場合です．図6・1(a)は，はりが破壊していない状態（外力は破壊強度よりも小さな強度）です．ところが，その外力を何度も繰り返して作用させると，そのはりは限界状態（図6・1(b)）を越えて破壊してしまいます（図6・1(c)）．つまり，静的な破壊強度よりもかなり小さな強度でも，これが繰り返して作用すると，破壊が生じることがあるのです．これを**疲労破壊（限界状態）**と呼び，疲労の照査に用いる作用係数などを表6・1に示します．

　次に，**繰返し応力**（断面力）S と疲労破壊に達する繰返し回数 N の関係を図6・2に示します．すると，繰返し回数 N が大きいほど小さな応力 S で疲労破壊し，逆に大きな応力のときは，繰返し回数は小さくても疲労破壊してしまうことがわかります．そこで，鉄筋コンクリートのはりについて，**安全性（疲労破壊）に関する検討**を，次の二つの方法により進めていきます．

　　　　(1) 応力度あるいは断面力による方法
　　　　(2) 等価繰返し回数による方法

(a) 破壊していない状態
↓繰り返して作用させます
(b) 限界状態
↓繰り返して作用させます
(c) 破壊してしまった状態

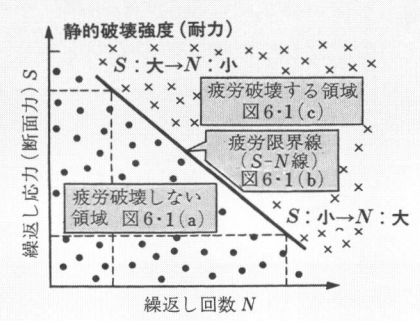

図6・1

図6・2　S-N 図の例

静的破壊強度（耐力）
S：大 → N：小
疲労破壊する領域 図6・1(c)
疲労限界線（S-N 線）図6・1(b)
疲労破壊しない領域 図6・1(a)
S：小 → N：大
繰返し応力（断面力）S
繰返し回数 N

表6・1　疲労の照査に用いる作用係数と設計作用の組合せ（「土コ示」）

要求性能	限界状態	作用の種類	作用係数	考慮すべき組合せ
安全性	疲労破壊	応力度・力	1.0	永続作用＋変動作用

6-1 疲労の安全性の検討

1
疲労を考える前に知っておこう！

| 必要条件 | 疲労破壊（限界状態）に対する構造物の安全性を検討するには，次のことを知る必要があります．

(1) 疲労作用（繰返し変動に作用する大きさ）とその繰返し回数（作用頻度）
(2) 安全性照査方法
(3) 鉄筋やコンクリートの疲労寿命 N
(4) 応答解析（疲労荷重によって生じる変動応力（断面力）の算定法）

| 変動作用の取扱い | 表1·9で述べたように，変動作用とは，変動が頻発あるいは連続的に起こり，かつ変動が持続的成分に比べて無視できないほど大きい作用をいいます．たとえば，**橋梁等**が，自動車・列車の交通量や運行回数の増加により荷重の繰返しを受ける場合や，**海洋構造物**が波による繰返しを受ける場合は，それを無視できなくなります．

一般に土木構造物が受ける変動作用は，不規則に変動する荷重なので，まず**独立した作用の繰返しに変換する必要**があります．それには（ここでは詳しくふれませんが）鉄道橋の作用評価に用いられている**レンジペア法**，海洋構造物の波作用評価に用いられている**ゼロアップクロス法**などがあります．

| 検討の対象 | 作用の中で，変動作用の占める割合およびその作用頻度が大きい場合には，疲労に対する安全性の検討を行わなければなりません．検討の対象となるのは，一般に繰返し引張応力を受ける鋼材ですが，その他，コンクリート，せん断補強鉄筋および部材などがあります．はり・スラブ・柱の検討は次のとおりです．

- は　り：曲げおよびせん断
- スラブ：曲げおよび押抜きせん断
- 柱　　：曲げモーメントあるいは軸方向引張力の影響が特に大きい場合，はりに準じて検討を行う（一般には省略）

1 疲労を考える前に知っておこう！

安全性の照査方法

疲労破壊（限界状態）に対する安全性の照査方法は、次の二つに大別できます（解法の手順については次節参照）．

(1) **応力度あるいは断面力**による方法（橋梁等の構造物を対象にした場合）
(2) **繰返し回数による方法**（海洋構造物を対象とした場合）

具体的には，表6・2にまとめたとおりです．なお，表下の**等価繰返し回数**については，次節以降で詳しく述べることにします．

表6・2 安全性の照査方法

照査方法	対象物	安全性の検討（安全条件）	文字の説明
(1)応力度あるいは断面力による安全性の検討	橋梁等の構造物	変動応力度による疲労破壊（限界状態）の検討 $$\frac{\gamma_i \sigma_{rd}}{f_{rd}/\gamma_b} \leq 1.0 \quad (6\cdot1)$$	γ_i：構造物係数　σ_{rd}：設計変動応力度 $f_{rd} = f_{rk}/\gamma_m$：設計疲労強度 f_{rk}：材料の疲労強度の特性値　γ_m：材料係数 γ_b：部材係数（1.0〜1.3）
		変動断面力による疲労破壊（限界状態）の検討 $$\frac{\gamma_i S_{rd}}{R_{rd}} \leq 1.0 \quad (6\cdot2)$$	γ_i：構造物係数　$S_{rd} = \gamma_a S_r(F_{rd})$：設計変動断面力 γ_a：構造解析係数　$S_r(F_{rd})$：設計変動作用F_{rd}を用いて求めた変動断面力　$R_{rd} = R_r(f_{rd})/\gamma_b$：設計疲労耐力 $R_r(f_{rd})$：材料の設計疲労強度f_{rd}を用いて求めた部材断面の疲労耐力　γ_b：部材係数（1.0〜1.3）
	海洋構造物等	マイナー則（直線被害則）を適用 $$D = \sum_{i=1}^{m} R_i = \sum_{i=1}^{m} \frac{n_i}{N_i} \leq 1.0 \quad (6\cdot3)$$	D：疲労損傷度（累積回数比） $R_i = n_i/N_i$：一定振幅の繰返し回数n_iとその振幅における疲労寿命N_iとの比で，被害度を表す
		等価繰返し回数Nの求め方（マイナー則（図6.4参照）を適用）	
	材料	算定式	文字の説明
(2)繰返し回数による安全性の検討	鉄筋	部材断面の耐力が鉄筋の疲労強度により定まり，そのS-N線の勾配が式(1・7)により与えられる場合，設計変動断面力S_{rd}に対する等価繰返し回数Nは ①曲げモーメント（M_{rd}, M_{ri}）に対して $$N = \sum_{i=1}^{m} n_i \left(\frac{M_{ri}}{M_{rd}}\right)^{\frac{1}{k}} \quad (6\cdot4)$$ ②せん断力（V_{rd}, V_{ri}）に対して $$N = \sum_{i=1}^{n} n_i \left[\frac{V_{ri}}{V_{rd}} \cdot \frac{V_{ri} + V_{pd} - k_2 V_{cd}}{V_{rd} + V_{pd} - k_2 V_{cd}}\right]^{\frac{1}{k}} \quad (6\cdot5)$$	k：鉄筋のS-N線の勾配を表す定数で，1-3参照 V_{pd}：永続作用による設計せん断力 V_{cd}：せん断補強鉄筋を用いない棒部材の設計せん断耐力 k_2：変動作用の頻度の影響を考慮するための係数で，一般に0.5でよい
	コンクリート	部材断面の耐力がコンクリートの疲労強度により定まり，その設計疲労強度が式(1・5)により与えられる場合，設計変動断面力S_{rd}に対する等価繰返し回数Nは $$N = \sum_{i=1}^{m} n_i \cdot 10^{\frac{K(S_{ri} - S_{rd})}{k_{1f} S_d (1 - \sigma_p/f_d)}} \quad (6\cdot6)$$	S_d：応力度がf_dに達するときの断面力 k_{1f}：圧縮および曲げ圧縮の場合，0.85 　　　引張および曲げ引張の場合，1.0 f_d：コンクリートのそれぞれの設計強度 K：普通コンクリートで継続してあるいはしばしば水で飽和される場合，および軽量骨材コンクリートの場合10，その他一般17

6-2 安全性の照査方法

2 二つの検討方法

応力度あるいは断面力による方法

この方法は，前節で述べたように，**橋梁等の構造物**を対象としています．

手順は，図 6・3 のフローチャートで示されるように，**目標とする耐力期間中に加わる「繰返し回数を固定して考え」**，これに対応する**疲労強度**（あるいは**疲労耐力**）を，鉄筋は式(1・7)，コンクリートは式(1・5)から求めます．

そして，この疲労強度（あるいは疲労耐力）と，変動作用によって構造物に生じる**変動応力**（あるいは**変動断面力**）を比較して安全性を検討します．ここで，この応答解析は，**使用性に対する検討**（7 章）で述べますが，**弾性理論に基づく方法**により，鉄筋やコンクリートの応力度を計算します．

最後に，それらを比較して安全性を検討します．

繰返し回数による方法

この方法も前節で述べたように，海洋構造物や道路橋床版を対象としています．

手順は，図 6・4 のフローチャートで示されるように，**繰り返される「応力度（あるいは断面力）の大**

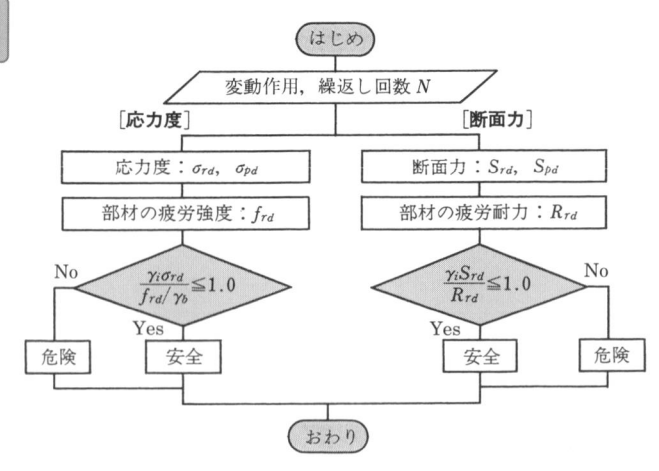

図 6・3 応力度あるいは断面力による方法

2 二つの検討方法

きさを固定して考え」、これに対応する**繰返し回数（疲労寿命）**を、鉄筋は式(6・4)、(6・5)、コンクリートは式(6・6)から求めます。そして、この疲労寿命と構造物が耐用期間中に受ける繰返し回数とを比較して安全性を検討します。

このため、疲労解析においては、構造物がどの程度の応力（あるいは断面力）を何回くらい受けるかという**等価繰返し回数**を算定し、構造物の疲労破壊を判定します。これは**直線被害則**（あるいは**マイナー則**）（$M = \sum(n_i/N_i) = 1$になったとき疲労破壊を生じる）による判断基準です。

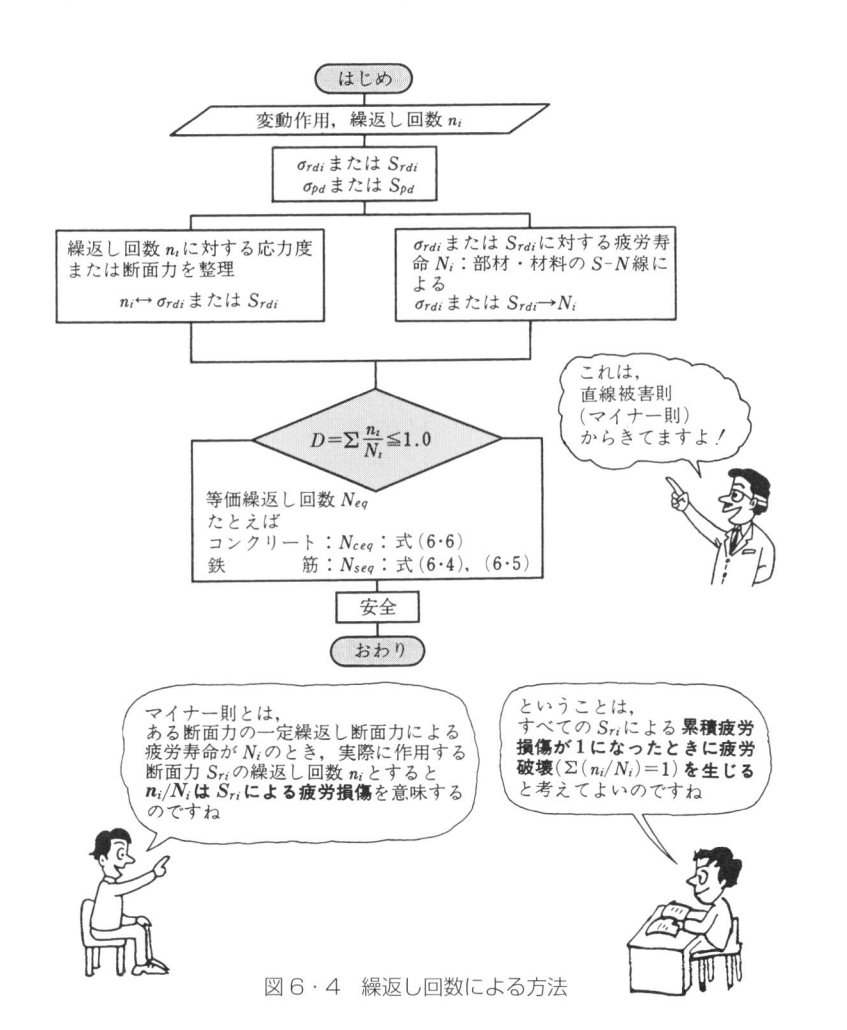

```
               はじめ
                │
       変動作用、繰返し回数 n_i
                │
       σ_rdi または S_rdi
       σ_pd  または S_pd
         ┌──────┴──────┐
  繰返し回数 n_i に対する     σ_rdi または S_rdi に対する疲労寿
  応力度または断面力を整理     命 N_i：部材・材料の S-N 線に
                            よる
  n_i ↔ σ_rdi または S_rdi   σ_rdi または S_rdi → N_i
         └──────┬──────┘
                │
         D = Σ n_i/N_i ≦ 1.0
                │
       等価繰返し回数 N_eq
       たとえば
       コンクリート：N_ceq：式(6・6)
       鉄　　　筋：N_seq：式(6・4)、(6・5)
                │
               安全
                │
               おわり
```

これは、直線被害則（マイナー則）からきてますよ！

マイナー則とは、ある断面力の一定繰返し断面力による疲労寿命が N_i のとき、実際に作用する断面力 S_{ri} の繰返し回数 n_i とすると n_i/N_i は S_{ri} による**疲労損傷**を意味するのですね

ということは、すべての S_{ri} による**累積疲労損傷が1になったときに疲労破壊（$\Sigma(n_i/N_i)=1$）を生じる**と考えてよいのですね

図6・4 繰返し回数による方法

6-3 等価繰返し回数による方法(その1)

3 いくら鉄筋でも…

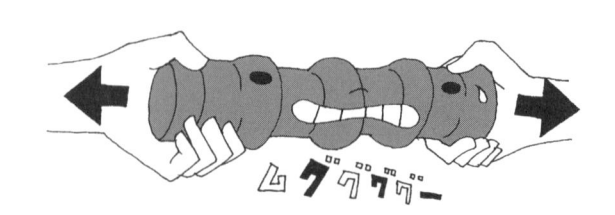

等価繰返し回数による検討例

鉄筋コンクリートに関しては，鉄筋とコンクリートの S-N 線の形がそれぞれ違うので，疲労強度（あるいは疲労耐力）を別に求める必要があります．そこで等価繰返し回数による安全性の検討例を，本節では鉄筋（**No.1**），次節ではコンクリート（**No.2**）と分けて行うことにします．

No.1 鉄筋の疲労破壊の検討に必要な等価繰返し回数の計算

単鉄筋長方形断面（幅 $b = 950$ mm，有効高さ $d = 500$ mm，使用する鉄筋 8-D 32（SD 345），$A_s = 6354$ mm^2，$f'_{ck} = 24$ N/mm^2）において，変動作用による曲げモーメント 200 kN·m に換算した**鉄筋の疲労破壊の検討に必要な等価繰返し回数** N_{seq} を求めよ．

ただし，永続作用による曲げモーメント M_D および変動作用による曲げモーメント M_i とその繰返し回数 n_i は，次のとおりとする．

$M_D = 100$ kN·m
$M_1 = 100$ kN·m, $n_1 = 10^8$ 回
$M_2 = 150$ kN·m, $n_2 = 10^7$ 回
$M_3 = 200$ kN·m, $n_3 = 10^6$ 回
$M_4 = 250$ kN·m, $n_4 = 10^5$ 回
安全係数：$\gamma_c = 1.3$，$\gamma_s = 1.05$，$\gamma_b = 1.1$，$\gamma_a = 1.0$，$\gamma_i = 1.0$

なお，鉄筋の設計疲労強度は式(1·7)をそのまま延長して用いてよいものとする．

【解答】 まず，等価繰返し回数を求める手順を，図 6·4 をもとに図 6·5 のフローチャートにまとめてみた．この例題は，図 6·5 のフローチャートの鉄筋の欄にしたがって求めていく．題意に相当する等価繰返し回数 N_{eq} は，次式で表すことができる．

$$N_{eq} = N_3 \sum \left(\frac{n_i}{N_i}\right) = \sum \left[n_i \left(\frac{N_3}{N_i}\right)\right] \tag{6·7}$$

ここで，鉄筋の設計疲労強度の式(1·7)から N を求める式をつくり，上式に代入，変形し，等価繰返し回数 N_{seq} の式(6·4)を求めていく．

以上より，図 6·5 のフローチャートをもとに，表 6·3 にまとめた．

3 いくら鉄筋でも…

```
                    はじめ
                      │
                  ┌───────┐
                  │ M_i, n_i │
                  └───────┘
      [鉄筋]                    [コンクリート]
        │                            │
    式(1・7)                      式(1・5)
     ↓変形                         ↓変形
```

$$N_i = \left\{\frac{190}{f_{srd}} \cdot 10^a \left(1 - \frac{\sigma_{sp}}{f_{ud}}\right) \gamma_s \right\}^{\frac{1}{k}}$$

$$N_t = 10^{K\left\{1 - \frac{f_{rd}}{k_{1f}f_d(1-\sigma_p/f_d)}\right\}}$$

$$N_{eq} = \sum\left\{n_i\left(\frac{N_3}{N_i}\right)\right\} \quad \text{式}(6\cdot7)$$

$$N_{seq} = \sum_{i=1}^{m} n_i\left(\frac{M_{ri}}{M_{rd}}\right)^{\frac{1}{k}} \quad \text{式}(6\cdot4)$$

$$N_{ceq} = \sum_{i=1}^{m} n_i \cdot 10^{\frac{K(S_{ri}-S_{rd})}{k_{1f}S_d(1-\sigma_p/f_d)}} \quad \text{式}(6\cdot6)$$

```
                    おわり
```

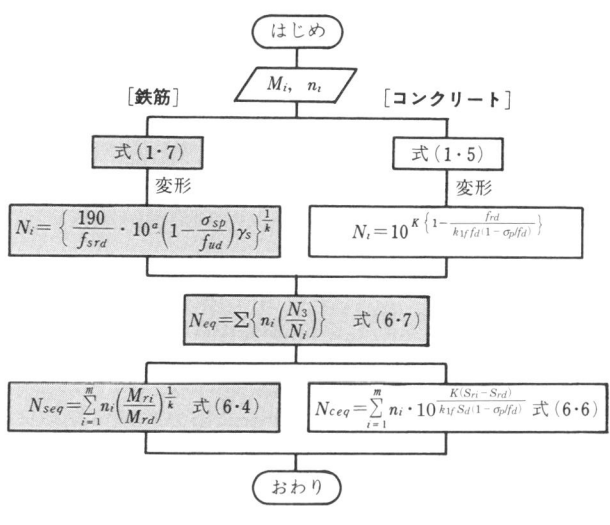

図6・5 鉄筋の疲労破壊の検討手順（等価繰返し回数による方法）

表6・3 鉄筋の疲労破壊の検討に必要な等価繰返し回数の計算

計算量	適用(式・付録)番号	計算式	計算値	使用値
繰返し回数 n_i	題意より	$n_1 \sim n_4$		$10^8 \sim 10^5$ 回
$\dfrac{N_3}{N_i}$ の展開	式(1・7)を変形して鉄筋の応力度は曲げモーメントに比例するので	$\dfrac{N_3}{N_i} = \left\{\dfrac{190(1-\sigma_{spd}/f_{ud})10^a/\sigma_{s3}}{190(1-\sigma_{spd}/f_{ud})10^a/\sigma_{si}}\right\}^{1/k}$ $= \left(\dfrac{\sigma_{si}}{\sigma_{s3}}\right)^{1/k}$ $= \left(\dfrac{M_i}{M_3}\right)^{1/k}$		
等価繰返し回数 N_{seq}	以上より 式(6・4)から	$N_{seq} = \sum n_i \left(\dfrac{N_3}{N_i}\right)$ $= \sum n_i \left(\dfrac{M_i}{M_3}\right)^{1/k}$ $= n_1\left(\dfrac{M_1}{M_3}\right)^{1/k} + n_2\left(\dfrac{M_2}{M_3}\right)^{1/k}$ $+ n_3\left(\dfrac{M_3}{M_3}\right)^{1/k} + n_4\left(\dfrac{M_4}{M_3}\right)^{1/k}$	$= 10^8 \times \left(\dfrac{100}{200}\right)^{1/0.12}$ $+ 10^7 \times \left(\dfrac{150}{200}\right)^{1/0.12}$ $+ 10^6 \times \left(\dfrac{200}{200}\right)^{1/0.12}$ $+ 10^5 \times \left(\dfrac{250}{200}\right)^{1/0.12}$ $= 2.86 \times 10^6$	2.86×10^6 回

6-4 等価繰返し回数による方法（その2）

4
いくらコンクリートでも…

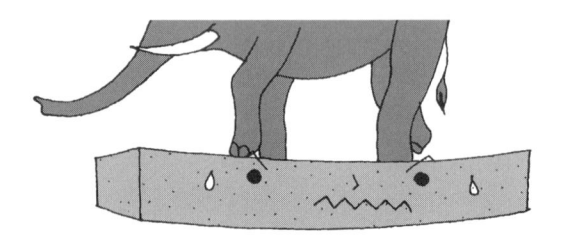

No.2 コンクリートの圧縮疲労破壊の検討に必要な等価繰返し回数の計算

No.1 と同じ条件下の単鉄筋長方形断面において，変動作用による曲げモーメント 200 kN·m に換算したコンクリートの疲労破壊の検討に必要な等価繰返し回数 N_{ceq} を求めよ．

ただし，永続作用による曲げモーメント M_D および変動作用による曲げモーメント M_i とその繰返し回数 n_i などの条件も同じとする．

なお，コンクリートの設計疲労強度は，式(1·5)をそのまま用いてよいものとする．

【解答】 前節の **No.1** と同様に行う．等価繰返し回数を求める手順は，図6·6のフローチャートのコンクリートの欄にしたがって求めていく．

ここで，コンクリートの設計疲労強度の式(1·5)から N を求める式をつくり，上式に代入，変形し，等価繰返し回数 N_{ceq} の式(6·8)を求めていく．

以上より No.1 と同様に，表6·4にまとめることにする．

```
                          はじめ
                            │
                        ┌─ $M_i, n_i$ ─┐
                   [鉄筋]              [コンクリート]
                        │                   │
                     式(1·7)              式(1·5)
                       変形                変形
      $N_i = \left\{\dfrac{190}{f_{srd}} \cdot 10^a \left(1 - \dfrac{\sigma_{sp}}{f_{ud}}\right) \gamma_s\right\}^{\frac{1}{k}}$     $N_i = 10^{K\left\{1 - \frac{f_{rd}}{k_1 f_{fd}(1 - \sigma_p/f_d)}\right\}}$
                        │                   │
                 $N_{eq} = \sum\left\{n_i\left(\dfrac{N_3}{N_i}\right)\right\}$   式(6·7)
                        │                   │
  $N_{seq} = \sum\limits_{i=1}^{m} n_i\left(\dfrac{M_{ri}}{M_{rd}}\right)^{\frac{1}{k}}$  式(6·4)   $N_{ceq} = \sum\limits_{i=1}^{m} n_i \cdot 10^{\frac{K(\sigma_{ri} - \sigma_{rd})}{K_1 f_{fd}(1 - \sigma_p/f_d)}}$  式(6·8)
                        │                   │
                          おわり
```

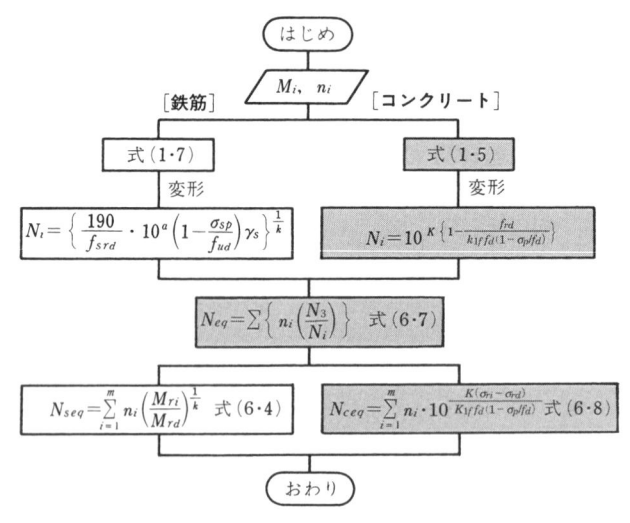

図6·6 コンクリートの疲労破壊の検討手順（等価繰返し回数による方法）

4 いくらコンクリートでも…

表 6・4 コンクリートの疲労破壊に必要な等価繰返し回数の計算

計算量	適用（式・付録）番号	計算式	計算値	使用値
繰返し回数 n_i	題意より	$n_1 \sim n_4$		$10^8 \sim 10^5$ 回
ヤング係数比 n	表 7・2 より	$n = E_s/E_c = 200/25 = 8.0$		8.0
引張鉄筋比 p	図 3・6 より	$p = \dfrac{A_s}{bd}$	$= \dfrac{6354}{950 \times 500} = 0.01338$	0.01338
k	式(3・2)より	$k = -np + \sqrt{(np)^2 + 2np}$	$= -8.0 \times 0.01338$ $+ \sqrt{(8.0 \times 0.01338)^2 + 2 \times 8.0 \times 0.01338} = 0.368$	0.368
j	式(3・7)より	$j = 1 - \dfrac{k}{3}$	$= 1 - \dfrac{0.368}{3} = 0.877$	0.877
変動作用による圧縮応力度 σ_{c1}	式(3・9)より 変動作用による圧縮応力度は曲げモーメントに比例するので	$\sigma'_{c1} = \dfrac{3}{4} \times 2 \times \dfrac{M_1}{kjbd^2}$	$= \dfrac{3}{4} \times 2 \times \dfrac{100 \times 10^6}{0.368 \times 0.877 \times 950 \times 500^2}$ $= 1.957$	1.957 N/mm²
σ_{c2}		$\sigma'_{c2} = \sigma'_{c1} \times \dfrac{M_2}{M_1}$	$= 1.957 \times \dfrac{150}{100} = 2.936$	2.936 N/mm²
σ_{c3}		$\sigma'_{c3} = \sigma'_{c1} \times \dfrac{M_3}{M_1}$	$= 1.957 \times \dfrac{200}{100} = 3.914$	3.914 N/mm²
σ_{c4}		$\sigma'_{c4} = \sigma'_{c1} \times \dfrac{M_4}{M_1}$	$= 1.957 \times \dfrac{250}{100} = 4.839$	4.839 N/mm²
k_{1f} f'_{cd} 永続作用による圧縮応力度 σ_{cp}	1-2 より 表 1・2 より 式(6・8)より (式(1・5)を変形，式(6・6)を参考にして)	$\sigma'_{cp} = \dfrac{3}{4} \times 2 \times \dfrac{M_D}{kjbd^2}$ $\dfrac{N_3}{N_i} = 10^{k_{1f}f_{cd}(1-\sigma_{cp}/f_{cd})\frac{K}{\sigma_{ci}-\sigma_{c3}}}$	$= \dfrac{3}{4} \times 2 \times \dfrac{100 \times 10^6}{0.368 \times 0.877 \times 950 \times 500^2} = 1.957$ $= 10^{\frac{17}{0.85 \times 18.5 \times (1 - 1.957/18.5)}(\sigma_{ci}-3.914)} = 10^{\frac{17}{14.06}(\sigma_{ci}-3.914)}$	0.85 18.5 N/mm² 1.957 N/mm²
$\dfrac{N_3}{N_i}$ の展開				
等価繰返し回数 N_{ceq}	以上より 式(6・8)から	$N_{ceq} = \sum n_i \left(\dfrac{N_3}{N_i}\right)$ $= n_1\left(\dfrac{N_3}{N_1}\right) + n_2\left(\dfrac{N_3}{N_2}\right) + n_3\left(\dfrac{N_3}{N_3}\right) + n_4\left(\dfrac{N_3}{N_4}\right)$	$= 10^8 \times 10^{17/14.06 \cdot 1.957 - 3.914/14.06} + 10^7 \times 10^{17/14.06 \cdot 2.936 - 3.914/14.06}$ $+ 10^6 \times 10^{17/14.06 \cdot 3.914 - 3.914/14.06} + 10^5 \times 10^{17/14.06 \cdot 4.839 - 3.914/14.06}$ $= 3.40 \times 10^6$	3.40×10^6 回

6-5 コンクリート・鉄筋の疲労強度

5 疲労強度とは

疲労強度

コンクリートおよび鉄筋の疲労強度については、1章の材料と性質の設計疲労強度において述べているので、ここではそれを見やすく表6・5にまとめました．本節ではそれらの疲労強度を求め，この疲労強度をもとに，次節でははりの曲げ疲労破壊に対する安全性の検討を行います．

表6・5 コンクリートと鉄筋の疲労強度

	計算式	文字の説明
コンクリートの設計疲労強度	$f_{crd} = k_{1f} f_d (1 - \sigma_p / f_d) \times \left(1 - \dfrac{\log N}{K}\right)$ (1・5) ただし，N(疲労寿命)$\leq 2 \times 10^6$	f_d：コンクリートのそれぞれの設計強度 K：普通コンクリートで継続して，あるいはしばしば水で飽和される場合，および軽量骨材コンクリートの場合10，その他一般17 k_{1f}：圧縮および曲げ圧縮の場合0.85，引張および曲げ引張の場合1.0 σ_p：永続作用によるコンクリートの応力度だが，交番荷重を受ける場合は0
鉄筋の設計疲労強度	$f_{srd} = 190 \times \dfrac{10^a}{N^k} \left(1 - \dfrac{\sigma_{sp}}{f_{ud}}\right) \Big/ \gamma_s$ (1・7) ただし，N(疲労寿命)$\leq 2 \times 10^6$	f_{ud}：鉄筋の設計引張強度 γ_s：鉄筋の材料係数で，一般に1.05としてよい． $a,\ k$：試験により定めるのを原則とするが，$N \leq 2 \times 10^6$の場合は次式より求めてもよい． $a = k_{0f}(0.81 - 0.003\phi)$ $k = 0.12$ ここで，ϕ：鉄筋直径 　　　　k_{0f}：係数で一般に1.0としてよい．

No.3　鉄筋の疲労強度の計算

No.1の単鉄筋長方形断面について，鉄筋の疲労破壊強度を求めよ．ただし，永久作用による曲げモーメント$M_D = 100$ kN・mや安全係数など，その他の条件も同じものとする．

【解答】　表6・5の式(1・7)から求める．そこで，鉄筋の疲労強度を表6・6にしたがって求めていく．

5 疲労強度とは

表6・6 鉄筋の疲労破壊強度の計算

計算量	適用（式・付録）番号	計算式	計算値	使用値
k_{0f} 公称直径 ϕ a	付表3 より D 32 の公称直径 31.8 mm 表6·5 より	$a = k_{0f}(0.81 - 0.003\phi)$	$= 1.0 \times (0.81 - 0.003 \times 31.8) = 0.715$	1.0 31.8 mm 0.715
$N(=N_{seq})$	No.1 の解より			2.86×10^6 回
σ_{sp}	式(3·11) より No.2 の j を用いて	$\sigma_{sp} = \dfrac{M_D}{A_s j d}$	$= \dfrac{100 \times 10^6}{6354 \times 0.877 \times 500}$ $= 35.89$	35.89 N/mm²
γ_s f_{uk} f_{ud}	表4·3 より 表1·3 より	$f_{ud} = \dfrac{f_{uk}}{\gamma_s}$	$= \dfrac{490}{1.05} = 467$	1.05 490 N/mm² 467 N/mm²
鉄筋の疲労破壊強度 f_{srd}	式(1·7) より	$f_{srd} = 190 \dfrac{10^a}{N^k}\left(1 - \dfrac{\sigma_{sp}}{f_{ud}}\right) \Big/ \gamma_s$	$= 190 \times \dfrac{10^{0.715}}{(2.86 \times 10^6)^{0.12}}$ $\times \left(1 - \dfrac{35.89}{490}\right) \Big/ 1.05$ $= 146$	146 N/mm²

No.4 コンクリートの圧縮疲労強度の計算

No.1 の単鉄筋長方形断面について，コンクリートの圧縮疲労破壊強度を求めよ．ただし，永続作用による曲げモーメントや安全係数など，その他の条件も同じものとする．

【解答】 表6·5 の式(1·5) から求める．そこで，コンクリートの圧縮疲労破壊強度を表6·7 にしたがって求めていく．

表6・7 コンクリートの圧縮疲労破壊強度の計算

計算量	適用（式・付録）番号	計算式	計算値	使用値
k_{1f} f'_{cd} σ'_{cp}	表6·5 より 表6·4 より 表6·4 より			0.85 18.5 N/mm² 1.957 N/mm²
$N(=N_{ceq})$	No.2 の解より			3.40×10^5 回
コンクリートの圧縮疲労破壊強度 f'_{crd}	式(1·5) より	$f'_{crd} = k_{1f} f'_{cd}\left(1 - \dfrac{\sigma'_{cp}}{f'_{cd}}\right)\left(1 - \dfrac{\log N}{K}\right)$	$= 0.85 \times 18.5 \times \left(1 - \dfrac{1.957}{18.5}\right)$ $\times \left(1 - \dfrac{\log(3.40 \times 10^6)}{17}\right)$ $= 8.65$	8.65 N/mm²

6 曲げ疲労とは

6-6 はりの曲げ疲労

曲げ疲労

鉄筋コンクリートのはりが，曲げモーメントの繰返しによって破壊する場合を**曲げ疲労破壊**といいます．はりの曲げ疲労破壊は，鉄筋かコンクリートの疲労破壊によって生じ，それらの疲労強度は，受ける応力の大きさに左右されます．したがって，部材に生じる応力度（あるいは断面力）は，部材に作用する疲労作用（変動作用）の大きさにより求め

表6・8 はりの曲げ疲労に対する安全性の検討

	安全性の検討	文字の説明
引張鉄筋の疲労破壊	$\dfrac{\gamma_i M_{rd}}{M_{srd}} \leqq 1.0$ (6・9) または $\dfrac{\gamma_i \sigma_{srd}}{f_{srd}/\gamma_b} \leqq 1.0$ (6・10) 【引張鉄筋の疲労破断による断面の設計疲労耐力】 $M_{srd} = A_s f_{srd} z / \gamma_i$ (6・11) ここで，A_s：引張鉄筋の断面積 f_{srd}：鉄筋の設計疲労強度 z：応力中心間の距離	M_{rd}：設計疲労作用よる設計曲げモーメント $\quad = \gamma_a(F_{rd})$ σ_{srd}：設計疲労作用による鉄筋応力度 $\quad = M_{rd}/(A_s z)$ γ_i：構造物係数，一般に 1.0〜1.1 γ_a：構造解析係数，一般に 1.0 γ_b：部材係数，一般に 1.0〜1.1
コンクリートの圧縮疲労破壊	$\dfrac{\gamma_i \sigma'_{crd}}{f'_{crd}/\gamma_b} \leqq 1.0$ (6・12) 【矩形応力分布に対するコンクリートの応力度】 単鉄筋長方形断面の場合 $\sigma'_{crd} = (3 M_{rd})/(2 bxz)$ ここで，M_{rd}：設計疲労作用による曲げモーメント $\quad b$：断面の幅 $\quad x$：圧縮側から中立軸までの位置 $\quad z$：$d - x/3$　　d：有効高さ	f'_{crd}：コンクリートの設計一軸圧縮疲労強度 $\quad = 0.85 f'_{cd}(1 - \sigma'_{cp}/f'_{cd})$ $\quad \times (1 - \log N/K)$ $\sigma'_{crd}{}^*$：三角形分布の応力の合力位置と同じ位置に合力位置がくるようにした矩形応力分布の応力度 K：定数で，一般に 17

* σ'_{crd} について（設計疲労作用による曲げモーメント M_{rd} が作用した場合の圧縮縁のコンクリートの応力度を σ'_c とすると）

《長方形断面の場合》　$\sigma'_{crd} = (3/4)\sigma'_c$
《T 形断面の場合》　$\sigma'_{crd} = (3/4)[(2-t/x)^2/(3-2 t/x)]\sigma'_c$
《円形断面の場合》　$\sigma'_{crd} = (0.67 \sim 0.68)\sigma'_c$

6 曲げ疲労とは

ることができます．そこで，それらより引張鉄筋とコンクリートの疲労破壊に対する安全性の検討を，表 6·8 にまとめました．次章「使用性に関する検討」の場合と同様に，弾性理論を用いて，鉄筋やコンクリートの応力度を計算します．

No.5 断面の曲げ疲労破壊に対する安全性の検討
　　　　No.1 の単鉄筋長方形断面について，断面の曲げ疲労破壊に対する安全性の検討（鉄筋の疲労破壊に対する検討，コンクリートの圧縮疲労破壊に対する検討）をせよ．

【解答】　**No.3**，**No.4** の各々の疲労破壊強度をもとに，表 6·8 の鉄筋の式 (6·10) とコンクリートの式 (6·12) が各々成り立っているかをみる．そこで，それぞれ表 6·9, 6·10 にまとめた．

表 6·9　鉄筋の疲労破壊に対する検討

計算量	適用（式・付録）番号	計算式	計算値	使用値
$(\gamma_i \sigma_{srd})/(f_{srd}/\gamma_b) \leqq 1.0$ を検討する．				
f_{srd}	**No.3** の解より			146 N/mm²
γ_b	表 4·3 より 1.1 とする			1.1
γ_i	表 4·3 より 1.1 とする			1.1
σ_{srd}	式 (3·11) より	$\sigma_{srd} = \dfrac{M_3}{A_s jd}$	$= \dfrac{200 \times 10^6}{6\,354 \times 0.877 \times 500} = 71.8$	71.8 N/mm²

$(\gamma_i \sigma_{srd})/(f_{srd}/\gamma_b) = 1.1 \times 71.8/(146/1.1) = 0.60 < 1.0$　よって**安全である**．

表 6·10　コンクリートの圧縮疲労破壊に対する検討

計算量	適用（式・付録）番号	計算式	計算値	使用値
$(\gamma_i \sigma'_{crd})/(f'_{crd}/\gamma_b) \leqq 1.0$ を検討する．				
f'_{crd}	**No.4** の解より			8.65 N/mm²
γ_b	表 4·3 より 1.1 とする			1.1
γ_i	表 4.3 より 1.1 とする			1.1
σ'_{crd}	表 6·4 の σ_{c3} より			3.914 N/mm²

$(\gamma_i \sigma'_{crd})/(f'_{crd}/\gamma_b) = 1.1 \times 3.914/(8.65/1.1) = 0.55 < 1.0$　よって**安全である**．

6-7 はりのせん断疲労

7 せん断疲労とは

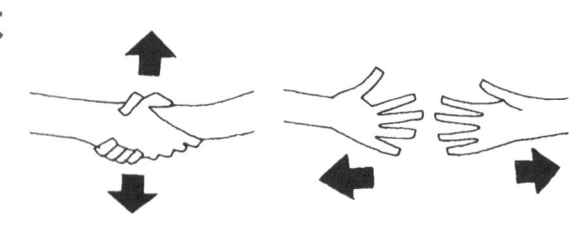

せん断補強鉄筋を用いる場合

一般に，疲労が考えられる部材には，せん断補強鉄筋が用いられているので，疲労破壊に対する安全性の検討をしなければなりません．せん断補強鉄筋を有する鉄筋コンクリートばりは，疲労作用のような変動作用の繰返しを受けると，せん断補強鉄筋の応力度が著しく増加します．そして静的な耐力より低い作用で，せん断補強鉄筋の疲労破壊により**せん断破壊**を生じてきます．そこで，変動作用によるせん断補強鉄筋の応力度 σ_{wrd}，永続作用によるせん断補強鉄筋の応力度 σ_{wpd} を求め（表6・11），鉄筋の設計疲労強度と比較し，安全性の検討を行います．

せん断補強鉄筋を用いない場合

せん断補強鉄筋のない場合は，破壊の機構が複雑なため，鉄筋のコンクリートの応力度を求めるのは困難です．したがって，疲労作用によって棒部材がせん断破壊するときの安全性の検討は，構造物全体の疲労破壊耐力の評価によって行うこととしています．

せん断補強鉄筋を用いない部材としては，一般に擁壁のたて壁や底版などがあります．これらのコンクリート部材は，一般にせん断疲労を受けることは少ないと考えられますが，特に，疲労が問題となる場合は，次の二つにより検討を行うこととしています（表6・11）．

① せん断補強鉄筋を用いない棒部材の設計せん断疲労耐力 V_{rcd}
② 面部材としての鉄筋コンクリートスラブの設計押抜きせん断疲労耐力 V_{rpd}

7 せん断疲労とは

表6・11 はりのせん断疲労

	計算式	文字の説明
せん断補強鉄筋を用いる場合「せん断補強鉄筋の応力度」	【せん断補強鉄筋の応力度】 $\sigma_{wrd} = \dfrac{(V_{pd}+V_{rd}-k_r V_{cd})s}{A_w z(\sin\theta_s+\cos\theta_s)}$ $\times \dfrac{V_{rd}}{V_{pd}+V_{rd}+V_{cd}}$ (6・13) $\sigma_{wpd} = \dfrac{(V_{pd}+V_{rd}-k_r V_{cd})s}{A_w z(\sin\theta_s+\cos\theta_s)}$ $\times \dfrac{V_{pd}+V_{cd}}{V_{pd}+V_{rd}+V_{cd}}$ (6・14) 【せん断補強鉄筋に鉛直スターラップと折曲鉄筋を併用する場合】 《鉛直スターラップ》 $\sigma_{wrd} = \dfrac{V_{pd}+V_{rd}-k_r V_{cd}}{\dfrac{A_w z}{s}+\dfrac{A_b z(\cos\theta_b+\sin\theta_b)^3}{s_b}} \times \dfrac{V_{rd}}{V_{pd}+V_{rd}+V_{cd}}$ (6・15) $\sigma_{wpd} = \dfrac{V_{pd}+V_{rd}-k_r V_{cd}}{\dfrac{A_w z}{s}+\dfrac{A_b z(\cos\theta_b+\sin\theta_b)^3}{s_b}} \times \dfrac{V_{pd}+V_{cd}}{V_{pd}+V_{rd}+V_{cd}}$ (6・16) 《折曲鉄筋》 $\sigma_{brd} = \dfrac{V_{pd}+V_{rd}-k_r V_{cd}}{\dfrac{A_w z}{s(\cos\theta_b+\sin\theta_b)^2}+\dfrac{A_b z(\cos\theta_b+\sin\theta_b)}{s_b}} \times \dfrac{V_{rd}}{V_{pd}+V_{rd}+V_{cd}}$ (6・17) $\sigma_{bpd} = \dfrac{V_{pd}+V_{rd}-k_r V_{cd}}{\dfrac{A_w z}{s(\cos\theta_b+\sin\theta_b)^2}+\dfrac{A_b z(\cos\theta_b+\sin\theta_b)}{s_b}} \times \dfrac{V_{pd}+V_{cd}}{V_{pd}+V_{rd}+V_{cd}}$ (6・18) ここで, A_w：一組の鉛直スターラップの断面積 　　　A_b：折曲鉄筋の断面積 　　　s：鉛直スターラップの配置間隔 　　　s_b：折曲鉄筋の配置間隔 　　　θ_b：折曲鉄筋が部材軸となす角 　　　k_r：変動作用の頻度の影響を考慮するための係数で，一般に0.5としてよい	σ_{wrd}：せん断補強鉄筋の設計変動応力度 σ_{wpd}：永続作用によるせん断補強鉄筋の設計応力度 V_{rd}：変動作用による設計せん断力 V_{pd}：永続作用による設計せん断力 V_{cd}：せん断補強鉄筋を用いない棒部材の設計せん断耐力で，式(5・8)による k_r：変動作用の頻度の影響を考慮するための係数で，一般に0.5としてよい A_w：区間 s_i におけるせん断補強鉄筋の総断面積 s：せん断補強鉄筋の配置間隔 z：圧縮応力の合力の作用位置から引張鋼材図心までの距離で，一般に $d/1.15$ としてよい d：有効高さ θ_s：せん断補強鉄筋が部材軸となす角
せん断補強鉄筋を用いない場合	①せん断補強鉄筋を用いない棒部材の設計せん断疲労耐力 $V_{rcd} = V_{cd}(1-V_{pd}/V_{cd})\left(1-\dfrac{\log N}{11}\right)$ ただし, $N \leq 2\times 10^6$ (6・19) ②面部材としての鉄筋コンクリートスラブの設計押抜きせん断疲労耐力 $V_{rpd} = V_{pcd}(1-V_{pd}/V_{pcd})\left(1-\dfrac{\log N}{14}\right)$ ただし, $N \leq 2\times 10^6$ (6・20)	N：疲労寿命 V_{cd}：式(5・8)参照

6-8 せん断疲労の計算（その1）

8
スターラップだけで安全？

No.6 せん断補強鉄筋の疲労破壊に対する安全性の検討

単鉄筋 T 形断面（$b = 1\,000$ mm, $b_w = 250$ mm, $d = 400$ mm, 5-D 22 (SD 345)）のせん断補強鉄筋の疲労破壊に対する安全性を検討せよ．各種条件は，以下のとおりとする．

永続作用による設計作用せん断力　$V_{pd} = 50$ kN
変動作用による設計作用せん断力　$V_{rd} = 60$ kN
繰返し回数　$N_d = 10^6$ 回
スターラップ：鉛直（$\theta_s = 90°$），U 型 D 13（SD 345, $f_{ud} = 490$ N/mm²）
　　　　　　20 cm 間隔（$s = 200$ mm），$f'_{ck} = 24$ N/mm², $\gamma_c = 1.3$
$\gamma_s = 1.05$, $\gamma_i = 1.1$, $\gamma_b = 1.3$（V_{cd} 用）
$\gamma_b = 1.1$（鉄筋の疲労強度算定用）
$k_r = 0.5$

【解答】 基本的には，鉄筋の疲労破壊に対する検討であるから，**No.5** と同様に，式（6·10）より $(\gamma_i \sigma_{wrd})/(f_{wrd}/\gamma_b) \leq 1.0$ が成り立てば**安全**である．

そこで，f_{wrd} を式（1·7），σ_{wrd} を式（6·13）から求めて代入すればできる．解法手順を図 6·7 のフローチャートにまとめた．

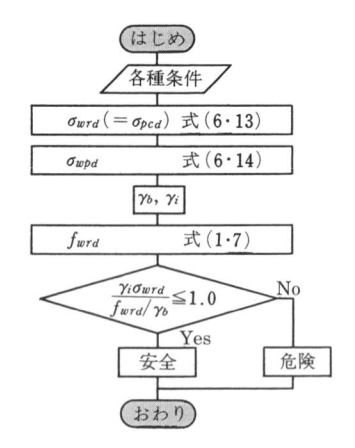

図 6·7　せん断補強鉄筋の疲労破壊に対する安全性の検討手順

8 スターラップだけで安全？

そこで，図6·7のフローチャートをもとに，表6·12にまとめた．

表6·12 せん断補強筋の疲労破壊に対する安全性の検討

計算量	適用(式・付録)番号	計算式	計算値	使用値
$(\gamma_i \sigma_{wrd})/(f_{wrd}/\gamma_b) \leq 1.0$ を検討する．				
V_{pd}	題意より			50 kN
V_{rd}	題意より			60 kN
β_d	5-7 より	$\beta_d = \sqrt[4]{\dfrac{1000}{d}}$ (dの単位はmm)	$=\sqrt[4]{\dfrac{1000}{400}}=1.257$	1.257
β_p	付表3より $A_s = 1936\text{ mm}^2$だから	$\beta_p = \sqrt[3]{100\, p_w} = \sqrt[3]{100\dfrac{A_s}{b_w d}}$	$=\sqrt[3]{100\dfrac{1936}{250\times 400}}=1.246$	1.246
β_n				1.0
f'_{cd}	表1·2より			18.5 N/mm²
f_{vcd}	式(5·8)より	$f_{vcd}=0.20\sqrt[3]{f'_{cd}}$	$=0.20\sqrt[3]{18.5}=0.529$	0.529 N/mm²
V_{cd}		$V_{cd}=\beta_d \beta_p \beta_n f_{vcd} b_w d / \gamma_b$	$=1.257\times 1.246\times 1.0\times 0.529\times 250$ $\times 400/1.3 = 63\,733$ N	63.7 kN
A_w	付表3の2-D 13の欄より			253 mm²
z	表6·11より	$z = \dfrac{d}{1.15}$	$=\dfrac{400}{1.15}=348$	348 mm
$\sin\theta_s + \cos\theta_s$	$\theta_s = 90°$ より			1
せん断補強鉄筋の応力度 σ_{wrd}	式(6·13)より変動作用によるせん断補強鉄筋の応力度は	$\sigma_{wrd}=\dfrac{(V_{pd}+V_{rd}-k_r V_{cd})s}{A_w z(\sin\theta_s + \cos\theta_s)}$ $\times \dfrac{V_{rd}}{V_{pd}+V_{rd}+V_{cd}}$	$=\dfrac{(50+60-0.5\times 63.7)\times 10^3 \times 200}{253\times 348\times 1}$ $\times \dfrac{60\times 10^3}{(50+60+63.7)\times 10^3}=61.3$	61.3 N/mm²
σ_{wpd}	式(6·14)より永久作用によるせん断補強鉄筋の応力度は	$\sigma_{wpd}=\dfrac{(V_{pd}+V_{rd}-k_r V_{cd})s}{A_w z(\sin\theta_s + \cos\theta_s)}$ $\times \dfrac{V_{pd}+V_{cd}}{V_{pd}+V_{rd}+V_{cd}}$	$=\dfrac{(50+60-0.5\times 63.7)\times 10^3 \times 200}{253\times 348\times 1}$ $\times \dfrac{(50+63.7)\times 10^3}{(50+60+63.7)\times 10^3}=116.2$	116.2 N/mm²
a	付表3よりD 13の公称直径12.7 mmだから	$a=k_{0f}(0.81-0.003\,\phi)$	$=1.0\times(0.81-0.003\times 12.7)=0.772$	0.772
$N(=N_d)$	題意より			10^6 回
k	表6·5より			0.12
$\sigma_{sp}(=\sigma_{wpd})$	上の結果より			116.2 N/mm²
f_{ud}	表1·3より $f_{uk}=490$ N/mm²	$f_{ud}=\dfrac{f_{uk}}{\gamma_s}$	$=\dfrac{490}{1.05}=466.7$	466.7 N/mm²
f_{wrd}	スターラップの疲労強度は式(1·7)より求める．ただし鉄筋母材の50%とする．	$f_{wrd}=190\times \dfrac{10^a}{N^k}$ $\times \left(1-\dfrac{\sigma_{sp}}{f_{ud}}\right)/\gamma_s \times 0.5$	$=190\times \dfrac{10^{0.772}}{(10^6)^{0.12}}\times \left(1-\dfrac{116.2}{466.7}\right)$ $1.05\times 0.5 = 76.6$	76.6 N/mm²
γ_b	表4·3より			1.1
γ_i	表4·4より			1.1

$(\gamma_i \sigma_{wrd})/(f_{wrd}/\gamma_b) = 1.1\times 61.3/(76.6/1.1) = 0.97 < 1.0$　よって**安全**である．

6-9 せん断疲労の計算（その２）

9 折曲鉄筋もあると？

No.7 せん断補強鉄筋の疲労破壊に対する安全性の検討

No.6 の断面において，折曲鉄筋も併用している場合のせん断補強鉄筋の疲労について検討せよ．

折曲鉄筋：45°曲げあげ（$\theta_b = 45°$），D 25（SD 345），400 mm 間隔（$s_b = 400$ mm），
$V_{rd} = 100$ kN

その他の条件は，**No.6** と同じものとする（図6·8参照）．

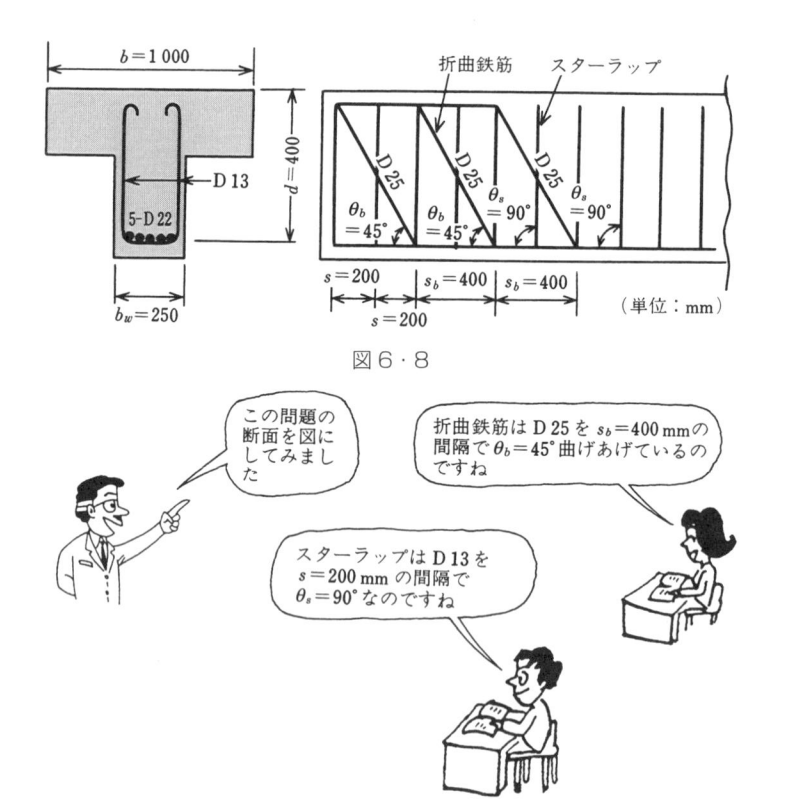

図6·8

この問題の断面を図にしてみました

折曲鉄筋は D 25 を $s_b = 400$ mm の間隔で $\theta_b = 45°$ 曲げあげているのですね

スターラップは D 13 を $s = 200$ mm の間隔で $\theta_s = 90°$ なのですね

9 折曲鉄筋もあると？

【解答】 せん断補強鉄筋に鉛直スターラップと折曲鉄筋を併用する場合，それぞれ式 (6·10) より

$$\text{鉛直スターラップ}: \frac{\gamma_i \sigma_{wrd}}{f_{wrd}/\gamma_b} \leqq 1.0$$

$$\text{折曲鉄筋} \quad : \frac{\gamma_i \sigma_{brd}}{f_{brd}/\gamma_b} \leqq 1.0$$

がそれぞれ成り立つかどうかを検討する．そこで，f_{wrd}, f_{brd} を式 (1·7)，σ_{wrd} を式 (6·15)，σ_{brd} を式 (6·17) から求めて上式に代入すればよい．その解法手順を図 6·9 のフローチャートにまとめた．

そこで，この図 6·9 のフローチャートをもとに，表 6·13 にまとめた．

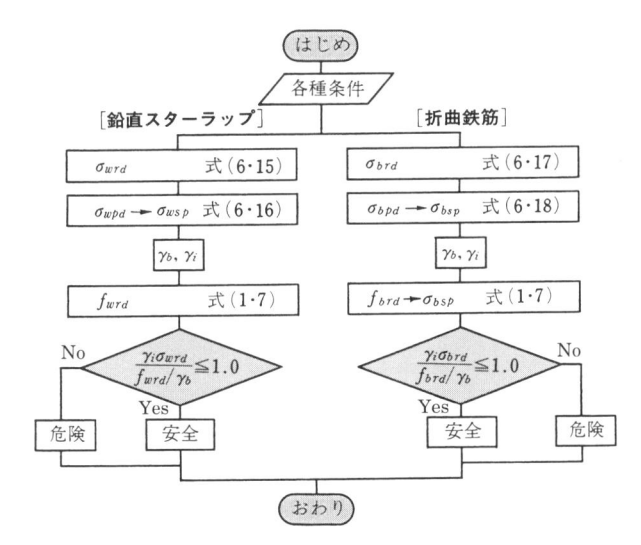

図 6·9 せん断補強鉄筋の疲労破壊に対する安全性の検討手順

6-9 せん断疲労の計算(その2)

表6・13

計算量	適用(式・付録)番号	計算式	使用値
せん断補強鉄筋に鉛直スターラップと折曲鉄筋を併用する場合 鉛直スターラップ:$(\gamma_i\sigma_{urd})/(f_{urd}/\gamma_b) \leq 1.0$ を検討する。 折曲鉄筋:$(\gamma_i\sigma_{brd})/(f_{brd}/\gamma_b) \leq 1.0$ を検討する。			
V_{cd}	表6・12 より	$= 0.5 \times 63.7 = 31.85$	63.7 kN 31.85 kN
$h_r V_{cd}$ $V_{pd} + V_{rd}$	表6・12と$V_{rd} = 100$ より	$= 50 + 100 = 150$	150 kN
A_w	表6・12 より		253 mm²
A_b	付表3 より		506.7 mm²
z	表6・11 より	$z = d/1.15$	$= 400/1.15 = 348$	348 mm
$\cos\theta_b + \sin\theta_b$	$\alpha_b = 45°$ より	$= \dfrac{1}{\sqrt{2}} + \dfrac{1}{\sqrt{2}} = \dfrac{2}{\sqrt{2}}$	$\dfrac{2}{\sqrt{2}}$
$(\cos\theta_b + \sin\theta_b)^2$	式(6・15)〜(6・18)の中で使用するために	$= \left(\dfrac{2}{\sqrt{2}}\right)^2 = 2$	2
$(\cos\theta_b + \sin\theta_b)^3$		$= \left(\dfrac{2}{\sqrt{2}}\right)^3 = \dfrac{4}{\sqrt{2}}$	$\dfrac{4}{\sqrt{2}}$
鉛直スターラップの応力度 σ_{urd}	式(6・15)	$\sigma_{urd} = \dfrac{A_w z}{s} + \dfrac{A_b z(\cos\theta_b + \sin\theta_b)^3}{s_b} \times \dfrac{V_{rd}}{V_{pd} + V_{rd} + V_{cd}}$	$= \dfrac{(150 - 31.85) \times 10^3}{\dfrac{253 \times 348}{200} + \dfrac{506.7 \times 348 \times 4}{400 \times \sqrt{2}}} \times \dfrac{100 \times 10^3}{(150 + 63.7) \times 10^3}$ $= 32.77$	32.77 N/mm²
σ_{upd}	式(6・16)	$\sigma_{upd} = \dfrac{V_{pd} + V_{rd} - h_r V_{cd}}{\dfrac{A_w z}{s} + \dfrac{A_b z(\cos\theta_b + \sin\theta_b)^3}{s_b}} \times \dfrac{V_{pd} + V_{cd}}{V_{pd} + V_{rd} + V_{cd}}$	$= \dfrac{(150 - 31.85) \times 10^3}{\dfrac{253 \times 348}{200} + \dfrac{506.7 \times 348 \times 4}{400 \times \sqrt{2}}} \times \dfrac{(50 + 63.7) \times 10^3}{(150 + 63.7) \times 10^3}$ $= 37.26$	37.26 N/mm²
折曲鉄筋の応力度 σ_{brd}	式(6・17)	$\sigma_{brd} = \dfrac{V_{pd} + V_{rd} - h_r V_{cd}}{\dfrac{A_w z(\cos\theta_b + \sin\theta_b)^2}{s} + \dfrac{A_b z(\cos\theta_b + \sin\theta_b)}{s_b}} \times \dfrac{V_{rd}}{V_{pd} + V_{rd} + V_{cd}}$	$= \dfrac{(150 - 31.85) \times 10^3}{\dfrac{253 \times 348}{200 \times 2} + \dfrac{506.7 \times 348 \times 2}{400 \times \sqrt{2}}} \times \dfrac{100 \times 10^3}{(150 + 63.7) \times 10^3}$ $= 65.54$	66.54 N/mm²

9 折曲鉄筋もあると？

σ_{bpd}	式(6·18)	$\sigma_{bpd} = \dfrac{\dfrac{V_{pd}+V_{rd}-k_r V_{cd}}{A_w z} + \dfrac{A_b z(\cos\theta_b+\sin\theta_b)}{s_b}}{s(\cos\theta_b+\sin\theta_b)^2} \times \dfrac{V_{pd}+V_{rd}+V_{cd}}{V_{pd}+V_{rd}+V_{cd}}$ = $\dfrac{(150-31.85)\times 10^3}{\dfrac{253\times 348}{200\times 2} + \dfrac{506.7\times 348\times 2}{400\times\sqrt{2}}} \times \dfrac{(50+63.7)\times 10^3}{(150+63.7)\times 10^3}$ = 74.52	74.52 N/mm²
γ_b	表4·1より		1.1
a_w	式(1·7)より	$a_w = k_{0f}(0.81-0.003\,\phi_w)$ = $1.0\times(0.81-0.003\times 12.7) = 0.772$	0.772
$a_b{}^*$	式(1·7)より	$a_b{}^* = k_{0f}(0.81-0.003\,\phi_b)$ = $1.0\times(0.81-0.003\times 25.4) = 0.734$	0.734
$N(=N_d)$	No.6の題意より		10^6 回
k	表6·5より		0.12
σ_{usd}	上の結果より	$\sigma_{usd} = \sigma_{upd}$ = 37.26	37.26 N/mm²
σ_{bsd}		$\sigma_{bsd} = \sigma_{bpd}$ = 74.52	74.52 N/mm²
f_{ud}	表1·3より f_{uk} は鉄筋母材の50%とすると式(1·7)より 490 N/mm²	$f_{ud} = \dfrac{f_{uk}}{\gamma_s} = \dfrac{490}{1.05} = 466.7$	466.7 N/mm²
鉛直スターラップ疲労強度 f_{wrd}		$f_{wrd} = 190\times \dfrac{10^{a_w}}{N^k}\times\left(1-\dfrac{\sigma_{usd}}{f_{ud}}\right)/\gamma_s\times 0.5$ = $190\times\dfrac{10^{0.772}}{(10^6)^{0.12}}\times\left(1-\dfrac{37.26}{466.7}\right)/1.05\times 0.5$ = 93.8	93.8 N/mm²
折曲鉄筋の疲労強度 f_{brd}	式(1·7)より	$f_{brd} = 190\times\dfrac{10^{a_b{}^*}}{N^k}\times\left(1-\dfrac{\sigma_{bsd}}{f_{ud}}\right)/\gamma_s\times 0.5$ = $190\times\dfrac{10^{0.734}}{(10^6)^{0.12}}\times\left(1-\dfrac{74.52}{466.7}\right)/1.05\times 0.5$ = 78.5	78.5 N/mm²

鉛直スターラップ：$(\gamma_i \sigma_{urd})/(f_{wrd}/\gamma_b) = 1.1\times 32.77/(93.8/1.1) = 0.42 < 1.0$　よって**安全**である（十分余裕あり）．
折曲鉄筋　　　　：$(\gamma_i \sigma_{brd})/(f_{brd}/\gamma_b) = 1.1\times 65.54/(78.5/1.1) = 1.01 < 1.0$　よって**危険**である．
　　　　　　　　　危険側に出た場合は，鉄筋断面積を大きくしたり，本数を増やすような処置をすればよい．

* この欄に出てくる θ_b は 45°でなく，式(1·7)に用いる係数を表す．
 $\begin{cases} a_w：鉛直スターラップの係数 \\ a_b：折曲鉄筋の係数 \end{cases}$

6章のまとめ問題

【問題1】 疲労破壊（限界状態）に対する構造物の安全性を検討する前に知る必要のあるものを四つ挙げよ．

【問題2】 疲労破壊（限界状態）に対する構造物の安全性の照査方法を二つ述べよ．

【問題3】 【問題2】の各々の対象物は，どのような構造物か．

【問題4】 【問題2】の各々の照査方法は，何を固定して考えていく方法か．

【問題5】 構造物が受ける不規則な変動作用を，独立した作用の繰返しに変換するのに用いる方法を二つ挙げよ．

【問題6】 【問題4】で挙げた二つは，それぞれどのような構造物の荷重評価に用いるものか．

7章 使用性に関する検討

　使用性（外観や車両走行の快適性など）の限界状態とは，構造物または部材が，主としてひび割れ幅，応力度，変位，変形，振動などが過大になって正常な状態を保てなくなり，使用できなくなる限界の状態をいいます．使用性に関する照査に用いる作用係数と設計作用の組合せを表 7·1 に示します．
　使用性の限界状態については，一般には，**外観（ひび割れ幅，応力度）**，車両走行**の快適性（変位，変形）**，**騒音・振動（騒音，振動レベル）**などに対して検討を行いますが，本章では，応力度，ひび割れ幅と変位・変形の照査指標について説明します．
① **ひび割れ幅について**
　　鉄筋コンクリート構造では，本来ひび割れの発生を許していますが，過大なひび割れが生じると構造物の美観を損なったり，鉄筋の腐食の原因になって耐久性に問題が生じたりします．コンクリートのひび割れの主な原因は**曲げモーメント**によるものです．ひび割れ幅による照査指標の検討は，計算によって求められたひび割れ幅 w が，環境条件に応じた許容ひび割れ幅 w_a 以下であることを確かめます．
② **変位・変形について**
　　変位・変形の代表的なものとして，**はりのたわみ**があります．たわみが過大になると，たとえば鉄道橋などでは，列車の安全な走行ができなくなります．このような照査指標について検討します．

表 7·1　使用性に関する照査に用いる作用係数と設計作用の組合せ（「土コ示」）

要求性能	限界状態	作用の種類	作用係数	考慮すべき組合せ
使用性	外観	ひび割れ幅，応力度	1.0	永続作用＋変動作用
	騒音・振動	騒音・振動レベル		
	車両走行の快適性等	変位・変形		
	水密性	構造体の透水量		
		ひび割れ幅		
	損傷（機能維持）	力・変形等		

7-1 曲げ応力度の計算

1 使用性に対する曲げ応力度

曲げ応力度の計算上の仮定

使用性や安全性に関する限界状態の検討では，鉄筋コンクリート部材の曲げ応力度を知る必要があります．使用性に関する外観の限界状態における鉄筋コンクリートは，弾性体の範囲であるとして弾性理論に基づいて計算します．この点においては，許容応力度設計法のときの曲げ応力度の計算と同じ考えになります．その限界状態での計算上の仮定は，以下のようになります．

① 維ひずみは，部材断面の中立軸からの距離に比例します（図3・5［仮定①］に同じ）．
② コンクリートおよび鉄筋は，一般に弾性体とします．
③ コンクリートの引張応力は，一般に無視します．
④ コンクリートおよび鉄筋のヤング係数は，表7・2を用います．

鉄筋➡図1・5(b)の弾性領域のヤング係数で，$E_s = 200\ \text{kN/mm}^2$ を用います．
コンクリート➡許容応力度設計では鉄筋とコンクリートのヤング係数比は，すべて $n = 15$ としたのに対して，外観の限界状態では，設計基準強度 f'_{ck} の値によってコンクリートのヤング係数は表1・4の値を用います．したがって，ヤング係数比（$n = E_s/E_c$）の値は，表7・2に示す値になります．

表7・2　ヤング係数比 n（「土コ示」）

f'_{ck} [N/mm²]	18	24	30	40	50	60	70	80
普通コンクリート	9.09	8.00	7.14	6.45	6.06	5.71	5.41	5.26

曲げ応力度の計算

以上の仮定から，「許容応力度設計法」のときの応力度の計算と異なる点は，**ヤング係数比 n の値**だけです．つまり，「許容応力度設計法」の応力の計算式の n に，表7・2の n を用いればよいのです．そして使用性に関する応力度の制限は，次の値が適当とされています．

1 使用性に対する曲げ応力度

① コンクリートの曲げ圧縮応力度および軸方向圧縮応力度の制限値（一般永久作用時）：$0.4 f'_{ck}$（f'_{ck}：コンクリートの圧縮強度の特性値）

② 鉄筋の引張応力度の制限値：f_{yk}（f_{yk}：鉄筋の降伏強度の特性値）

No.1 外観の限界状態における曲げ応力度の計算

図7・1の単鉄筋長方形ばりが$M=160\ \text{kN·m}$の曲げモーメントを受けるとき，曲げ応力度を求めよ。ただし，$f'_{ck}=24\ \text{N/mm}^2, f_{yk}=345\ \text{N/mm}^2$とする。

【解答】$A_s = 8\text{-D}\ 16 = 1589\ \text{mm}^2$，また表7・2より，$n=8.00$

$$p = \frac{A_s}{bd} = \frac{1589}{400 \times 800} = 0.0050$$

式(3・2)から

$$k = \sqrt{2np + (np)^2} - np$$
$$= \sqrt{2 \times 8.00 \times 0.0050 + (8.00 \times 0.0050)^2} - 8.00 \times 0.0050 = 0.246$$

式(3・7)から

$$j = 1 - \frac{k}{3} = 1 - \frac{0.246}{3} = 0.918$$

式(3・8)および式(3・9)から

$$\sigma_s = \frac{M}{A_s jd} = \frac{160\,000\,000}{1589 \times 0.918 \times 800}$$
$$= 137.1\ \text{N/mm}^2 < f_{yk}\ (=345\ \text{N/mm}^2)$$

$$\sigma'_c = \frac{2M}{kbjd^2} = \frac{2 \times 160\,000\,000}{0.246 \times 400 \times 0.918 \times 800^2}$$
$$= 5.5\ \text{N/mm}^2 < 0.4 f'_{ck}\ (=0.4 \times 24 = 9.6\ \text{N/mm}^2)$$

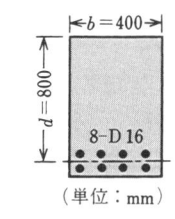

図7・1

No.2 外観の限界状態における曲げ応力度の計算

図7・2の単鉄筋T形ばりが$M=240\ \text{kN·m}$の曲げモーメントを受けるとき，曲げ応力度を求めよ。ただし，$f'_{ck}=24\ \text{N/mm}^2, f_{yk}=345\ \text{N/mm}^2$とする。

【解答】最初に中立軸の位置を求め，T形ばりとして計算してよいかどうかを検討する。$A_s = 6\text{-D}\ 25 = 3040\ \text{mm}^2$，また表7・2から$n=8.00$

$$p = \frac{A_s}{bd} = \frac{3040}{1600 \times 800} = 0.0024$$

式(3・5)から

$$k = \frac{np + (1/2)(t/d)^2}{np + (t/d)}$$
$$= \frac{8.00 \times 0.0024 + (1/2) \times (160/800)^2}{8.00 \times 0.0024 + (160/800)} = 0.179$$

図7・2

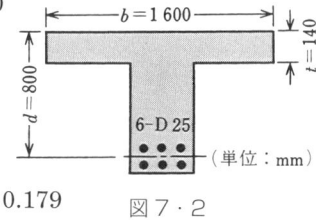

よって，中立軸の位置 $x = kd = 0.179 \times 800 = 143\ \text{mm} > t\ (=140\ \text{mm})$ → 中立軸が腹部内にあるので，T形ばりとして計算する。式(3・10)からjを求めると，$j = 0.938$になる（計算省略）．次に，式(3・11)，(3・12)から

$$\sigma_s = \frac{M}{A_s jd} = \frac{240\,000\,000}{3040 \times 0.938 \times 800} = 105.2\ \text{N/mm}^2 < f_{yk}\ (=345\ \text{N/mm}^2)$$

$$\sigma'_c = \frac{k}{n(1-k)}\sigma_s = \frac{0.179}{8.00(1-0.179)} \times 105.2$$
$$= 2.9\ \text{N/mm}^2 < 0.4 f'_{ck}\ (=9.6\ \text{N/mm}^2)$$

7-2 外観（限界状態）と曲げひび割れ幅

2 ひび割れにご用心

曲げひび割れは発生する

曲げを受ける鉄筋コンクリートの部材の設計では、引張側のコンクリートは**引張応力には抵抗できない**という仮定に基づいています。実際に、引張鉄筋は、それに生じる引張応力によって「**伸び**」が生じます。ところがコンクリートはこの伸びについていけず、曲げひび割れを生じるのです。したがって、引張側にひび割れが発生することはむしろ当然のことなのです。

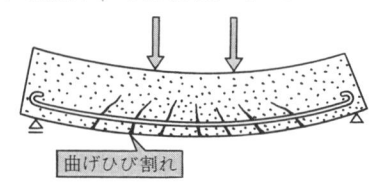

図7・3　はりの曲げひび割れ

なぜ曲げひび割れが問題なのか？

曲げひび割れの発生で問題になるのは、**曲げひび割れ幅**です。曲げひび割れ幅が小さく浅い場合は部材の破壊につながることはありませんが、ある程度以上の曲げひび割れは鉄筋の腐食の発生により耐久性を低下させたり、水密性を失ったり、美観を損なったりします。したがって、外観（限界状態）における曲げひび割れの検討は重要なのです。

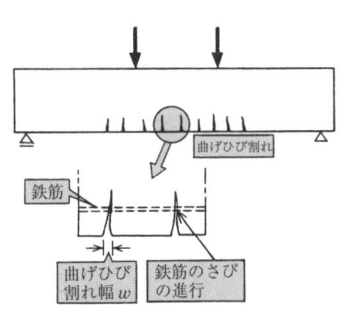

図7・4　曲げひび割れ幅の検討

曲げひび割れの発生メカニズム

鉄筋コンクリートばりが曲げモーメントを受けると、引張側のコンクリートに曲げひび割れが発生しはじめます。曲げひび割れ発生のメカニズムは、①初期の段階では、曲げ引張によって曲げひび割れが生じはじめます。②曲げひび割れの数が増えるにしたがって、曲げによる影響は小さくなり、③やがて新たな曲げひび割れの発生はなくなり、すでに発生している曲げひび割れの幅だけが増加する、曲げ

2 ひび割れにご用心

ひび割れの**定常状態**に達します．

曲げひび割れ幅の計算

このような曲げひび割れ発生のメカニズムは，図7・5(b)に示すような，1本の鉄筋が断面の中心に埋め込まれた両引供試体によって，モデル的に考えることができます．両引供試体の鉄筋に作用させた引張力を増加させていくと，やがて曲げひび割れが生じはじめ，ついには曲げひび割れの定常状態に達します．

定常状態に達した曲げひび割れ幅 w の大きさは次式で示されます．

$$w = l_c(\varepsilon_{sm} + \varepsilon'_{cs}) \quad (7・1)$$

ここに，l_c：曲げひび割れ間隔
ε_{sm}：鉄筋の平均ひずみ度
ε'_{cs}：コンクリートの平均収縮ひずみ度

右辺第1項の $l_c\varepsilon_{sm}$ は，曲げひび割れ間隔 l_c の，鉄筋の平均ひずみによる伸び，第2項の $l_c\varepsilon'_{cs}$ は，コンクリートの乾燥収縮による曲げひび割れ幅への影響を示しています（図7・6参照）．

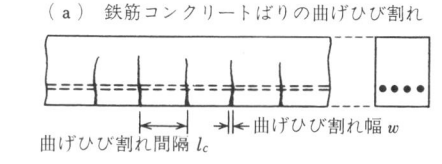

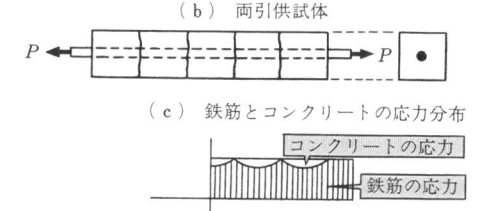

図7・5 鉄筋コンクリート部材のひび割れ

また，「土コ示」では，異形鉄筋を用いた場合の最大曲げひび割れ間隔を

$$l_c = 4c + 0.7(c_s - \phi) \quad (7・2)$$

ここに，c：かぶり〔mm〕
c_s：鉄筋の中心間隔〔mm〕
ϕ：鉄筋の径〔mm〕

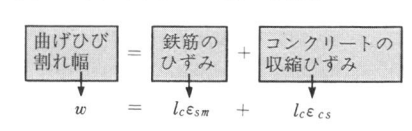

図7・6 曲げひび割れ幅

とし，普通丸鋼の場合は，この1.5倍としています．これは，異形鉄筋のほうが付着応力が大きいため，コンクリートへの伝達が大きく，曲げひび割れ間隔が短くなるためです．

なお，鉄筋のヤング係数を E_s，鉄筋に働く引張応力を σ_s とすると，$\varepsilon_{sm} = \sigma_s/E_s$ となるので，式(7・1)は，次式のようになります．

$$w = l_c(\varepsilon_{sm} + \varepsilon'_{cs}) = l_c(\sigma_s/E_s + \varepsilon'_{cs}) \quad (7・3)$$

ただし，耐久性における曲げひび割れ幅の検討については8章参照のこと．

7-3 曲げひび割れ幅の検討

3 曲げひび割れの検討

曲げひび割れ幅 w の計算式

「土コ示」では，曲げひび割れ幅 w を求める計算式を以下のように示しています．

$$w = 1.1\, k_1 k_2 k_3 \{4\,c + 0.7(c_s - \phi)\}\left(\frac{\sigma_{se}}{E_s} + \varepsilon'_{csd}\right) \tag{7・4}$$

k_1	鋼材の表面形状の影響を表す係数． 一般に，異形鉄筋は 1.0，普通丸鋼・PC 鋼材は 1.3 としてよい．
k_2	コンクリートの品質が曲げひび割れ幅に及ぼす影響を表す係数 $$k_2 = \frac{15}{f'_c + 20} + 0.7 \tag{7・5}$$ ここで，f'_c：コンクリート圧縮強度で，一般に設計圧縮強度 f'_{cd} を用いてよい．
k_3	引張鉄筋の段数の影響を表す係数 $$k_3 = \frac{5(n+2)}{7n+8} \tag{7・6}$$ ここで，n：引張鉄筋の段数．
c	かぶり〔mm〕
c_s	鉄筋の中心間隔〔mm〕
ϕ	鉄筋の径〔mm〕
σ_{se}	鋼材位置のコンクリートの応力度が 0 の状態からの鉄筋応力度の増加量〔N/mm²〕
E_s	鉄筋のヤング係数〔N/mm²〕
ε'_{csd}	コンクリートの収縮およびクリープなどによる曲げひび割れ幅の増加を考慮するための数値．環境条件に応じて $100 \times 10^{-6} \sim 450 \times 10^{-6}$ を用いる．

上式で求めた曲げひび割れ幅 w が，次に示す許容曲げひび割れ幅 w_a 以下であることを確かめればよいのです．

3 曲げひび割れの検討

ひび割れ幅の設計限界値

一般的な鉄筋コンクリート構造，PRC 構造の桁の場合，外観に対するひび割れ幅の設計限界値は 0.3 mm 程度でよいです．ただし，耐久性の照査では，鋼材腐食に対するひび割れ幅の設計限界値は $0.005\,c$（c：かぶり）とし，0.5 mm を上限としています．

外観に対するせん断ひび割れおよびねじりひび割れの照査を，鉄筋応力度により行う場合の永続作用による鉄筋応力度の限界値は表 7·3 としてよいです．

表 7·3 外観に対するせん断ひび割れおよびねじりひび割れの照査を鉄筋応力度により行う場合の永続作用による鉄筋応力度の設計限界値〔N/mm²〕（「土コホ」）

常時乾燥環境 （雨水の影響を受けない桁下面等）	乾湿繰返し環境 （桁上部，海岸や川の水面に近く湿度が高い環境等）	常時湿潤環境 （土中部材等）
140	120	100

注） 上表は，ひび割れ幅の検討を省略できる部材における永続作用による鉄筋応力度の制限値 S_{sl1}〔N/mm²〕でもある．

No.3 曲げひび割れ幅に対する検討

図 7·7 において，鉄筋の応力度として $\sigma_s = 130\,\text{N/mm}^2$ が得られている．このとき，外観（曲げひび割れ幅）に対する使用性を検討せよ．ただし，$w_a = 0.3\,\text{mm}$，$\varepsilon'_{csd} = 150 \times 10^{-6}$，$k_1 = 1.00$，$k_2 = 1.04$，$k_3 = 1.00$ とする．

【解答】 $\varepsilon'_{csd} = 150 \times 10^{-6}$，$k_1 = 1$ とする．

かぶり：$c = h - d - \phi/2 = 260 - 210 - 32/2$
　　　　$= 34\,\text{mm}$
曲げひび割れ間隔：$l_c = 4c + 0.7\,(c_s - \phi)$
　　　　　　　　　$= 4 \times 34 + 0.7 \times (100 - 32)$
　　　　　　　　　$= 183.6\,\text{mm}$
曲げひび割れ幅：$w = 1.1\,k_1 k_2 k_3 \{4\,c + 0.7(c_s + \phi)\}(\sigma_{se}/E_s + \varepsilon'_{csd})$
　　　　　　　　$= 1.1 \times 1.00 \times 1.04 \times 1.00 \times 183.6 \times (130/200\,000 + 150 \times 10^{-6})$
　　　　　　　　$= 0.17\,\text{mm}$

よって，$w(= 0.17\,\text{mm}) < w_a(= 0.3\,\text{mm})$ であるから，曲げひび割れ幅に対しては**安全**である．

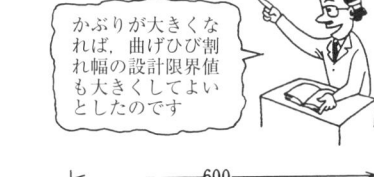

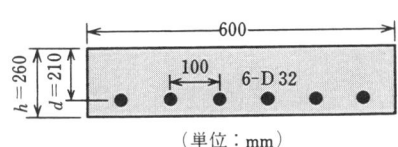

かぶりが大きくなれば，曲げひび割れの設計限界値も大きくしてよいとしたのです

図 7·7（単位：mm）

7-4 変位・変形の検討

4 許容変形量より小さく

変位・変形の検討

使用性の限界状態の一つに「車両走行の快適性等」があり、**変位・変形の検討**をする必要があります．これは，構造物全体，または部材の変位・変形が構造物の機能・使用性・耐久性・美観を損なわないことを検討します．ここでは，変位・変形の検討のうち，代表的なものとして，コンクリート部材の**はりのたわみ（変形）**を例に述べていきます．

短期変形と長期変形

たわみ（変形）は，**短期**のものと**長期**のものとに区別して考えます．その意味は表7・5のようになります．

表7・4 短期変形と長期変形

短期変形	載荷時に瞬時に生じる変形量． ・ひび割れが生じていない場合）：全断面有効として弾性理論を用いて算定する． ・ひび割れが生じている場合：ひび割れによる剛性低下を考慮して算定する．
長期変形	死荷重・プレストレス力・コンクリートの収縮およびクリープによる影響など，持続的な荷重によって生じる変形量． ・詳細な検討を行う場合：コンクリートの収縮やクリープ等の影響を適切に考慮できる解析手法を用いて算定する． ・比較的簡易に検討を行う場合：適切な収縮予測式を用いて算定する．

短期変形量の計算

曲げによるたわみ量は，弾性理論を用いて計算してよいとされています．たとえば図7・8は弾性理論から導かれたたわみの計算式です．この式からもわかるように，たわみ量は，EIの大きさに支配されます．コンクリートばりの場合は，これを$E_c I_e$と書き，E_cはコンクリートの**ヤング係数**，I_eを**換算断面二次モーメント**と呼びます．短期変形（たわみ）の計算では，コンクリート部材のひび割れが発生するかしないかで，I_eのとり方が変わってきます．

長形変形量の計算（簡易的方法）

標準的な構造形態を有する静定および不静定構造物の施工時から供用開始以後の長期の変位・変形は，次式によって比較的精度よく算定することができます．

4 許容変形量より小さく

荷重状態	たわみの一般式	最大たわみ量
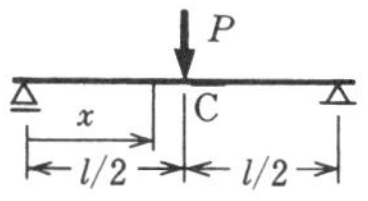 (中央集中荷重 P, スパン l)	$\delta_x = \dfrac{Pl^3}{16EI} \cdot \dfrac{x}{l} - \dfrac{4}{3} \cdot \dfrac{x^3}{l^3}$ ……① ただし, $x \leq \dfrac{l}{2}$	$\delta_c = \dfrac{Pl^3}{48EI}$ ……②
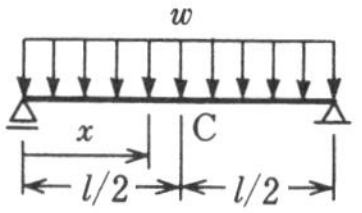 (等分布荷重 w)	$\delta_x = \dfrac{wx}{24EI}(l^3 - 2lx^2 + x^3)$ ……③	$\delta_c = \dfrac{5wl^4}{384EI}$ ……④
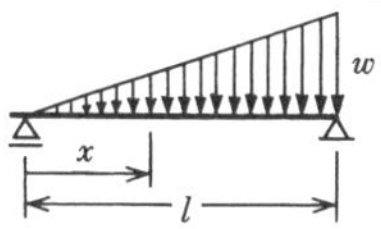 (三角形分布荷重 w)	$\delta_x = \dfrac{wl^4}{360EI}\left(7\dfrac{x}{l} - 10\dfrac{x^3}{l^3} + 3\dfrac{x^5}{l^5}\right)$ ……⑤	$\delta_{max} = 0.00652 \times \dfrac{wl^4}{EI}$ 位置は $x = 0.519\,l$ ……⑥

たわみの計算は,公式を用いるほかに
① モールの定理を用いる方法や
② 弾性方程式
$$\dfrac{d^2y}{dx^2} = \dfrac{M_x}{E_c I_e}$$
の右辺を2階積分することによっても求められます

図7・8 単純ばりのたわみの計算式例

表7・5 短期変形の計算に用いる換算断面二次モーメント

短期変形の場合の I_e	ひび割れを生じない場合	全断面有効とした換算断面二次モーメント I_g を用いる. $I_e = I_g$
	ひび割れを生じる場合	$I_e = \left(\dfrac{M_{crd}}{M_{d\max}}\right)^3 I_g + \left[1 - \left(\dfrac{M_{crd}}{M_{d\max}}\right)^3\right] I_{cr} \leq I_g$ (7・7) ここに, I_e：換算断面二次モーメント M_{crd}：断面にひび割れが発生する限界の曲げモーメントで, コンクリートの曲げ応力度が, 式(6・8)によるコンクリートの寸法効果を考慮した設計引張強度 f_{tde} となる曲げモーメント $\qquad f_{tde} = k_1 f_{tk}/\gamma_c$ (7・8) $\qquad$ ここに, $k_1 = 0.6/(k^{1/3})$ $\qquad\qquad h$：部材の高さ〔m〕 $\qquad\qquad f_{tk}$：コンクリートの引張強度の特性値 $\qquad\qquad \gamma_c = 1.0$ $\qquad$ ただし, k は断面形状による係数で, $0.4 \leq k_1 \leq 1.0$ とする $M_{d\max}$：変形量計算時の設計曲げモーメントの最大値 I_g：全断面の断面二次モーメント I_{cr}：引張応力を受けるコンクリートを除いた断面二次モーメント

$$\delta_t = \delta_L \phi_t + \delta_{SH} \tag{7・9}$$

ここで, δ_t：長期変位（変形量）, δ_L：外力による変位,

ϕ_x：長期変位算定に用いるクリープ係数, δ_{SH}：収縮による変位

許容変形量 構造物の種類, 使用目的, 作用の種類などにより変形量の限界値, つまり, **許容変形量**を定めます. 設計計算では, 短期および長期の変形量がそれぞれの**許容変形量以下**であることを確かめます.

7-5 たわみの計算（その1）

5 換算断面二次モーメントを求めよう

換算断面二次モーメント I_e の計算

短期変形におけるたわみの計算では，換算断面二次モーメント I_e の値を求める必要があります．この I_e を求めるためには，式(7・7)の I_g および I_{cr} を求めなければなりません．そこで，この計算について以下に述べます．

換算断面二次モーメント I_g （全断面有効としたとき）

たとえば図 7・9 に示すような単鉄筋長方形断面について考えてみましょう．まず，鉄筋の断面積 A_s をこれと同等の強さを持つコンクリートの断面積に換算します．このような断面積を**換算等価断面積**といいます．鉄筋とコンクリートのひずみ度 ε が等しいときのコンクリートの応力度は鉄筋の応力度の $1/n$ になるから（$\varepsilon = \sigma'_c/E_c = \sigma_s/E_s$，∴ $\sigma'_c = \sigma_s/n$），鉄筋の断面積をコンクリートの断面積に換算するには，その断面積を n **倍**すればよいことになります（図 7・9 の斜線部）．まず，図 7・9 において中立軸の位置 x を求めてみましょう．

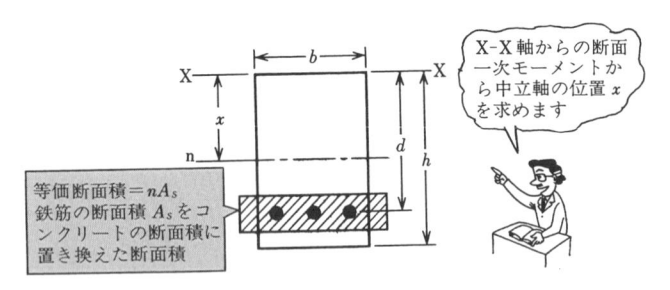

図 7・9 全断面有効と考えた断面の中立軸

X-X 軸からの断面一次モーメントを求めると

$$bh \times \frac{h}{2} + nA_s \times d = (bh + nA_s) \times x$$

5　換算断面二次モーメントを求めよう

$$\therefore \quad x = \frac{bh^2/2 + nA_s d}{bh + nA_s} \tag{7・10}$$

次に，中立軸（n–n）からの断面二次モーメント I_g を求めましょう．

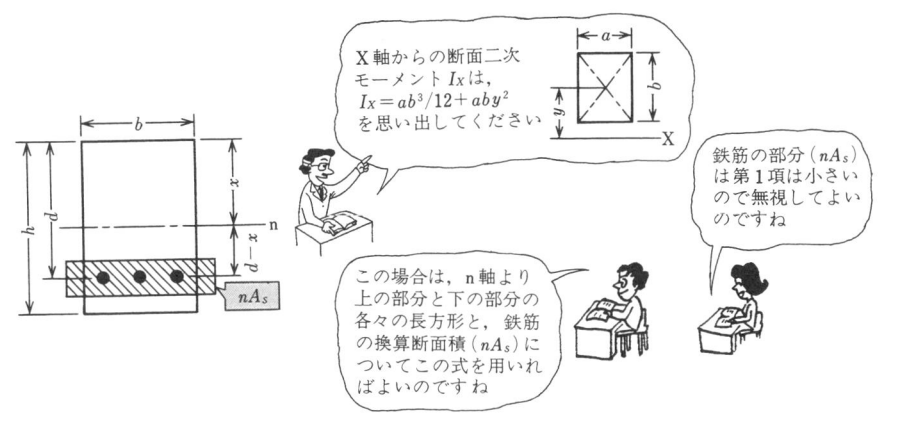

図7・10　全断面を有効としたときの換算断面二次モーメント

（吹き出し）X軸からの断面二次モーメント I_X は，$I_X = ab^3/12 + aby^2$ を思い出してください

（吹き出し）鉄筋の部分（nA_s）は第1項は小さいので無視してよいのですね

（吹き出し）この場合は，n軸より上の部分と下の部分の各々の長方形と，鉄筋の換算断面積（nA_s）についてこの式を用いればよいのですね

図7・10を参照して求めると，次のようになります．

$$I_g = \left\{\frac{bx^3}{12} + bx\left(\frac{x}{2}\right)^2\right\} + \left\{\frac{b(h-x)^3}{12} + b(h-x)\left(\frac{h-x}{2}\right)^2\right\} + nA_s(d-x)^2$$

$$= \frac{bx^3}{3} + \frac{b(h-x)^3}{3} + nA_s(d-x)^2 \tag{7・11}$$

換算断面二次モーメント I_{cr}（引張側のコンクリートを無視したとき）

引張側のコンクリートを無視した場合の断面の中立軸の位置 x は，図3・6に示した式によって求められます．式(3・2)を式(3・3)に代入して x を求める式をまとめて書くと，次のようになります．

$$x = \sqrt{2nA_s d/b + (nA_s/b)^2} - nA_s/b \tag{7・12}$$

次に，中立軸（n–n）からの断面二次モーメント I_{cr} は，式(7・11)において引張側コンクリート部分の断面二次モーメントに相当する右辺第2項を除いたものになります．つまり，以下のようになります．

$$I_{cr} = \frac{bx^3}{3} + nA_s(d-x)^2 \tag{7・13}$$

7-6 たわみの計算（その2）

6 たわみの計算をしよう

No.4　たわみの計算

図7·11に示す単鉄筋長方形ばりに，設計荷重（自重を含む）として，$w = 60 \text{ kN/m}$ の等分布荷重が作用したとき，支間中央のたわみを求めよ．ただし，コンクリートの設計基準強度 $f'_{ck} = 21 \text{ N/mm}^2$，材料係数 $\gamma_c = 1.30$ とする．

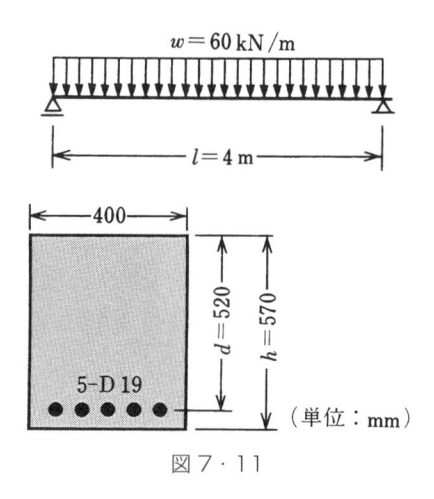

図7·11

【解答】

求める値	計　算
①計算に必要な諸値	[鉄筋量 A_s]　付表より，$A_s = 14.33 \text{ cm}^2 = 1\,433 \text{ mm}^2$ [ヤング係数比 n] 　$f'_{ck} = 21 \text{ N/mm}^2$ のとき，表7·2から比例配分によって，$n = 8.55$ [コンクリートの設計引張強度 f_{tde}] 　断面の寸法効果を考慮したコンクリートの設計引張強度 f_{tde} は，寸法効果の係数 k_1，コンクリートの引張強度の特性値 f_{tk}，材料係数 $\gamma_c = 1.0$ として式(7·8)より $k_1 = 0.6/0.57^{1/3} = 0.724$ $f_{tk} = 0.23 f'^{2/3}_{ck} = 0.23 \times 21^{2/3} = 1.75 \text{ N/mm}^2$ $f_{tde} = k_1 f_{tk}/\gamma_c = 0.724 \times 1.75/1.0 = 1.27 \text{ N/mm}^2$

6 たわみの計算をしよう

全断面有効としたとき	②中立軸の位置 x	式(7・10) より $x = \dfrac{bh^2/2 + nA_s d}{bh + nA_s}$ $= \dfrac{400 \times 570^2/2 + 8.55 \times 1\,433 \times 520}{400 \times 570 + 8.55 \times 1\,433} = 297.5$ mm
	③断面二次モーメント I_g	式(7・11) より $I_g = \dfrac{bx^3}{3} + \dfrac{b(h-x)^3}{3} + nA_s(d-x)^2$ $= \dfrac{400 \times 297.0^3}{3} + \dfrac{400 \times (570-297.0)^3}{3} + 8.55 \times 1\,433$ $\quad \times (520-297.0)^2$ $= 6.82 \times 10^9$ mm^4
引張側コンクリートを無視したとき	④中立側の位置 x	式(7・12) より $x = \sqrt{2\,nA_s d/b + (nA_s/b)^2} - nA_s/b$ $= \sqrt{2 \times 8.55 \times 1\,433 \times 520/400 + (8.55 \times 1\,433/400)^2} - 8.55$ $\quad \times 1\,433/400$ $= 150.5$ mm
	⑤断面二次モーメント I_{cr}	式(7・13) より $I_{cr} = \dfrac{bx^3}{3} + nA_s(d-x)^2$ $= \dfrac{400 \times 150.5^3}{3} + 8.55 \times 1\,433 \times (520-150.5)^2$ $= 2.13 \times 10^9$ mm^4
	⑥コンクリートの曲げ応力度が設計引張強度 f_{tde} となる曲げモーメント M_{crd}	$M_{crd} = \dfrac{f_{tde} I_g}{h-x}$ $= \dfrac{1.27 \times 6.82 \times 10^9}{570 - 297.5}$ $= 3.18 \times 10^7$ N·mm
	⑦設計曲げモーメントの最大値 $M_{d\max}$	$M_{d\max} = \dfrac{wl^2}{8} = \dfrac{60 \times 4^2}{8} = 120$ kN·m $= 1.2 \times 10^8$ N·mm
	⑧変形量の計算に用いる換算断面二次モーメント I_e	式(7・7) より $I_e = \left(\dfrac{M_{crd}}{M_{d\max}}\right)^3 I_g + \left[1 - \left(\dfrac{M_{crd}}{M_{d\max}}\right)^3\right] I_{cr}$ $= \{3.18 \times 10^7/(1.2 \times 10^8)\}^3 \times 6.82 \times 10^9$ $\quad + \{1 - (3.18 \times 10^7/(1.2 \times 10^8))^3\} \times 2.13 \times 10^9$ $= 2.217 \times 10^9$ mm^4 $< I_g$ $(= 6.82 \times 10^9$ mm$^4)$
	⑨最大たわみ量 δ	図7・8に示したたわみの公式を用いる．また，表1・4から比例配分によって，$E_c = 2.35 \times 10^4$ N/mm^2 となる． $\delta = \dfrac{5}{384} \dfrac{wl^4}{E_c I_e}$ $= \dfrac{5 \times 60 \times 4\,000^4}{384 \times 2.35 \times 10^4 \times 2.217 \times 10^9}$ $= 3.8$ mm

7章のまとめ問題

【問題1】 次の問に答えよ．
(1) 使用性に関する限界状態とは，どのような状態をいうのか．
(2) (1)で述べた限界状態の照査指標にはどのようなものがあるか．
(3) 使用性に関する外観の限界状態の検討における曲げひび割れ幅 w の計算には，主として二つの影響を考慮している．それは何か．

【問題2】 図7・12のような擁壁の鉛直壁の断面 a-a の外観（曲げひび割れ幅）に対する使用性の検討をせよ．ただし，式（7・4）での $k_1=1.00$，$k_2=1.04$，$k_3=1.00$ とし，設計曲げモーメント M_e は永続作用（土圧）M_p を変動作用（上載荷重）M_r を考慮した値として，$M_e=M_p+0.5 M_r$ を用いるものとする．また，$f'_{ck}=21\,\mathrm{N/mm^2}$，$f_{yk}=345\,\mathrm{N/mm^2}$，$w_a=0.3\,\mathrm{mm}$ とし，土圧ならびに上載荷重による土圧分布は図に示すとおりである．

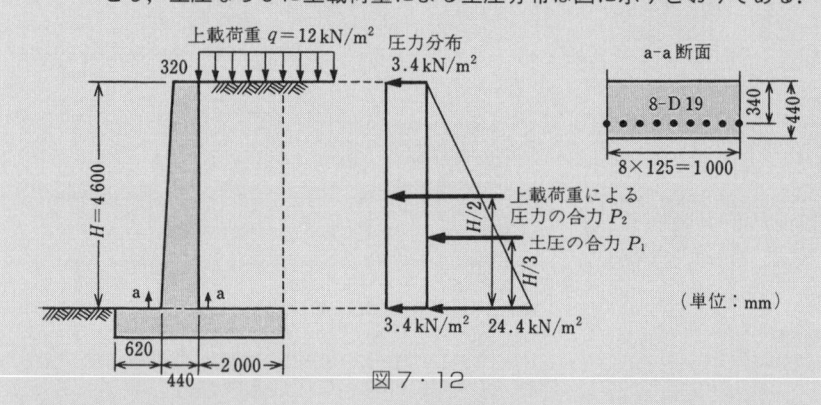

図7・12

【問題3】 図7・13の単純ばりに $P=250\,\mathrm{kN}$ が作用したとき，はりの短期たわみを求めよ．ただし，$f'_{ck}=30\,\mathrm{N/mm^2}$ とし，自重は無視する．

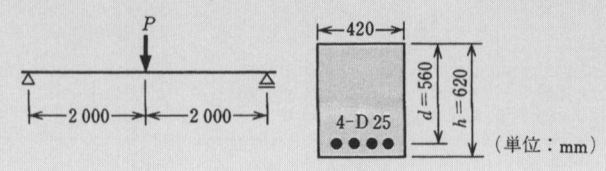

図7・13

8章 耐久性（環境作用）に関する検討

　コンクリート構造物が設計耐用期間にわたり所要の性能（耐久性）を確保するためには，環境作用による構造物中の材料の劣化や変状が設計耐用期間中に生じないようにするか，あるいは材料劣化が生じたとしても構造物の性能の低下を生じない軽微な範囲に留まるように設計する必要があります．

　コンクリート構造物が，この耐久性能を満足するかどうかを検討する際の，照査項目を表8・1に示します．

　本章では，コンクリート構造物の耐久性に関する照査項目のうち，かぶりコンクリート部のひび割れ〜浮き〜剥離〜鉄筋露出などにより部材の断面減少へとつながり，コンクリート構造物の耐久性にもっとも影響を与える**鋼材腐食に対する照査方法**について説明します．

　具体的には，次の3項目について照査を行います．
　　(1) **コンクリート表面のひび割れ幅**が，鋼材腐食に対するひび割れ幅の限界値以下であること．
　　(2) **中性化深さ**が，設計耐用期間中に鋼材腐食発生限界深さに達しないこと．
　　(3) **鋼材位置における塩化物イオン濃度**が，設計耐用期間中に鋼材腐食発生限界濃度に達しないこと．

　なお，(2)(3)の照査は，(1)を確認した上で行うものとする．

表8・1　耐久性に関する照査項目

照査の対象	照査項目
1. 鋼材腐食に対する照査	①ひび割れ幅
	②中性化
	③塩害
2. コンクリートの劣化に対する照査	①凍害
	②化学的侵食

8-1 ひび割れ幅に対する照査

1 ひび割れ幅が大きいと…

耐久性の低下

コンクリート構造物に発生するひび割れは，鋼材腐食による**耐久性の低下**，水密性・気密性などの機能の低下，および過大な変形，美観の低下などの原因となります．したがって，ひび割れ幅が原因となって，構造物が必要とされる性能を損わないことを，適切な方法により検討しなければなりません．

本節では，コンクリート中の鋼材腐食に対する抵抗性の観点からのひび割れの検討について述べます．

ひび割れ幅の限界値

コンクリート構造物の耐久性に最も影響を及ぼすものは，鋼材の腐食です．かぶりコンクリートに過大な幅のひび割れが存在すると，局所的な鋼材腐食が生じる場合があります．そこで，鋼材の腐食に対する**ひび割れ幅の限界値**を設け，ひび割れ幅がこの限界値を超えないことを前提として，中性化や塩害による鋼材腐食に対する照査を行います．「土コ示」(2012) では，ひび割れ幅に対する照査方法を以下のように示しています．

① **コンクリート表面におけるひび割れ幅**が，鋼材の腐食に対するひび割れ幅の限界値以下であることを確認する．

② **鋼材腐食に対するひび割れ幅の限界値**は，鉄筋コンクリートの場合，$0.005c$ （c：かぶり）としてよい．ただし，0.5 mm を上限とする．

③ **鉄筋コンクリート部材**は，永続作用による鋼材応力度が**鋼材応力度の制限値**（表 7・3 注記参照）を満足することにより，ひび割れ幅の検討を満足するとしてよい．

一般的な環境下における構造物のかぶり

コンクリート構造物は，中性化・塩害・凍害・化学的侵食などの想定される各種の劣化現象について照査を行います．しかしながら，塩害が著しくない一般的な環境

1 ひび割れ幅が大きいと…

下に建設されるコンクリート構造物の場合は，表8・2に示された範囲内の**水セメント比**と**かぶり**を選定し，かつ前頁に示されたひび割れ幅の限界値を満足すれば，鉄筋がさびるのを防ぐことができるため，本章の耐久性照査（鋼材応力度によるひび割れ幅・中性化・塩害に対する照査）を省略することができます。

なお，「一般的な環境下」とは，飛来塩分などによる塩害，凍害，化学的侵食のおそれのない環境のことを表しています。

表8・2 耐久性を満足する構造物の最小かぶりと最大水セメント比（「土コ示」）

	W/C の最大値〔%〕	かぶり c の最小値〔mm〕	施工誤差 Δc_e〔mm〕
柱	50	45	15
はり	50	40	10
スラブ	50	35	5
橋脚	55	55	15

No.1 鋼材腐食に対するひび割れ幅の照査

図8・1に示す鉄筋コンクリート部材に発生する曲げひび割れ幅を求め，断面より定まる限界値と比較して照査せよ。

ただし，計算上の諸数値は以下とする。
$k_1 = 1.00$, $k_2 = 1.04$, $k_3 = 1.00$, $c_s = 125$ mm, $\sigma_{se} = 130$ N/mm^2,
$E_s = 2.0 \times 10^5$ N/mm^2, $\varepsilon'_{csd} = 150 \times 10^{-6}$

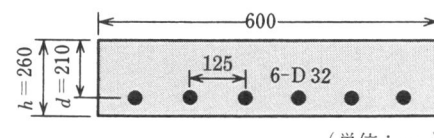

図8・1 （単位：mm）

【解答】

鋼材腐食に対するひび割れ幅の限界値
$$w_a = 0.005\,c = 0.005 \times 34 = 0.17 \text{ mm} \leq 0.5 \text{ mm}$$

ここに，かぶり：$c = h - d - \dfrac{\phi}{2} = 260 - 210 - \dfrac{32}{2} = 34$ mm

ひび割れ間隔：$l_c = 4\,c + 0.7(c_s - \phi) = 4 \times 34 + 0.7 \times (125 - 32) = 201.1$ mm

曲げひび割れ幅：$w = 1.1\,k_1 k_2 k_3 [4\,c + 0.7(c_s - \phi)]\left(\dfrac{\sigma_{se}}{E_s} + \varepsilon'_{csd}\right)$
$= 1.1 \times 1.00 \times 1.04 \times 1.00 \times 201.1 \times \left(\dfrac{130}{2.0} \times 10^5 + 150 \times 10^{-6}\right)$
$= 0.18$ mm $>$ 限界値 $w_a = 0.17$ mm　　（NG）

∴ これによりひび割れ幅の**限界値以上**であると確認された。
　当該断面においては，①鉄筋配置間隔を密にする，②主鉄筋径を大きくするなどの対策が必要となる。

8-2 中性化に対する照査

2 CO_2 が侵入すると…

照査の方法

中性化に伴う鋼材腐食に対する照査は，**中性化深さの設計値 y_d の鋼材腐食発生限界深さ $ylim$** に対する比に構造物係数 γ_i を乗じた値が，1.0 以下であることを確かめることにより行います．

具体的には，表 8·3 にまとめたとおりです．

表 8·3 中性化に対する照査

<table>
<tr><th colspan="2">耐久性の検討（計算式）</th><th>記号の説明</th></tr>
<tr><td rowspan="7">中性化に対する照査</td><td>$\gamma_i \cdot \dfrac{y_d}{ylim} \leq 1.0$ (8·1)</td><td>γ_i：構造物係数．一般に 1.0〜1.1
y_d：中性化深さの設計値 [mm]
$ylim$：鋼材腐食発生限界深さ [mm]</td></tr>
<tr><td>$y_d = \gamma_{cb} \cdot \alpha_d \cdot \sqrt{t}$ (8·2)</td><td>γ_{cb}：中性化深さの設計値 y_d のばらつきを考慮した安全係数．
    一般に 1.15</td></tr>
<tr><td>$\alpha_d = \alpha_k \cdot \beta_e \cdot \gamma_c$ (8·3)</td><td>α_d：中性化速度の設計値 [mm/√年]
t：中性化に対する耐用年数 [年]．一般に 100 年を上限
α_k：中性化速度係数の特性値 [mm/√年]
β_e：環境作用の程度を表す係数．
    一般に乾燥しやすい環境は 1.6，乾燥しにくい環境は 1.0
γ_c：コンクリートの材料係数．
    一般に 1.0，上面の部位に関しては 1.3</td></tr>
<tr><td>$\alpha_k = -3.57 + 9.0\,W/B$ (8·4)
$W/B = W/(C_p + k \cdot A_d)$ (8·5)</td><td>W/B：有効水結合材比
W：単位体積当たりの水の質量 [kg/m³]
B：単位体積当たりの有効結合材の質量 [kg/m³]
C_p：単位体積当たりのポルトランドセメントの質量 [kg/m³]
k：混和材の種類により定まる定数．
    フライアッシュの場合 $k=0$
    高炉スラグ微粉末の場合 $k=0.7$
A_d：単位体積当たりの混和材の質量 [kg/m³]</td></tr>
<tr><td>$ylim = c_d - c_k$ (8·6)
$c_d = c - \Delta c_e$ (8·7)</td><td>c_d：耐久性に関する照査に用いるかぶりの設計値 [mm]
c_k：中性化残り [mm]
    一般に通常環境下では 10 mm
    塩害環境下では 10〜25 mm
c：かぶり [mm]
Δc_e：施工誤差 [mm]
    一般に柱・橋脚 = 15 mm，はり = 10 mm，
    スラブ = 5 mm</td></tr>
</table>

2 CO_2 が侵入すると…

No.2 中性化に対する耐久性の照査

日射を比較的多く受けて乾燥しやすい南向きの海岸線（道路橋示方書の塩害対策区分・C 地域）に矩形柱張出式橋脚を建設する．この橋脚梁の側面かぶりを 60 mm とした場合の中性化に対する耐久性を，耐用年数 50 年と 100 年のそれぞれについて検討せよ．

ただし，使用するセメントは高炉セメント B 種（高炉スラグ混入量 45%，$k=0.7$），水セメント比（W/C）は 50% とし，計算上の諸数値は，$k=0.7$，$\beta_e=1.6$，$\gamma_{cb}=1.15$，$c_k=25$ mm，$\Delta c_e=10$ mm，$\gamma_i=1.0$ とする．

【解答】

	計算量	計算式および計算値
中性化深さの算出	有効水結合材比（W/B）	$W/C=0.5$ より，$C=W/0.5$ $C_p=(W/0.5)\times(1-0.45)$，$A_d=(W/0.5)\times 0.45$ 式(8・5)より， 　$W/B=W/[(W/0.5)\times 0.55+0.7\times(W/0.5)\times 0.45]$ 　　　$=0.578$
	中性化速度係数の特性値（α_k）	式(8・4)より， 　$\alpha_k=-3.57+9.0\times 0.578=1.63$〔mm/$\sqrt{年}$〕
	中性化速度係数の設計値（α_d）	式(8・3)より， 　$\alpha_d=\alpha_k\cdot\beta_e\cdot\gamma_c=1.63\times 1.6\times 1.0=2.61$〔mm/$\sqrt{年}$〕
	中性化深さの設計値（y_d）	式(8・2)より， 　$y_d(50\,年)=\gamma_{cb}\cdot\alpha_d\cdot\sqrt{t}=1.15\times 2.61\times\sqrt{50}=21.2$ mm 　$y_d(100\,年)=\gamma_{cb}\cdot\alpha_d\cdot\sqrt{t}=1.15\times 2.61\times\sqrt{100}=30.0$ mm
限界深さ	鋼材腐食発生限界深さ（$ylim$）	式(8・6)，(8・7)より， 　$ylim=c_d-c_k=(c-\Delta c_e)-c_k=(60-10)-25=25$ mm
判定		式(8・1)より， 　$\gamma_i\cdot\dfrac{y_d(50\,年)}{ylim}=1.0\times\dfrac{21.2}{25.0}=0.85<1.0$　（OK） 　$\gamma_i\cdot\dfrac{y_d(100\,年)}{ylim}=1.0\times\dfrac{30.0}{25.0}=1.20>1.0$　（NG）

（参考）中性化に伴う鋼材腐食に対して，所用の耐用年数を満足していない場合は，
　　　　①鉄筋かぶりを大きくする，②水セメント比を小さくするなどの対策が必要となります．

8-3 塩害に対する照査

3
Cl^- が侵入すると…

照査の方法

塩化物イオンの侵入に伴う鋼材腐食に対する照査は，**鋼材位置における塩化物イオン濃度の設計値 C_d の鋼材腐食発生限界値 $Clim$** に対する比に構造物係数 γ_i を乗じた値が，1.0 以下であることを確かめることにより行います．具体的には，表8・4 にまとめたとおりです．

表8・4 塩害に対する照査

	耐久性の検討（計算式）	記号の説明
塩害に対する照査	$\gamma_i \cdot \dfrac{C_d}{Clim} \leq 1.0$ （8・8）	γ_i：構造物係数．一般に 1.0〜1.1 C_d：鋼材位置における塩化物イオン濃度の設計値〔kg/m³〕 $Clim$：鋼材腐食発生限界濃度〔kg/m³〕 　（普通ポルトランドセメント） $Clim = -3.0(W/C) + 3.4$ （8・9） 　（高炉セメントB種） $Clim = -2.6(W/C) + 3.1$ （8・10）
	$C_d = \gamma_{cl} \cdot C_0 \left[1 - erf\left(\dfrac{0.1 \cdot c_d}{2 \cdot \sqrt{D_d \cdot t}} \right) \right] + C_i$ （8・11）	γ_{cl}：鋼材位置における塩化物イオン濃度の設計値 C_d のばらつきを考慮した安全係数．一般に 1.3 C_0：コンクリート表面における塩化物イオン濃度〔kg/m³〕 $erf(s)$：誤差関数．$erf(s) = 2/\sqrt{\pi} \cdot \int_0^s e^{-\eta^2} d\eta$
	$c_d = c - \Delta c_e$ （8・12）	C_i：初期塩化物イオン濃度〔kg/m³〕．一般に 0.30 kg/m³ c_d：耐久性に関する照査に用いるかぶりの設計値〔mm〕 c：かぶり〔mm〕 Δc_e：施工誤差〔mm〕．一般に柱・橋脚 = 15 mm, はり = 10 mm, スラブ = 5 mm
	$D_d = \gamma_c \cdot D_k + \lambda \cdot (w/l) \cdot D_0$ （8・13）	D_d：塩化物イオンに対する設計拡散係数〔cm²/年〕 γ_c：コンクリートの材料係数．一般に 1.0 　ただし，上面の部位に関しては 1.3 D_k：コンクリートの塩化物イオンに対する設計拡散の特性値〔cm²/年〕 　（普通ポルトランドセメント） $\log_{10} D_k = 3.0(W/C) - 1.8$ （8・14） 　（高炉セメントB種） $\log_{10} D_k = 3.2(W/C) - 2.4$ （8・15） λ：ひび割れの存在が拡散係数に及ぼす影響を表す係数．一般に 1.5 D_0：コンクリート中の塩化物イオンの移動に及ぼすひび割れの影響を表す定数〔cm²/年〕．一般に 400 cm²/年
	$w/l = [\sigma_{se}/E_s + \varepsilon'_{csd}]$ （8・16）	w/l：ひび割れ幅とひび割れ間隔の比 σ_{se}：鋼材位置のコンクリートの応力度が 0 の状態からの鉄筋応力度の増加量〔N/mm²〕 E_s：鉄筋のヤング係数（$= 2.0 \times 10^5$ N/mm²） ε'_{csd}：コンクリートの収縮およびクリープ等によるひび割れ幅の増加を考慮するための数値

3 Cl^- が侵入すると…

No.3 塩害に対する耐久性の照査

飛来塩分量が少ない地域（道路橋示方書の塩害対策区分・C 地域）の海岸線から 100 m 離れた位置に矩形柱張出式橋脚を建設する．この橋脚梁の上面と側面のかぶりをそれぞれ 100 mm，60 mm とした場合の塩害に対する耐久性を，耐用年数 100 年について検討せよ．

ただし，使用するセメントは高炉セメント B 種，水セメント比（W/C）は 50% とし，計算上の諸数値は，$\sigma_{se} = 120$ N/mm^2，$E_s = 2.0 \times 10^5$ N/mm^2，$\varepsilon'_{csd} = 150 \times 10^{-6}$，$\gamma_c =$ （側面）1.0，（上面）1.3，$\lambda = 1.5$，$D_0 = 400$ cm^2/年，$\Delta c_e = 10$ mm，$\gamma_{cl} = 1.3$，$C_0 = 2.5$ kg/m^3，$erf(0.556) = 0.568$，$erf(0.321) = 0.350$，$\gamma_i = 1.0$ とする．

【解答】

	計算量	計算式および計算値
鋼材位置における塩化物イオン濃度の算出	塩化物イオン拡散係数の特性値 D_k	式(8·15)，$W/C = 0.5$ より， $\log_{10} D_k = 3.2 \times 0.5 - 2.4 = -0.8 \Rightarrow D_k = 0.158$ 〔cm^2/年〕
	ひび割れ幅とひび割れ間隔の比 $\dfrac{w}{l}$	式(8·16) より， $\dfrac{w}{l} = \dfrac{120}{2.0 \times 10^5} + 150 \times 10^{-6} = 0.00075$
	塩化物イオンに対する設計拡散係数 D_d	式(8·13) より， ・はり上面 　$D_d = 1.3 \times 0.158 + 1.5 \times 0.00075 \times 400 = 0.655$ 〔cm^2/年〕 ・はり側面 　$D_d = 1.0 \times 0.158 + 1.5 \times 0.00075 \times 400 = 0.608$ 〔cm^2/年〕
	塩化物イオン濃度の設計値 C_d	式(8·12) より， ・はり上面 　$C_d = 100 - 10 = 90$ 〔mm〕 ・はり側面 　$C_d = 60 - 10 = 50$ 〔mm〕 式(8·11) より， ・はり上面 　$C_d = 1.3 \times 2.5 \times \left[1 - erf\left(\dfrac{0.1 \times 90}{2\sqrt{0.655 \times 100}}\right)\right] + 0.3$ 　$\quad = 1.3 \times 2.5 \times [1 - erf(0.556)] + 0.3 = 1.70$ 〔kg/m^3〕 ・はり側面 　$C_d = 1.3 \times 2.5 \times \left[1 - erf\left(\dfrac{0.1 \times 50}{2\sqrt{0.608 \times 100}}\right)\right] + 0.3$ 　$\quad = 1.3 \times 2.5 \times [1 - erf(0.321)] + 0.3 = 2.41$ 〔kg/m^3〕
限界濃度	鋼材腐食発生限界濃度 C_{lim}	式(8·10) より， $C_{lim} = -2.6 \times 0.5 + 3.1 = 1.8$ 〔kg/m^3〕
判定		式(8·8) より， ・はり上面 　$\gamma_i \cdot \dfrac{C_d}{C_{lim}} = 1.0 \times \dfrac{1.70}{1.80} = 0.94 < 1.0$　（OK） ・はり側面 　$\gamma_i \cdot \dfrac{C_d}{C_{lim}} = 1.0 \times \dfrac{2.41}{1.80} = 1.34 > 1.0$　（NG）

（参考）塩化物イオンの侵入に伴う鋼材腐食に対して，所用の耐用年数を満足していない場合は，①鉄筋かぶりを大きくする，②水セメント比を小さくするなどの対策が必要となります．

8章のまとめ問題

【問題1】 コンクリート構造物が長期にわたり所要の性能（耐久性）を確保するための方法（設計方針）を二つ述べよ．

【問題2】 鉄筋コンクリート構造物の耐久性の照査は，主要材料の何に着目して検討するのか，鉄筋とコンクリートそれぞれについて述べよ．

【問題3】 鋼材腐食に対する照査項目を三つ述べよ．

【問題4】 塩害が著しくはない一般的な環境下に建設されるコンクリート構造物において，耐久性を満足するために定められている二つの仕様を述べよ．

【問題5】 下の文章の空欄に適語を入れて文章を完成させよ．
　使用性に関する照査において，外観に対するひび割れ幅の限界値は ア です．
　耐久性に関する照査において，鋼材腐食に対するひび割れ幅の限界値は イ です．ただし， ウ を上限とします．
　鉄筋コンクリート部材は， エ による鋼材応力度が一定の制限値を満足する場合は曲げひび割れ幅の検討を省略できます．ただし， オ の影響が エ のそれと比べて大きいと考えられる場合には，ひび割れ幅の検討を行う必要があります．

9章

一般構造細目

　前章までは，鉄筋コンクリート構造物を設計する場合の許容応力度法と性能照査型設計法における構造計算の考え方について学んできました．
　ここでは，その構造物がその機能を十分に発揮するための，細部の構造や，施工上の配慮についての一般的な規定（構造細目）について説明します．
　鉄筋のかぶり，鉄筋のあき，鉄筋の曲げ形状，鉄筋の定着，鉄筋の継手の一般的な考え方を取り上げます．

9-1 かぶりと鉄筋のあき

1 骨格と皮下脂肪

かぶり

鉄筋の表面とコンクリートの表面との間隔を最短距離で計ったコンクリートの厚さを**かぶり**といいます（図9・1）．

鉄筋の役割から，なるべく鉄筋はコンクリートの表面近くに配置するのが理想的ですが，要求される耐久性・耐火性・構造物の重要度・施工誤差などを考慮してかぶりを決定しなくてはなりません．

かぶりの目的

かぶりは，鉄筋をコンクリートで包むことにより鉄筋に十分な**付着強度**を発揮させたり，コンクリートペーストの**アルカリ性**に保護され，鉄筋にさびが生じないようにするために必要な部分です．

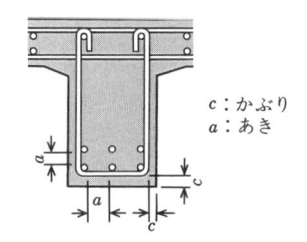

c：かぶり
a：あき

図9・1　鉄筋のあきとかぶり（「土コ示」）

最小かぶり

最小かぶりは，図9・2に示すように鉄筋の直径以上とし，一般的な環境下における耐久性を満足する構造物の最小かぶり（表9・1）のいずれか大きい値（耐火性を要求しない場合）に施工誤差を考慮した値とします．

c　　Δc_e　　c_d　いずれか大きい値

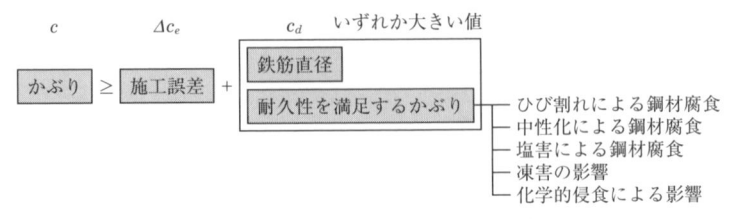

かぶり ≥ 施工誤差 + [鉄筋直径 / 耐久性を満足するかぶり]

- ひび割れによる鋼材腐食
- 中性化による鋼材腐食
- 塩害による鋼材腐食
- 凍害の影響
- 化学的侵食による影響

図9・2　かぶりの算定（耐火性を要求しない場合）（「土コ示」）

1　骨格と皮下脂肪

表9・1　耐久性を満足する構造物の最小かぶりと最大水セメント比（「土コ示」）

	W/C の最大値〔%〕	かぶり c の最小値〔mm〕	施工誤差 Δc_e〔mm〕
柱	50	45	15
はり	50	40	10
スラブ	50	35	5
橋脚	55	55	15

1) フーチングおよび構造物の重要な部材で，コンクリートが地中に直接打ち込まれる場合のかぶりは，**75 mm 以上**とする．
2) 水中で施工する鉄筋コンクリートで，水中不分離性コンクリートを用いない場合は，**100 mm 以上**とする．
3) 流水その他によるすり減りの恐れのある部分では，かぶりを割り増しすることができる．

鉄筋のあき　　配置された鉄筋のお互いの表面の上下左右の間隔を**鉄筋のあき**といいます（図9・1参照）．鉄筋のあきは，施工時のコンクリートの打ち込みやすさを考慮し，締固めが十分に行われ十分な付着力が得られるように適切な間隔としなければなりません．

①はりの場合：軸方向鉄筋の水平方向のあきは **20 mm 以上**，粗骨材の最大寸法の **4/3 倍以上**で鉄筋の直径以上とする．2段以上に軸方向鉄筋を配置する場合は，鉛直方向のあきは **20 mm** 以上，鉄筋の**直径以上**とする（図9・1）．

②柱の場合：軸方向鉄筋のあきは **40 mm 以上**，粗骨材の最大寸法の **4/3 倍以上**，鉄筋直径の **1.5 倍以上**とする．

③束ねる場合：32 mm 以下の異形鉄筋を用いる場合で，複雑な配筋により十分な締め固めが行えない場合は，はり，スラブ等の水平方向軸方向鉄筋は2本ずつ上下に束ね，柱，壁等の鉛直軸方向鉄筋は，2本または3本ずつを束ねて，配置してもよい（図9・3）．

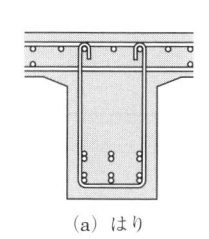

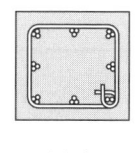

(a) はり　　　(b) 柱

図9・3　束ねて配置する鉄筋
（「土コ示」）

9-2 鉄筋の曲げ形状

2 曲がりカギ

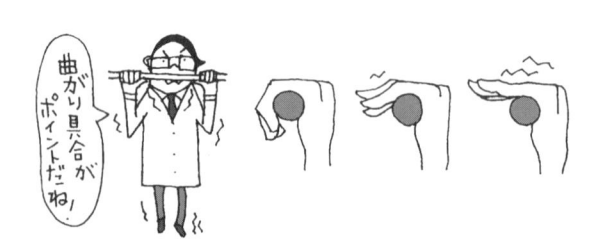

フック

鉄筋コンクリートにおいて，鉄筋には大きな引張応力が作用しているために，コンクリートに十分に固定されていないと鉄筋が抜け出してしまい，部材は引張破壊を起こすことになります．

鉄筋が抜け出さないように，コンクリートと鉄筋の境界面にせん断応力（付着応力）が作用し，しっかりと定着する必要があります（8-4 参照）．この定着力を大きくするために鉄筋の端部を折り曲げた部分をフックといいます．

標準フック

標準フックとして，**半円形フック**，**鋭角フック**，**直角フック**を用います（図9・4）．

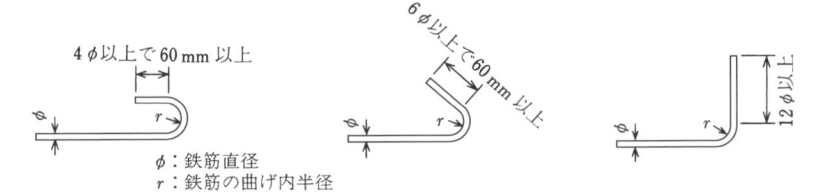

ϕ：鉄筋直径
r：鉄筋の曲げ内半径

(a) 半円形フック
（普通丸鋼および異形鉄筋）

(b) 鋭角フック（異形鉄筋）

(c) 直角フック（異形鉄筋）

図9・4　標準フックの形状（「土コ示」）

鉄筋の種類によるフックの形状

鉄筋コンクリートの中には，それぞれの役目を持つさまざまな鉄筋が配置されています．軸方向鉄筋，スターラップ，帯鉄筋，その他（折曲鉄筋，組立鉄筋）等があり，それぞれについて加工方法が「土コ示」（2012）に規定されています（表9・2）．

2 曲がりカギ

表9・2 鉄筋の役割と標準フック

鉄筋の役割	鉄筋種類	半円形フック	鋭角フック	直角フック
軸方向引張鉄筋	普通丸鋼	○	—	—
	異形鉄筋	定着箇所によっては不要だが，場所によってはフックや定着具を用いる		
スターラップ	普通丸鋼	○	—	—
	異形鉄筋	—	○	○
帯 鉄 筋	普通丸鋼	○	—	—
	異形鉄筋	○	○	—

(注) ○印は用いるフック．

フックの曲げ内半径　フックの曲げ内半径は，コンクリートを十分にいきわたらせること，鉄筋の材質を痛めないこと，フックの働きが十分確実なものとなることなどを考慮して決定されています．なお，鉄筋の曲げ内半径を小さくすると，鉄筋の亀裂，破損の恐れがあるので**半径より小さくしてはなりません**（表9・3参照）．

表9・3 フックの曲げ内半径（「土コ示」）

種　　　類		曲げ内半径 (r)	
		軸方向鉄筋	スターラップおよび帯鉄筋
普通丸鋼	SR 235	2.0ϕ	1.0ϕ
	SR 295	2.5ϕ	2.0ϕ
異形鉄筋	SD 295 A，B	2.5ϕ	2.0ϕ
	SD 345	2.5ϕ	2.0ϕ
	SD 390	3.0ϕ	2.5ϕ
	SD 490	3.5ϕ	3.0ϕ

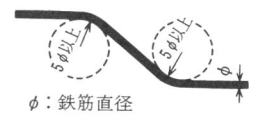

ϕ：鉄筋直径

図9・5 折曲鉄筋の曲げ内半径（「土コ示」）

9-3 鉄筋の定着

3 コンクリートにしがみつけ

定着の一般規定

鉄筋コンクリートは，外力に対して鉄筋とコンクリートが一体となって働くことが必要なので，そのためには，鉄筋がコンクリートに**十分定着している**ことが重要になってきます．ここでは，鉄筋端部の定着についての一般的な規定について説明します．

（1）　鉄筋の端部は，コンクリート中に十分埋め込んで，鉄筋とコンクリートとの付着力により定着させるか，標準フックをつけて定着させるか，機械的に定着させなければなりません．

（2）　普通丸鋼の端部は，必ず半円形フック（前節参照）を設けなければなりません．

（3）　スラブ，または，はりの鉄筋の定着について
　① 　正鉄筋の少なくとも 1/3 は，これを曲げ上げないで支点を超えて定着しなければなりません（図9・6）．

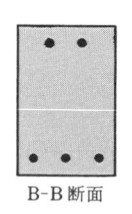

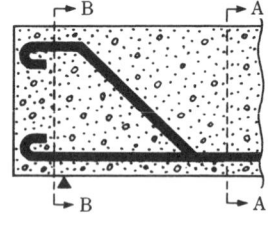

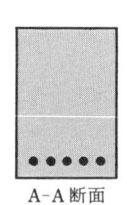

図9・6　正鉄筋の定着

　② 　負鉄筋の少なくとも 1/3 は，反曲点を超えて延長し，圧縮側で定着するか，あるいは次の負鉄筋と連続させなければなりません（図9・7）．

（4）　折曲鉄筋は，その延長を正鉄筋または負鉄筋として用いるか，または折曲鉄筋端部をはりの上面または下面に所要のかぶりを残しできるだけ接近させ，

3 コンクリートにしがみつけ

図9・7 負鉄筋の定着

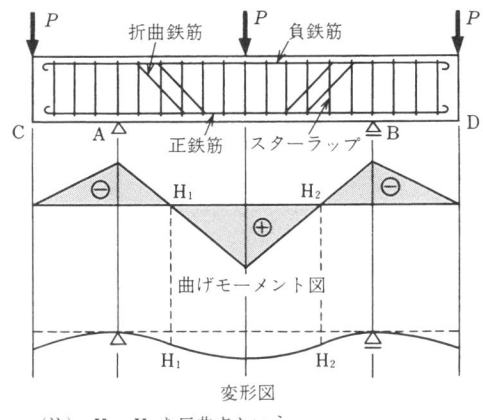

(注) H_1, H_2 を反曲点という．

はりの上面または下面に平行に折り曲げて水平に延ばし，圧縮側のコンクリートに定着します．

(5) 軸方向鉄筋に標準フックの代替として定着具を設けて機械式定着とする場合，標準フックの先端位置と定着具の先端位置が揃うように置き換えます．

(6) スターラップは，正鉄筋または負鉄筋を取り囲み，その端部を圧縮側のコンクリートに定着しなければなりません（図9・8）．

(7) 帯鉄筋の端部には，軸方向鉄筋を取り囲んだ半円形フックまたは鋭角フックを設けなければなりません（図9・9）．

(8) 鉄筋とコンクリートの付着力またはフックにより定着する鉄筋の端部は，次節に定める定着長により定着しなければなりません．

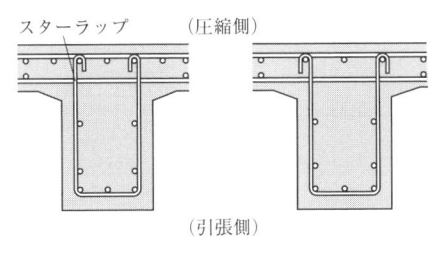

図9・8 スターラップの端部形状（「土コ示」）

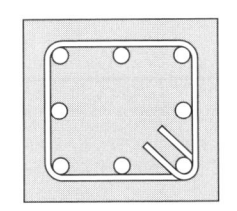

図9・9 帯鉄筋の端部形状（「土コ示」）

9-4 基本定着長

4 基本をおさえて

基本定着長　鉄筋の定着長は，鉄筋の種類，コンクリートの強度，かぶり，横方向鉄筋の状態によって異なります．**基本定着長**を定める場合にも，諸条件に応じた値を求めることが望ましいのですが，式がきわめて煩雑になるので，係数 α で修正して次式(9・1)で求め，①から③にしたがって補正した値とします．ただし，この補正した値は 20ϕ 以上とします．

$$l_d = \alpha \frac{f_{yd}}{4 f_{bod}} \cdot \phi \tag{9・1}$$

ここに，$f_{bod} = 0.28 f_{ck}'^{2/3}/\gamma_c$ [N/mm²]，ただし，$f_{bod} \leq 3.2$ N/mm²，$\gamma_c = 1.3$ とする．
　ϕ：鉄筋の直径
　f_{yd}：鉄筋の設計引張降伏強度
　f_{bod}：コンクリートの設計付着強度
　$\alpha = 1.0$（$k_c \leq 1.0$ の場合）　　　0.7（$2.0 < k_c \leq 2.5$ の場合）
　　　　0.9（$1.0 < k_c \leq 1.5$ の場合）　0.6（$2.5 < k_c$ の場合）
　　　　0.8（$1.5 < k_c \leq 2.0$ の場合）

ただし，$k_c = c/\phi + 15 \cdot A_t/(s \cdot \phi)$ (9・2)
　c：鉄筋の下側かぶりの値と定着する鉄筋のあきの 1/2 のうち小さいほうをとる．
　A_t：仮定される割裂破壊断面に垂直な横方向鉄筋の断面積
　s：横方向鉄筋の中心間隔

① 引張鉄筋の基本定着長 l_d は，式(9・1)より求めた値とする．ただし標準フックを設ける場合には，この算定値から 10ϕ だけ減じてもよい．
② 圧縮鉄筋の基本定着長 l_d は，式(9・1)より求めた値の 0.8 倍とする．
　ただし，標準フックを設ける場合でも，これ以上減じてはいけない．
③ 定着を行う鉄筋が，コンクリートの打込みの際に，打込み終了面から 300 mm の深さより上方の位置で，かつ水平から 45°以内の角度で配置されている場合は，引張鉄筋または圧縮鉄筋の基本定着長は，①または②の値の 1.3 倍とします．

定着長　鉄筋の定着長は，基本定着長から条件によって修正して求められます．ここでは「土コ示」(2012)に定められた規定の抜粋を挙げておきます．

1) 実際に配置される鉄筋量 A_s が計算上必要な鉄筋量 A_{sc} よりも大きい場合，次式によって低減定着長を求めてもよいものとします．

$$l_0 \geqq l_d \frac{A_{sc}}{A_s} \quad (ただし，\ l_0 \geqq l_d/3,\ l_0 \geqq 10\phi) \tag{9・3}$$

2) 定着部が曲がった鉄筋定着長のとり方は，以下のとおりとします（図9・10）．
   ① 曲げ内半径が鉄筋直径の10倍以上の場合は，折り曲げた部分も含み，鉄筋の全長を有効とします．
   ② 曲げ内半径が鉄筋直径の10倍未満の場合は，折り曲げてから鉄筋直径の10倍以上まっすぐに延ばしたいときに限り，直線部分の延長と折曲げ後の直線部分の延長との交点までを有効とします．

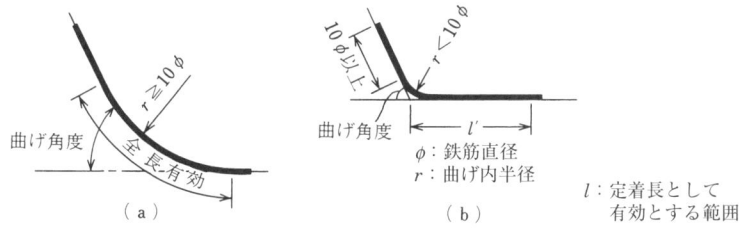

図9・10 定着部が曲がった鉄筋の定着長のとり方（「土コ示」）

No.1 基本定着長の計算

図9・11のような単鉄筋長方形ばりの基本定着長 l_d を求めよ．ただし，諸条件は以下のとおりとし，標準フックを設けるものとする．
$f'_{ck} = 24\ \text{N/mm}^2$, $f_{yd} = 300\ \text{N/mm}^2$, $A_t = 126.7\ \text{mm}^2$（スターラップ断面積），$s = 200\ \text{mm}$（スターラップの配置間隔）

【解答】
表1・2 より $f_{bod} = 1.8\ \text{N/mm}^2$

$$c = \frac{51}{2} = 25.5 < 35.5$$

式(9・2) より $k_c = \dfrac{c}{\phi} + \dfrac{15 A_t}{s\phi}$

$$= \frac{25.5}{29} + \frac{15 \times 126.7}{200 \times 29} = 1.21$$

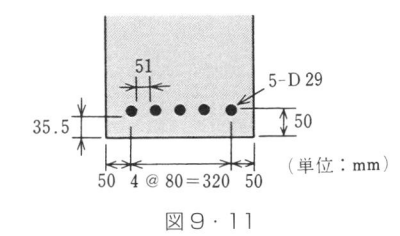

図9・11

式(9・1)の条件より $1.0 < k_c(=1.21) \leqq 1.5$ の場合，$\alpha = 0.9$
式(9・1)より

$$基本定着長\ l_d = \alpha \times \frac{f_{yd}}{4 f_{bod}} \times \phi = 0.9 \times \frac{300}{4 \times 1.8} \times 29 = 1\,087.5\ \text{mm}$$

標準フックを設けるので 10ϕ 減じてもよいから
$$l_d = 1\,087.5 - 10\phi = 1\,087.5 - 10 \times 29 = 797.5\ \text{mm}$$

9-5 鉄筋の継手

5
鉄筋同士の握手

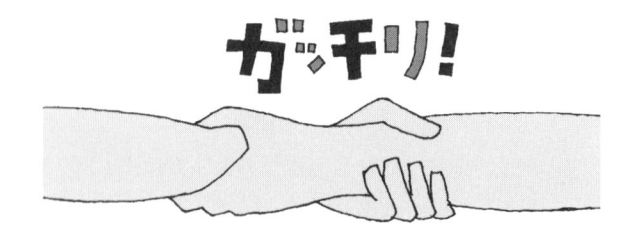

ガッチリ!

一般規定

鉄筋の標準的な長さは 5〜10 m であるために，大きなコンクリート構造物では鉄筋を継がなければなりません．しかし，継手は弱点となりやすいので，継手の設計・施工に際しては，以下のことに留意する必要があります．

(1) 鉄筋の継手は，鉄筋相互を接合する継手（圧縮継手，溶接継手，機械式継手）または重ね継手を用いることとし，施工および検査に起因する信頼度を考慮して選択しなければなりません．
(2) 鉄筋の継手位置は，できるだけ応力（引張応力）の大きい断面を避けるようにします．
(3) 鉄筋の継手は同一断面に集中させずに，2本の鉄筋につき1本以下とし，軸方向に相互にずらしその距離は，継手の長さに鉄筋直径の 25 倍を加えた長さ以上を標準とします．継手に弱点がある場合，部材が危険になったり，継手の種類によっては，コンクリートが十分にいきわたらず強度が低下することもあります．
(4) 継手部分と隣接する鉄筋とのあきや継手部分相互のあきは，粗骨材の最大寸法以上とします．
(5) 鉄筋を配置した後に継手を施工する場合は，継手施工用の機器などが挿入できるだけのあきを確保しなければなりません．
(6) 継手部のかぶりについては，9-1 の規定を満足しなければなりません．

継手の種類

鉄筋の継手には大きく分けると重ね継手と鉄筋相互を接合する継手（溶接・圧着・機械式）に大別されます（図9・12）．

重ね継手

重ね継手は，鉄筋を単に重ね合わせてコンクリートを打設するという非常に施工が容易な継手ですが，施工が不十分だと継手部分にコンクリートがいきわたらなかったり，コンクリートの分離が生じたり，周囲のコンクリートが劣化することにより，継手の強度が著しく低下します．軸方向鉄筋に重ね継手を用いる場合には右記事項に留意する必要があります（「土コ示」）．

5 鉄筋同士の握手

(1) 配置する鉄筋量が計算上必要な鉄筋量の 2 倍以上で，かつ同一断面での継手の割合が 1/2 以下の場合には，継手の重ね合わせ長さは基本定着長以上としなければなりません．
(2) (1) の条件をうち一方が満足されない場合には，重ね合わせ長さは基本定着長の 1.3 倍以上とし，継手部を横方向鉄筋などで補強しなければなりません．
(3) (1) の条件が両方とも満足されない場合には，重ね合わせ長さは基本定着長の 1.7 倍以上とし，継手部を横方向鉄筋などで補強しなければなりません．
(4) 重ね継手の重ね合わせ長さは，鉄筋直径の 20 倍以上とします．
(5) 重ね継手部帯鉄筋および中間帯鉄筋の間隔は 100 mm 以下とする（図 9・13 参照）．
(6) 水中コンクリート構造物の重ね合わせ長さは，原則として鉄筋直径の 40 倍以上とします．
(7) 重ね継手は，交番応力を受ける塑性ヒンジ領域では用いてはいけません．

鉄筋相互を接合する継手

溶接，圧接，機械式継手の三種類を対象とします．手動ガス圧接継手，自動ガス圧接，突合せアーク溶接，フレア溶接，ねじ節鉄筋継手，モルタル充填継手などが開発されています．

(a) 重ね継手 　　(b) 溶接継手
(c) ガス圧接継手 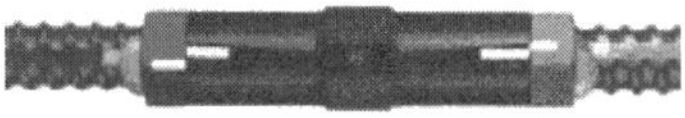　　(d) 機械式継手 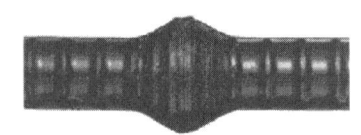

図 9・12　継手の種類

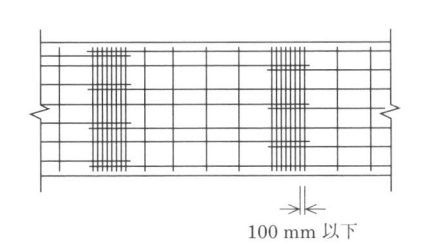

100 mm 以下

図 9・13　重ね継手部の帯鉄筋と中間帯鉄筋の間隔

9章のまとめ問題

【問題1】 次の語句の意味を簡単に説明せよ．
(1) フック
(2) 基本定着長
(3) 溶接継手

【問題2】 標準フックについて説明せよ．

【問題3】 重ね継手について説明せよ．

【問題4】 下の文章に適語を入れて文章を完成させよ．
　鉄筋表面とコンクリート表面との間隔を　ア　といいます．鉄筋をコンクリートで包むことにより，鉄筋に十分な　イ　を発揮させたり，鉄筋がコンクリートペーストの　ウ　に保護され　エ　が生じるのを防いでいます．
　配置された鉄筋の互いの表面の上下左右の間隔を　オ　といいます．

【問題5】 図9・14のような断面の鉄筋コンクリートばりを，次のような条件で設計した．引張鉄筋の配置図を書き込め．
　［計算結果］ $f'_{ck} = 27 \text{ N/mm}^2$, $A_s = 3\,740 \text{ mm}^2$
　　　　　　 $d = 700 \text{ mm}$, $b = 400 \text{ mm}$
　［環境条件］一般の環境

（単位：mm）

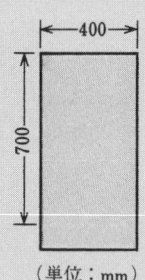

図9・14

10章 擁壁の設計

　擁壁は，切土や盛土したのり面が崩れるのを防ぐために用いる構造物のことです．つまり，土圧に抵抗して土が崩れるのを防ぐためのものです．また，護岸・岸壁や住宅周辺の土留めなどに用いたりもします．
　擁壁の設計にあたっては，使用目的との整合性，構造物の安全性，耐久性，施工品質の確保，維持管理の容易さ，環境との調和，経済性を考慮しなければなりません．また，原則として想定する作用（常時の作用，降雨の作用，地震動の作用，その他の作用）に対して，安全性，供用性，修復性の観点から要求性能を設定し，満足することを照査しなければなりません．
　しかし，実際の擁壁の設計においては，「これまでの経験・実績から妥当とみなせる手法」として「土工指針（擁壁）」(2012)に記載されている設計手法を用いていることから，本章においてもこの慣用法に準じて設計計算を行います．

10-1 擁壁の種類と構造

1 擁壁とは

擁壁の種類

擁壁は，主要部分の材料や形状，力学的な安定のメカニズムなどによりさまざまに分類されます．構造形式や設計方法の相違によっても分類することができます．右頁の図 10・1 に擁壁の種類の一部を示します．

擁壁の構造

一般に広く用いられている**片持ばり式の逆 T 型擁壁**の構造を説明します（図 10・2）．

逆 T 型擁壁は，図 10・2 のように，**裏込め土**などの背後の土圧を直接受け止める**たて壁**と，たて壁に垂直に一体化している**底版**で構成されています．底版の裏込め土側を**かかと版**，反対の前面側を**つま先版**といいます．

擁壁のたて壁・かかと版・つま先版は，それぞれの付け根を固定端とする片持ばりとして設計計算を行います．

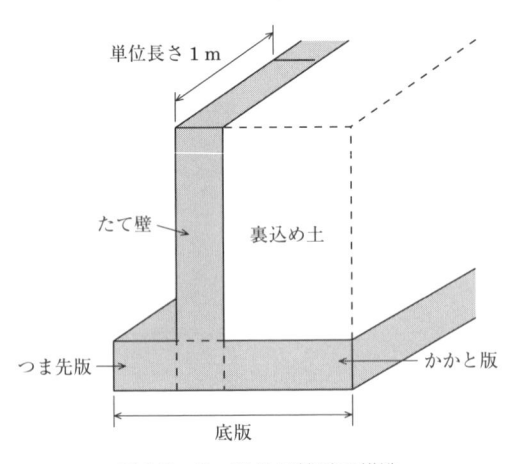

図 10・2 逆 T 型擁壁の構造

1 擁壁とは

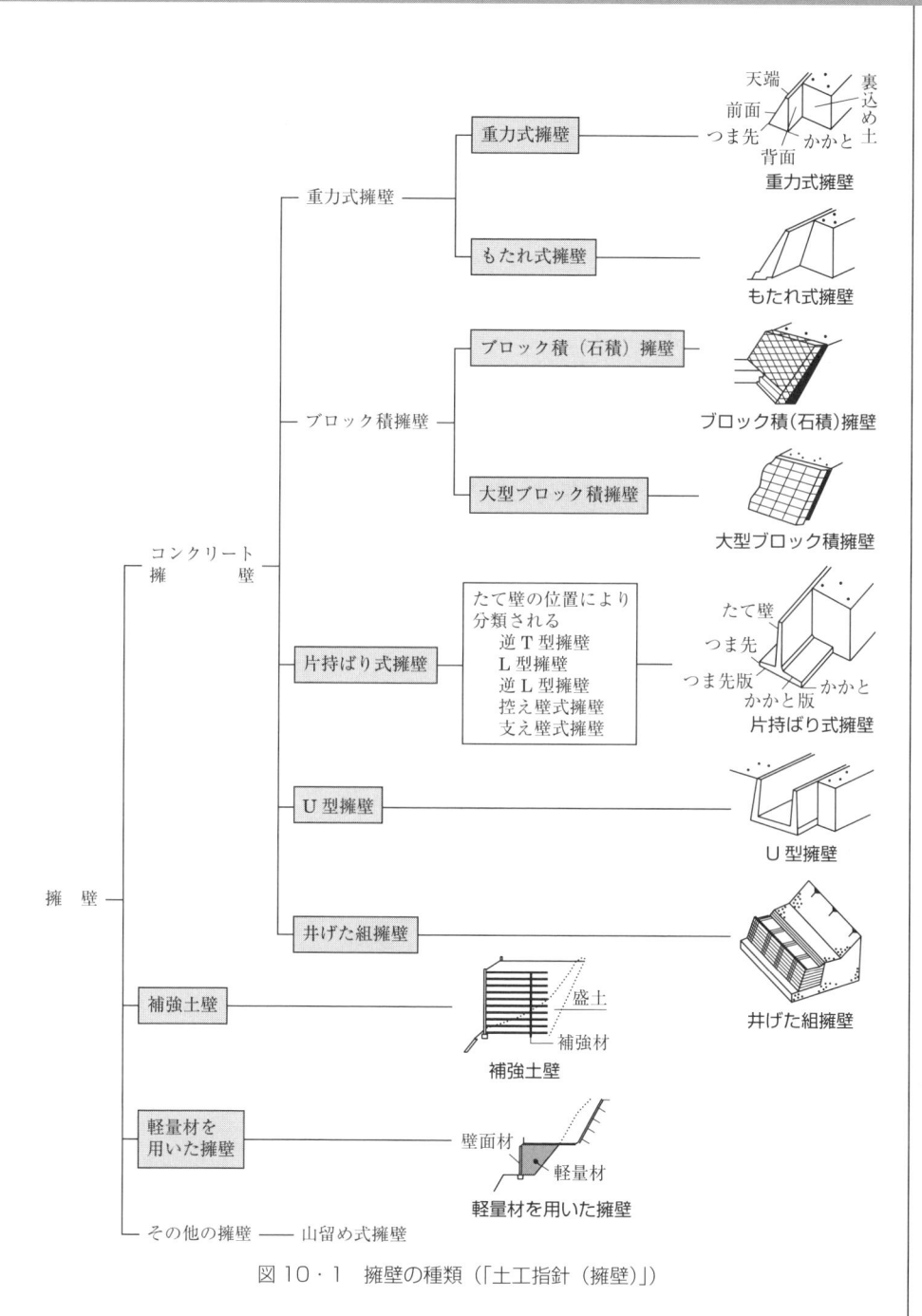

```
擁壁 ─┬─ コンクリート擁壁 ─┬─ 重力式擁壁 ─┬─ 重力式擁壁
      │                      │              └─ もたれ式擁壁
      │                      ├─ ブロック積擁壁 ─┬─ ブロック積（石積）擁壁
      │                      │                  └─ 大型ブロック積擁壁
      │                      ├─ 片持ばり式擁壁
      │                      ├─ U型擁壁
      │                      └─ 井げた組擁壁
      ├─ 補強土壁
      ├─ 軽量材を用いた擁壁
      └─ その他の擁壁 ── 山留め式擁壁
```

重力式擁壁：天端／前面／つま先／背面／かかと／裏込め土

片持ばり式擁壁の分類：たて壁の位置により分類される
- 逆T型擁壁
- L型擁壁
- 逆L型擁壁
- 控え壁式擁壁
- 支え壁式擁壁

片持ばり式擁壁：たて壁／つま先／つま先版／かかと版／かかと

補強土壁：盛土／補強材

軽量材を用いた擁壁：壁面材／軽量材

図 10・1　擁壁の種類（「土工指針（擁壁）」）

10-2 擁壁にかかる土圧

2
擁壁にかかれ！

> ぼくらの力をクーロンの土圧により求めてください

擁壁に作用する荷重の種類

擁壁には図 10・3 に示すような荷重が作用します．水平方向には，常時では土圧分力（$P_{AH}・P_{AH}'$）が，また，地震時では土圧分力（P_{EAH}）の他に擁壁躯体と裏込め土の慣用力（$P_{H1}・P_{H2}・P_{H3}$）が作用し，その反力として水平摩擦抵抗力（P_f）が生じます．たて壁・底版・かかと版上の裏込め土の重量（$V_1・V_2・V_3$）の他，常時では土圧分力（$P_{AV}・P_{AV}'$），かかと版上の活荷重（V_4）が，また地震時では，土圧鉛直分力（P_{EAV}）が作用し，その反力として地盤反力 Q が生じます．

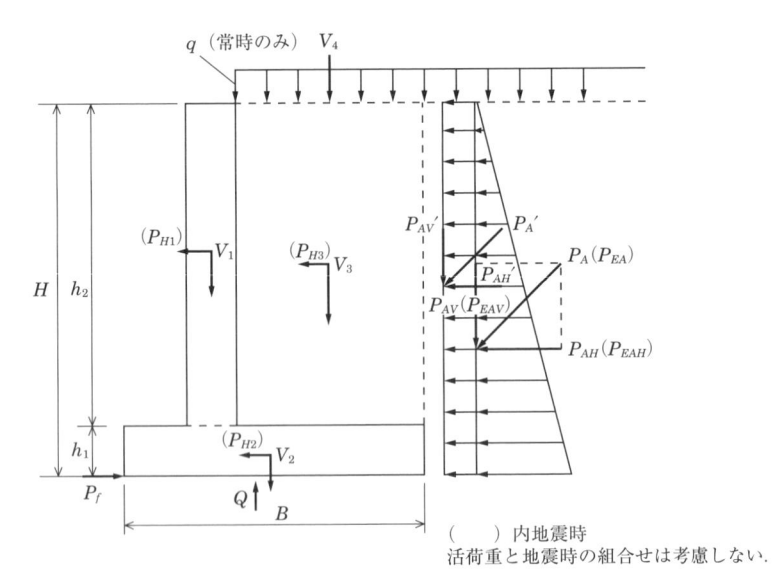

（　）内地震時
活荷重と地震時の組合せは考慮しない．

図 10・3　擁壁に作用する荷重の種類

2 擁壁にかかれ！

土圧の大きさ　土圧は，クーロン土圧 P によるものとし，擁壁の設計において，擁壁自体の安定の検討やたて壁および底版の断面検討を行う場合の主働土圧係数は，常時と地震時は別々に求めて設計を行います．

1）クーロンの土圧 P

$$P = \frac{1}{2}\gamma H^2 K_A + qHK_A$$

第1項：土塊による土圧 P_A　第2項：活荷重による土圧 P_A'

※クーロンの土圧式は上式だが，本章では以下の計算例との整合を図るため，第1項と第2項を分けて考えます．

2）クーロンの土圧（土塊） P_A

$$P_A = \frac{1}{2}\gamma H^2 K_A \qquad (10 \cdot 1)$$

3）クーロンの土圧（活荷重） P_A'（常時のみ）

$$P_A' = qHK_A \qquad (10 \cdot 2)$$

ここで，γ：裏込め土の単位体積重量〔kN/m^3〕　K_A：主働土圧係数

この主働土圧係数 K_A は，常時と地震時に分けて考えます．

〈常時〉

$$K_A = \frac{\cos^2(\phi-\alpha)}{\cos^2\alpha\cos(\alpha+\delta)\left\{1+\sqrt{\dfrac{\sin(\phi+\delta)\sin(\phi-\beta)}{\cos(\alpha+\delta)\cos(\alpha-\beta)}}\right\}^2} \qquad (10 \cdot 3)$$

〈地震時〉

$$K_{AE} = \frac{\cos^2(\phi-\alpha-\theta)}{\cos^2\alpha\cos(\alpha+\delta+\theta)\cos\theta\left\{1+\sqrt{\dfrac{\sin(\phi+\delta)\sin(\phi-\beta-\theta)}{\cos(\alpha+\delta+\theta)\cos(\alpha-\beta)}}\right\}^2} \qquad (10 \cdot 4)$$

ϕ：裏込め土の内部摩擦角

α：仮想背面と鉛直角のなす角

β：地表面と水平角のなす角

δ：壁面摩擦角（検討内容により異なる）

θ：$\tan^{-1} k_h$

k_h：設計水平震度

10-3 擁壁の安定

3
がんばれ！擁壁

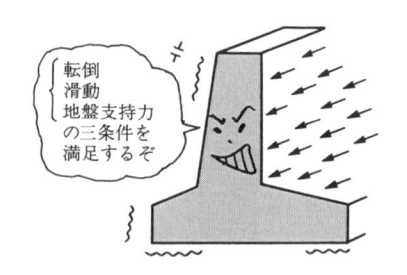

擁壁自体の安定性については，常時および地震時の設計で考慮する荷重に対し，転倒，滑動および支持に対して安定であるとともに，変位が**許容変位以下**であることを照査します．また本章では説明を省きますが，背面盛土および基礎地盤を含む全体としての**安定性**についても検討します．なお通常の地盤では，転倒，滑動および支持の安定に対する照査を行えば，一般に変位の照査は省略できます．

転倒

図 10・4 に示すように，擁壁の重量と裏込め土の重量および土圧を合成した合力 R により，擁壁が転倒しないためには，合力 R の作用位置が底版内にある必要があり，転倒に対する安定性は，次のように照査します．

1) 擁壁が転倒に対して安定であるためには，次の式で判断します．

$$e \leq \frac{B}{6} \quad \text{（常時）} \quad (10 \cdot 5)$$

$$e \leq \frac{B}{3} \quad \text{（地震時）} \quad (10 \cdot 6)$$

2) 上式の e は，次式により求められます．

$$e = \frac{B}{2} - d \quad (10 \cdot 7)$$

3) 点 A から合力の作用位置までの距離 $d(\mathrm{m})$ は，鉛直力に抵抗モーメントと水平力による転倒モーメントより，次式で求めます．

$$d = \frac{(\Sigma V \times x - \Sigma H \times x)}{\Sigma V} \quad (10 \cdot 8)$$

図 10・4 合力 R の作用位置

3 がんばれ！擁壁

滑動

擁壁が滑動しないためには，**水平摩擦抵抗力** P_f が擁壁に作用する**全水平力** P_H（土圧水平分力＋地震時慣性力）よりも大きくないといけません．滑動に対する安定性は，次のように照査します．

1) 滑動に対する安全率 F_s を次式で求めます．

$$F_s = \frac{P_f}{P_H} \tag{10・9}$$

2) 水平摩擦抵抗力 P_f は次式により求めます（$\tan \phi_B$：摩擦係数）．

$$P_f = \Sigma V \times \tan \phi_B \tag{10・10}$$

3) 擁壁が滑動に対して安全であるためには，所定の安全率以上でなければなりません．

$$F_s \geq 1.5 \,（常時） \tag{10・11}\qquad F_s \geq 1.2 \,（地震時） \tag{10・12}$$

地盤の支持力

地盤の支持力に対する安定性は，次のように照査します．

1) 擁壁が地盤の支持力に対して安定であるためには，地盤反力度 q_1 〔kN/m²〕，q_2 〔kN/m²〕のうち大きいほうの値が，支持地盤の許容支持力度 q_a 以下でなければなりません．

2) 地盤反力度 q_1，q_2 は，次式で求められます．

$$q_1 = \frac{\Sigma V}{B}\left(1 + \frac{6e}{B}\right) \tag{10・13}$$

$$q_2 = \frac{\Sigma V}{B}\left(1 - \frac{6e}{B}\right) \tag{10・14}$$

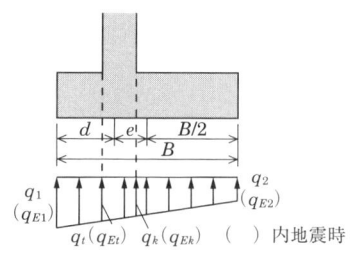

図 10・5 地盤反力度

3) 基礎地盤の許容鉛直支持力度は，地盤の種類に応じて与えられます．

表 10・1 基礎地盤の許容鉛直支持力度（「土工指針（擁壁）」）

基礎地盤の種類	礫　層		砂質地盤		粘性土地盤	
	密なもの	密でないもの	密なもの	中位なもの	非常に堅いもの	硬いもの
許容鉛直支持力度 q_a 〔kN/m²〕	600	300	300	200	200	100

（注）表中の値は常時のものであり，地震時はこの 1.5 倍の値としてよい．

10-4 擁壁の設計手順と設計条件

4 擁壁を設計しよう

ここからは，図 10・6 のような断面の逆 T 型擁壁について，右記に示す設計条件にて計算を行います．

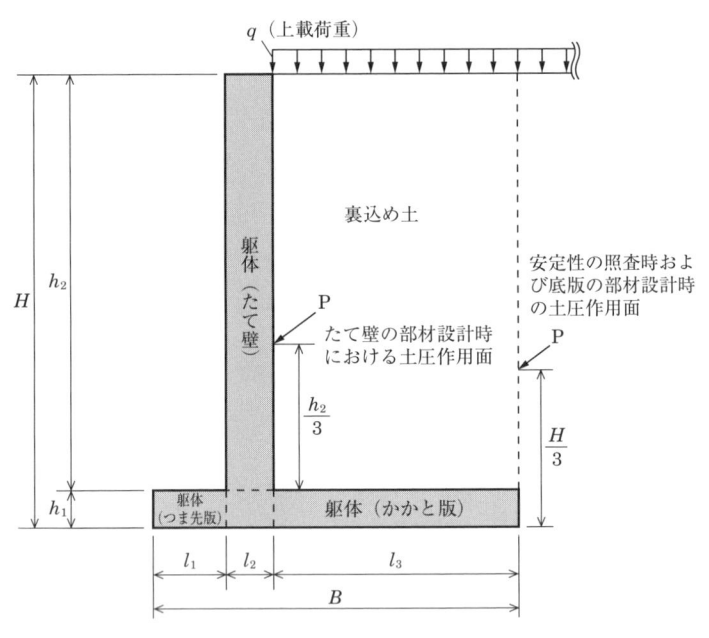

図 10・6 擁壁の断面図

4 擁壁を設計しよう

〈設計条件〉
1. **形状寸法**
   - 擁壁の高さ $H = 5$ m
   - 底版の幅 $B = 3$ m
   - 擁壁の単位長さ $L = 1$ m
   - つま先版の長さ $l_1 = 0.6$ m
   - たて壁の厚さ $l_2 = 0.4$ m
   - かかと版の長さ $l_3 = 2.0$ m
   - 底版の厚さ $h_1 = 0.4$ m
   - たて壁の高さ $h_2 = 4.6$ m
   - 壁背面と鉛直面のなす角 $\alpha = 0°$
   - 地表面と水平面のなす角 $\beta = 0$

2. **荷重条件**
   - 上載荷重 $q = 10$ kN/m^2
   - 設計水平震度 $k_h = 0.15$

3. **材料**
   - 単位体積重量:鉄筋コンクリート 24.5 kN/m^3
   - 許容応力度
     1) 鉄筋コンクリート

		常時	地震時
設計基準強度	f'_{ck}	24.0	24.0
許容曲げ圧縮応力度	σ_{ca}	8.000	12.000
許容平均せん断応力度	τ_{ma}	0.483	0.725
許容付着応力度(異形棒鋼)	τ_{0a}	1.600	2.400

     2) 鉄筋の許容引張応力度
        異形棒鋼 SD 345　180.000 N/mm^2(常時)
        　　　　　　　　　300.000 N/mm^2(地震時)

4. **土質条件**
   1) 裏込め土(砂質土)
      単位体積重量 19.0 kN/m^3
      せん断抵抗角 $\phi = 30.000°$
      壁面摩擦角

	常時 δ	地震時 δ_E
安定計算	$\beta\ (= 0°)$	21.586°
部材計算	$2/3\ \phi = 20°$	$1/2\ \phi = 15°$

   2) 基礎地盤(密な砂質地盤)
      許容鉛直支持力度 300.000 kN/m^2(常時)
      450.000 kN/m^2(地震時)
      基礎底面と地震との間の摩擦係数 $\mu = \tan \phi_B = 0.600$

10-4 擁壁の設計手順と設計条件

擁壁の設計手順　下記の設計手順に沿って，擁壁の安定計算と部材計算を進めていきます．

図 10・7 に示す設計手順に沿って前頁に示す設計条件により，10-5 擁壁に作用する荷重，10-6 擁壁自体の安定性の照査，10-7 たて壁の設計，10-8 底版の設計，10-9 応力度の照査を行っていきます（それらの結果を用いて，最後に使用材料や断面を検証しますが，ここでは省略）．

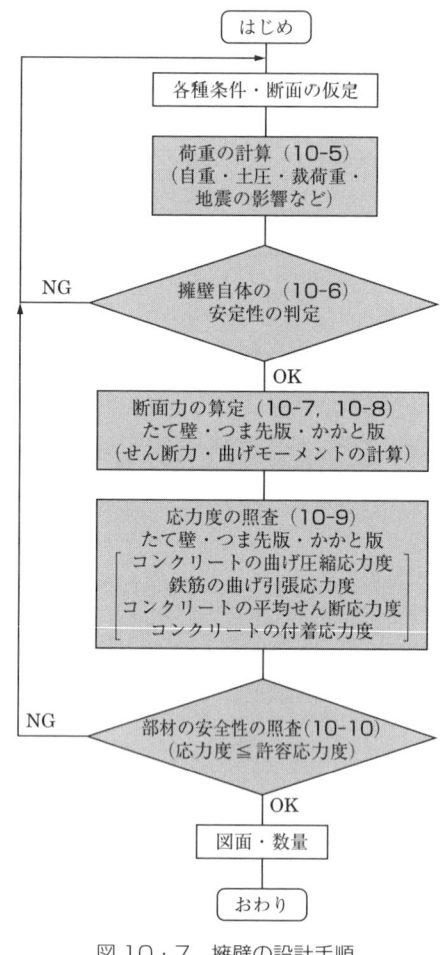

```
              はじめ
                │
                ▼
         各種条件・断面の仮定
                │
                ▼
         荷重の計算（10-5）
         (自重・土圧・載荷重・
          地震の影響など)
                │
                ▼
  NG    ┌─擁壁自体の（10-6）─┐
  ←────┤  安定性の判定      │
        └────────────────────┘
                │OK
                ▼
         断面力の算定（10-7，10-8）
         たて壁・つま先版・かかと版
         (せん断力・曲げモーメントの計算)
                │
                ▼
         応力度の照査（10-9）
         たて壁・つま先版・かかと版
         [コンクリートの曲げ圧縮応力度]
         [鉄筋の曲げ引張応力度      ]
         [コンクリートの平均せん断応力度]
         [コンクリートの付着応力度   ]
                │
                ▼
  NG    ┌─部材の安全性の照査(10-10)┐
  ←────┤  (応力度≦許容応力度)      │
        └────────────────────────┘
                │OK
                ▼
           図面・数量
                │
                ▼
              おわり
```

図 10・7　擁壁の設計手順

10-5 擁壁に作用する荷重

5 どんな荷重が作用するの？

土圧の計算

まず，擁壁の安定を検討する際の**土圧**とその**作用位置**を計算します．土圧は図 10・3 に示したように作用します．その大きさは式(10・1)で求めますが，主働土圧係数は，常時では式(10・3)から，地震時では式(10・4)から求めます．また，上載荷重による土圧は式(10・2)により計算されます．計算結果を表 10・2，表 10・3 に示します．今回の計算では，地震時の記号には「E」をつけて区別します．

自重の計算

擁壁および裏込め土の自重とその作用位置を求めます．図 10・8 に示すように，鉛直荷重は擁壁のたて壁自重 V_1，底版自重 V_2 と裏込め土自重の V_3 となります．水平荷重は，常時では土圧分力のみとなりますが，地震時には，擁壁と裏込め土に水平方向の慣性力が生じるので，常時と地震時に分けて計算する必要があります．

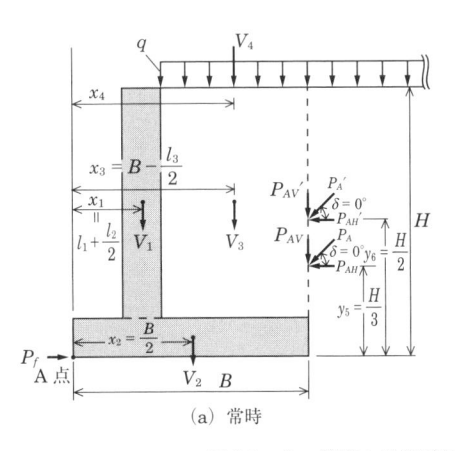

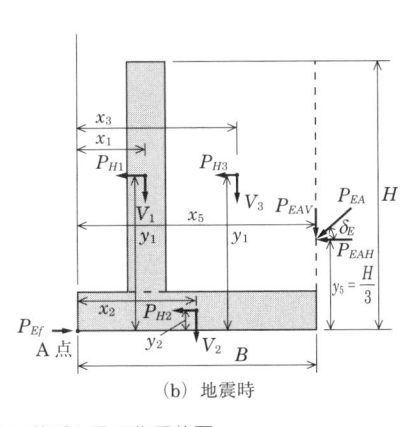

図 10・8　常時と地震時における荷重とその作用位置

10-5 擁壁に作用する荷重

表 10・2 土圧の計算（常時）

計算量	適用（式・付録）番号	計算式	使用値
地表面と水平角のなす角 β	設計条件より		0°
仮想背面と鉛直面のなす角 α			0°
裏込めの土のせん断抵抗角 ϕ			30°
壁面摩擦角 δ			0°
土圧の作用方向と水平面のなす角 $\alpha+\delta$			—
地震合成角 θ			
主動土圧係数 K_A	式(10·3)	$K_A = \dfrac{\cos^2(\phi-\alpha)}{\cos^2\alpha\cos(\alpha+\delta)\left[1+\sqrt{\dfrac{\sin(\phi+\delta)\sin(\phi-\beta)}{\cos(\alpha+\delta)\cos(\alpha-\beta)}}\right]^2}$ $= \dfrac{\cos^2(30°-0°)}{\cos^2 0°\cos 0°\left[1+\sqrt{\dfrac{\sin(30°+0°)\sin(30°-0°)}{\cos 0°\cos 0°}}\right]^2}$	0.333 kN
クーロンの土圧（土塊）P_A	式(10·1)	$P_A = \dfrac{1}{2}K_A\gamma H^2 = \dfrac{1}{2}\times 0.333\times 19\times 5.000^2$	79.088 kN
クーロンの土圧（土塊）水平分力 P_{AH}		$P_{AH}=P_A\cos(\delta+\alpha)$ （鉛直分力省略）$=79.088\times\cos 0°$	79.088 kN
水平分力作用位置 y_5		$y_5=H/3=5.000/3$	1.667 m
クーロンの土圧（活荷重）P_A'	式(10·2)	$P_A'=K_A qH=0.333\times 10\times 5.000$	16.650 kN
クーロンの土圧（活荷重）水平分力 P_{AH}'		$P_{AH}'=P_A'\cos(\delta+\alpha)$ （鉛直分力省略）$=16.650\times\cos 0°$	16.650 kN
水平分力作用位置 y_6		$y_6=H/2=5.000/2$	2.500 m

表 10・3 土圧の計算（地震時）

計算量	適用（式・付録）番号	計算式	使用値
地表面と水平角のなす角 β	設計条件より		0°
仮想背面と鉛直面のなす角 α			0°
裏込めの土のせん断抵抗角 ϕ			30°
壁面摩擦角 δ_E			21.586°
土圧の作用方向と水平面のなす角 $\alpha+\delta$			0°
地震合成角 θ		設計水平震度 0.15　$\theta=\tan^{-1}k_h = \tan^{-1}0.15$	21.586°
主動土圧係数 K_{EA}	式(10·3)	$K_{EA}=\dfrac{\cos^2(\phi-\alpha-\theta)}{\cos^2\alpha\cos(\alpha+\delta+\theta)\cos(\alpha-\theta)\left[1+\sqrt{\dfrac{\sin(\phi+\delta)\sin(\phi-\beta-\theta)}{\cos(\alpha+\delta+\theta)\cos(\alpha-\beta)}}\right]^2}$ $=\dfrac{\cos^2 21.469°}{\cos^2 0°\cos 30.117°\cos 8.531°\left[1+\sqrt{\dfrac{\sin 51.586°\sin 21.469°}{\cos 30.117°\cos 0°}}\right]^2}$	8.531° 0.408 kN
クーロンの土圧（土塊）P_{EA}	式(10·1)	$P_{EA}=\dfrac{1}{2}K_{EA}\gamma H^2 = \dfrac{1}{2}\times 0.408\times 19\times 5.000^2$	96.900 kN
クーロンの土圧（土塊）水平分力 P_{EAH}		$P_{EAH}=P_{EA}\cos(\delta_E+\alpha)=96.900\cos 21.586°$	90.104 kN
クーロンの土圧（土塊）鉛直分力 P_{EAV}		$P_{EAV}=P_{EA}\sin(\delta_E+\alpha)=96.900\sin 21.586°$	35.649 kN
水平分力作用位置 y_5		$y_5=H/3=5.000/3$	1.667 m
鉛直分力作用位置 x_5		$x_5=B=3.000$	3.000 m

表10・4 擁壁の自重および土圧によるモーメントの計算（常時）

	計算量	適用（式・付録）番号	計算式	計算値	使用値
たて壁	重量 V_1		$V_1 = l_2 \cdot h_2 \times \gamma \times 1.000$	$= 0.400 \times 4.600 \times 24.5 \times 1.000$	45.080 kN
	A点からの作用位置 x_1		$x_1 = l_1 + l_2/2$	$= 0.600 + 0.400/2$	0.800 m
	モーメント M_1		$M_1 = V_1 \times x_1$	$= 45.080 \times 0.800$	36.064 kN·m
底版	重量 V_2		$V_2 = B \times h_1 \times \gamma \times 1.000$	$= 3.000 \times 0.400 \times 24.5 \times 1.000$	29.400 kN
	A点からの作用位置 x_2		$x_2 = B/2$	$= 3.000/2$	1.500 m
	モーメント M_2		$M_2 = V_2 \times x_2$	$= 29.400 \times 1.500$	44.100 kN·m
裏込め土	重量 V_3		$V_3 = l_3 \cdot h_2 \times \gamma \times 1.000$	$= 2.000 \times 4.600 \times 19.0 \times 1.000$	174.800 kN
	A点からの作用位置 x_3		$x_3 = B - l_3/2$	$= 3.000 - 2.000/2$	2.000 m
	モーメント M_3		$M_3 = V_3 \times x_3$	$= 174.800 \times 2.000$	349.600 kN·m
上載荷重	上載荷重 V_4		$V_4 = l_3 \times q \times 1.000$	$= 2.000 \times 10 \times 1.000$	20.000 kN
	A点からの作用位置 x_4		$x_4 = B - l_3/2$	$= 3.000 - 2.000/2$	2.000 m
	モーメント M_4		$M_4 = V_4 \times x_4$	$= 20.000 \times 2.000$	40.000 kN·m
土圧	土圧（土塊）P_{AH}	表10·2より	$P_{AH} = P_A \cos \delta$（鉛直分力省略）	$= 79.088 \times \cos 0°$	79.088 kN
	A点からの作用位置 y_5		$y_5 = H/3$	$= 5.000/3$	1.667 m
	モーメント M_5		$M_5 = P_{AH} \times y_5$	$= 79.088 \times 1.667$	131.840 kN·m
上載荷重	土圧（活荷重）P_{AH}'	表10·2より	$P_{AH}' = P_A' \cos \delta$（鉛直分力省略）	$= 16.650 \times \cos 0°$	16.650 kN
	A点からの作用位置 y_6		$y_6 = H/2$	$= 5.000/2$	2.500 m
	モーメント M_6		$M_6 = P_{AH}' \times y_6$	$= 16.650 \times 2.500$	41.625 kN·m
	鉛直力の合計 ΣV		$\Sigma V = V_1 + V_2 + V_3 + V_4$	$= 45.080 + 29.400 + 174.800 + 20.000$	269.280 kN
	常時モーメントの合計 ΣM_A		$\Sigma M_A = (M_1 + M_2 + M_3 + M_4) - (M_5 + M_6)$	$= (36.064 + 44.100 + 349.600 + 40.000) - (131.840 + 41.625)$	296.299 kN·m

10-5 擁壁に作用する荷重

表10・5 擁壁の自重および土圧によるモーメントの計算(地震時)

	計算量	適用(式・付録)番号	計算式	計算値	使用値
擁壁	たて壁の自重によるモーメント M_1	表10・4より	$M_1 = V_1 \times x_1$	$= 45.080 \times 0.800$	36.064 kN·m
	底版の自重によるモーメント M_2	表10・4より	$M_2 = V_2 \times x_2$	$= 29.400 \times 1.500$	44.100 kN·m
	たて壁の地震時慣性力 P_{H1}	表10・4より	$P_{H1} = V_1 \times k_h$	$= 45.080 \times 0.15$	6.762 kN
	慣性力による地震時モーメント M_{E1}		$M_{E1} = P_{H1} \times y_1$	$= 6.762 \times 2.700$	18.257 kN·m
	底版の地震時慣性力 P_{H2}	表10・4より	$P_{H2} = V_2 \times k_h$	$= 29.400 \times 0.15$	4.410 kN
	慣性力によるモーメント M_{E2}		$M_{E2} = P_{H2} \times y_2$	$= 4.410 \times 0.200$	0.882 kN·m
裏込め土	自重によるモーメント M_3	表10・4より	$M_3 = V_3 \times x_3$	$= 174.800 \times 2.000$	349.600 kN·m
	地震時慣性力 P_{H3}		$P_{H3} = V_3 \times k_h$	$= 174.800 \times 0.15$	26.220 kN
	慣性力による地震時モーメント M_{E3}		$M_{E3} = P_{H3} \times (h_1 + h_2/2)$	$= 26.220 \times (0.400 + 4.600/2)$	70.794 kN·m
土圧	土圧の地震時鉛直分力 P_{EAV}	表10・3より	$P_{EAV} = P_{EA} \sin \delta_E$	$= 96.900 \times \sin 21.586°$	35.649 kN
	地震時鉛直分力モーメント M_{EV5}		$M_{EV5} = P_{EAV} \times B$	$= 35.649 \times 3.000$	106.947 kN·m
	土圧の地震時水平分力 P_{EAH}	表10・3より	$P_{EAH} = P_{EA} \cos \delta_E$	$= 96.900 \times \cos 21.586°$	90.104 kN
	地震時水平分力モーメント M_{EH5}		$M_{EH5} = P_{EAH} \times H/3$	$= 90.104 \times 5.000/3$	150.173 kN·m
	鉛直力の合計 ΣV_E		$\Sigma V_E = V_1 + V_2 + V_3 + P_{EAV}$	$= 45.080 + 29.400 + 174.800 + 35.649$	284.929 kN
	地震時モーメントの合計 ΣM_{AE}		$\Sigma M_{AE} = (M_1 + M_2 + M_3 + M_{EV5}) - (M_{E1} + M_{E2} + M_{E3} + M_{EH5})$	$= (36.064 + 44.100 + 349.600 + 106.947) - (18.257 + 0.882 + 70.794 + 150.173)$	296.605 kN·m

10-6 擁壁自体の安定性の照査

6 三つの条件

擁壁自体の安定性の照査

擁壁が安定であるためには，図 10・9 に示す三つの条件について検討し，そのすべてについて，条件を満足しなければなりません．

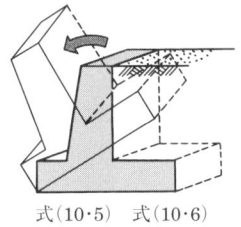

式(10・5) 式(10・6)
常時　$e \leq B/6$
地震時　$e \leq B/3$
(a) 転　倒

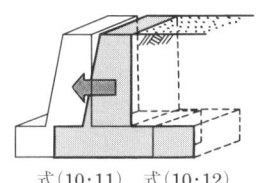

式(10・11) 式(10・12)
常時　$F_s \geq 1.5$
地震時　$F_s \geq 1.2$
(b) 滑　動

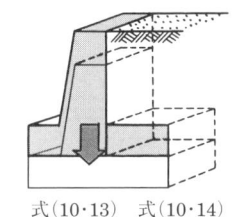

式(10・13) 式(10・14)
$\max(q_1, q_2) \leq q_a$
(c) 地盤の支持力

図 10・9　擁壁が安定であるための三つの条件

転倒に対する安定の照査

三つの条件について計算をして，擁壁自体の安定性の照査をしてみましょう．

表 10・6　転倒に対する安定性の判定（常時）

計算量	適用(式・付録)番号	計算式	計算値	使用値
A 点からの合力の作用位置 d	式(10・8)	$d = \dfrac{\Sigma M_A}{\Sigma V}$	$= \dfrac{296.299}{269.280}$	1.100 m
底版中央から合力の作用位置 e	式(10・7)	$e = B/2 - d$	$= 3.000/2 - 1.100$	0.400 m
転倒に対する安定性の判定（常時）	式(10・5)	$e \leq B/6$	$e = 0.400 < 3.000/6 = 0.500$	安定

表 10・7　転倒に対する安定性の判定（地震時）

計算量	適用(式・付録)番号	計算式	計算値	使用値
A 点からの合力の作用位置 d	式(10・8)	$d = \dfrac{\Sigma M_{AE}}{\Sigma V_E}$	$= \dfrac{296.605}{284.929}$	1.041 m
底版中央から合力の作用位置 e	式(10・7)	$e = B/2 - d$	$= 3.000/2 - 1.041$	0.459 m
転倒に対する安定性の判定（地震時）	式(10・6)	$e \leq B/3$	$e = 0.459 < 3.000/3 = 1.000$	安定

10-6 擁壁自体の安定性の照査

滑動に対する安定の照査

表10・8 滑動に対する安定性の判定（常時）

計算量	適用(式・付録)番号	計算式	計算値	使用値
水平摩擦抵抗力 P_f	式(10・10)	$P_f = \Sigma V \tan \phi_B$	$= 269.280 \times 0.6$	161.568 kN
土圧 P_H		$P_H = P_{AH} + P_{AH}'$	$= 79.088 + 16.650$	95.738 kN
安全率 F_S	式(10・9)	$F_S = \dfrac{P_f}{P_H}$	$= \dfrac{161.568}{95.738}$	1.688
判定	式(10・11)	$F_S \geq 1.5$	$1.688 > 1.5$	安定

表10・9 滑動に対する安定性の判定（地震時）

計算量	適用(式・付録)番号	計算式	計算値	使用値
水平摩擦抵抗力 P_{fE}	式(10・10)	$P_{fE} = \Sigma V_E \tan \phi_D$	$= 284.929 \times 0.6$	170.957 kN
土圧 P_{HE}		$P_{HE} = P_{H1} + P_{H2} + P_{H3} + P_{EAH}$	$= 6.762 + 4.410 + 26.220 + 90.104$	127.496 kN
安全率 F_S	式(10・9)	$F_S = \dfrac{P_{fE}}{P_{HE}}$	$= \dfrac{170.957}{127.496}$	1.341
判定	式(10・12)	$F_S \geq 1.2$	$1.341 > 1.2$	安定

地盤の支持力に対する安定の照査

表10・10 地盤の支持力度に対する安定性の判定（常時）

計算量	適用(式・付録)番号	計算式	計算値	使用値
地盤の反力度（底版のつま先板前面）q_1	式(10・13)	$q_1 = \dfrac{\Sigma V}{B}\left(1 + \dfrac{6e}{B}\right)$	$= \dfrac{269.280}{3.000} \times \left(1 + \dfrac{6 \times 0.400}{3}\right)$	161.568 kN/m²
地盤の反力度（底版のつま先板後面）q_2	式(10・14)	$q_2 = \dfrac{\Sigma V}{B}\left(1 - \dfrac{6e}{B}\right)$	$= \dfrac{269.280}{3.000} \times \left(1 - \dfrac{6 \times 0.400}{3}\right)$	17.952 kN/m²
許容支持力度 q_a		$q_a = 300$		300 kN/m²
判定（許容応力度と地盤反力度の大きいほうを比べる）		$\max(q_1, \ q_2) \leq q_a$	$q_1 = 161.568 < q_a = 300$	安定

表10・11 地盤の支持力度に対する安定性の判定（地震時）

計算量	適用(式・付録)番号	計算式	計算値	使用値
地盤の反力度（底版のつま先板前面）q_{1E}	式(10・13)	$q_{1E} = \dfrac{\Sigma V_E}{B}\left(1 + \dfrac{6e}{B}\right)$	$= \dfrac{284.929}{3.000} \times \left(1 + \dfrac{6 \times 0.459}{3}\right)$	182.165 kN/m²
地盤の反力度（底版のつま先板後面）q_{2E}	式(10・14)	$q_{2E} = \dfrac{\Sigma V_E}{B}\left(1 - \dfrac{6e}{B}\right)$	$= \dfrac{284.929}{3.000} \times \left(1 - \dfrac{6 \times 0.459}{3}\right)$	7.788 kN/m²
許容支持力度 q_{aE}		$q_{aE} = 450$		450 kN/m²
判定（許容支持力度と地盤反力度の大きいほうを比べる）		$\max(q_{1E}, \ q_{2E}) \leq q_{aE}$	$q_{1E} = 182.165 < q_{aE} = 450$	安定

10-7 たて壁の設計

7
断面を求めよう

　擁壁の設計において考慮する作用は，常時の作用・降雨の作用・地震動の作用・その他の作用です．ここでは，**常時の作用**（自重・載荷重・土圧）と**地震動の作用**（レベル1地震動：供用期間中に発生する確率が高い地震動）を考慮することにします．

　擁壁に作用する作用力により生じる地盤や部材の応力状態に対する安定や強度を，許容応力度設計法により照査します．

最大せん断力と最大曲げモーメント　　たて壁に作用する最大せん断力 S_v と最大曲げモーメント M_v の計算は，図 10·10 のように，たて壁が底版で固定された片持ばりと考えて計算を進めます．たて壁の計算を行うときは，壁面と裏込め土との間に，壁面摩擦角 δ（常時は $\delta = 20°$，地震時は $\delta_E = 15°$）が生じるので，土圧を水平分力と鉛直分力に分けて計算を進めます．

　常時では図 10·10（a）に示した土圧 P_{AH} と上載荷重による土圧 P_{AH}' が生じ，地震時には図 10·10（b）に示した土圧 P_{EAH} にたて壁の慣性力 P_{H1} が作用します．たて壁の作用力はたて壁と底版の接点で生じており，次式で求めます．

〈常時〉

$$S_v = P_{AH} + P_{AH}' \qquad (10 \cdot 15)$$

$$M_v = (P_{AH} \cdot y_1 + P_{AH}' \cdot y_2) \underline{- (P_{AV} \cdot x_1 + P_{AV}' \cdot x_1)} \qquad (10 \cdot 16)$$

〈地震時〉

$$S_{Ev} = P_{EAH} + P_{H1} \qquad (10 \cdot 17)$$

$$M_{Ev} = (P_{EAH} \cdot y_1 + P_{H1} \cdot y_2) \underline{- P_{EAV} \cdot x_1} \qquad (10 \cdot 18)$$

※判断条件：式(10·16)・式(10·18)の下線部鉛直力に関するモーメントは，安全側の設計となるため最大曲げモーメントの計算では無視します．添字の v は，たて壁に関する値のときに使用します．

10-7 たて壁の設計

土圧は式(10・1)より求めますが，主働土圧係数は常時では式(10・3)，地震時では式(10・4)を用いて計算します．

有効高さと有効幅　　たて壁の有効高さ d_v は，厚さからかぶりの $c = 100$ mm を引いて次式で求めます．

$$d_v = 1\,000 \times l_2 - 100 \tag{10・19}$$

たて壁の有効幅は，擁壁の基準幅 $1\,000$ mm（1 m）の単位長さとします．

必要な有効高さの計算　　式(10・19)で求めたたて壁の有効高さは，次の条件を満たさないといけません．

$$d_v \geq C_1\sqrt{M_V/b} \tag{10・20}$$

C_1 は，付表 6 より求めます．

必要な鉄筋量の計算　　たて壁に必要な鉄筋量の計算は，たて壁に作用する最大曲げモーメントを用いて次式で計算します．

$$A_{sv} = C_2\sqrt{M_v b} \tag{10・21}$$

C_2 は，付表 6 より求めます．

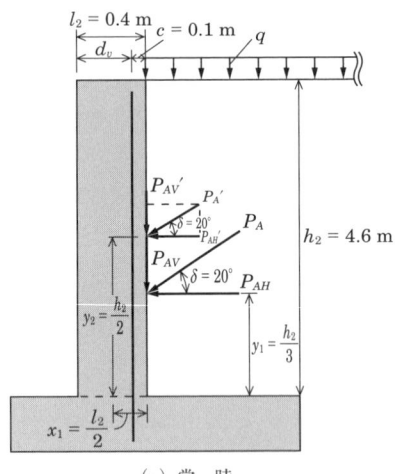

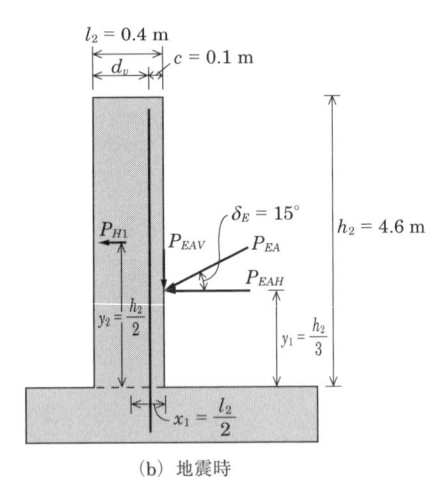

図 10・10　たて壁に作用する裏込め土の土圧

7 断面を求めよう

たて壁の計算値をまとめて表示します.

表10・12 たて壁に作用する最大せん断力と最大曲げモーメントの計算（常時）

計算量	適用（式・付録）番号	計算式	計算値	使用値
地表面と水平角のなす角 β 壁背面と鉛直面のなす角 α 裏込め土のせん断抵抗角 ϕ 壁面摩擦角 δ 土圧の作用方向と水平面のなす角 $\alpha+\delta$ 地震合成角 θ	設計条件より			$0°$ $0°$ $30°$ $20°$ $20°$ $0°$
主動土圧係数 K_A	式(10·3)	$K_A = \dfrac{\cos^2(\phi-\alpha)}{\cos^2\alpha\cos(\alpha+\delta)\left[1+\sqrt{\dfrac{\sin(\phi+\delta)\sin(\phi-\beta)}{\cos(\alpha+\delta)\cos(\alpha-\beta)}}\right]^2}$	$= \dfrac{\cos^2(30°-0°)}{\cos^2 0°\cos(0°+20°)\left[1+\sqrt{\dfrac{\sin(30°+20°)\times\sin(30°-0°)}{\cos(0°+20°)\times\cos(0°-0°)}}\right]^2}$	0.297 kN
クーロンの土圧（土塊）P_A	式(10·1)	$P_A = \dfrac{1}{2}K_A\gamma h_2^2$	$= \dfrac{1}{2}\times 0.297\times 19\times 4.600^2$	59.703 kN
クーロンの土圧（土塊）水平分力 P_{AH}		$P_{AH} = P_A\cos(\delta+\alpha)$	$= 59.703\times\cos 20°$	56.102 kN
クーロンの土圧（土塊）鉛直分力 P_{AV}		$P_{AV} = P_A\sin(\delta+\alpha)$	$= 59.703\times\sin 20°$	20.419 kN
水平分力作用位置 y_1		$y_1 = h_2/3$	$= 4.600/3$	1.533 m
鉛直分力作用位置 x_1		$x_1 = l_2/2$	$= 0.400/2$	0.200 m
クーロンの土圧（活荷重）$P_A{}'$	式(10·2)	$P_A{}' = K_A q h_2$	$= 0.297\times 10\times 4.600$	13.662 kN
クーロンの土圧（活荷重）水平分力 $P_{AH}{}'$		$P_{AH}{}' = P_A{}'\cos(\delta+\alpha)$	$= 13.662\times\cos 20°$	12.838 kN
クーロンの土圧（活荷重）鉛直分力 $P_{AV}{}'$		$P_{AV}{}' = P_A{}'\sin(\delta+\alpha)$	$= 13.662\times\sin 20°$	4.673 kN
水平分力作用位置 y_2		$y_2 = h_2/2$	$= 4.600/2$	2.300 m
鉛直分力作用位置 x_1		$x_1 = l_2/2$	$= 0.400/2$	0.200 m
最大せん断力 S_v	式(10·15)	$S_v = P_{AH}+P_{AH}{}'$	$= 56.102+12.838$	69.940 kN
最大曲げモーメント M_v	式(10·16)	$M_v = (P_H\times y_1+P_{AH}{}'\times y_2)-(P_{AV}\times x_1+P_{AV}{}'\times x_1)$ 下線部は，主動土圧の鉛直分力は計算上無視します.	$= (56.102\times 1.533+12.838\times 2.300)$	115.532 kN·m

10-7 たて壁の設計

表 10・13 たて壁に作用する最大せん断力と最大曲げモーメントの計算（地震時）

計算量	適用（式・付録）番号	計算式	計算値	使用値
地表面と水平角のなす角 β	設計条件より			$0°$
壁背面と鉛直面のなす角 α				$0°$
裏込め土のせん断抵抗角 ϕ				$30°$
壁面摩擦角 δ_E				$15°$
土圧の作用方向と水平面のなす角 $\alpha+\delta_E$				$15°$
地震合成角 θ		$\theta = \tan^{-1} k_h$　設計水平震度 0.15	$\theta = \tan^{-1} 0.15$	$8.531°$
主動土圧係数 K_{EA}	式(10・4)	$K_{EA} = \dfrac{\cos^2(\phi-\alpha-\theta)}{\cos^2\alpha\cos(\alpha+\delta_E+\theta)\left[1+\sqrt{\dfrac{\sin(\phi+\delta_E)\sin(\phi-\beta-\theta)}{\cos(\alpha+\delta_E+\theta)\cos(\alpha-\beta)}}\right]^2}$	$= \dfrac{\cos^2(30°-0°-8.531°)}{\cos^2 0°\times\cos(0°+15°+8.531°)\times\cos 8.531°\left[1+\sqrt{\dfrac{\sin(30°+15°)\times\sin(30°-0°-8.531°)}{\cos(0°+15°+8.531°)\times\cos(0°-0°)}}\right]^2}$	0.407 kN
クーロンの土圧（土塊）P_{EA}	式(10・1)	$P_{EA} = \dfrac{1}{2}K_{AEY}h_2^2$	$= \dfrac{1}{2}\times 0.407\times 19\times 4.600^2$	81.815 kN
クーロンの土圧（土塊）水平分力 P_{EAH}		$P_{EAH} = P_{EA}\cos(\delta_E+\alpha)$　壁面摩擦角 $\delta_E = 15°$	$= 81.815\times\cos 15°$	79.027 kN
クーロンの土圧（土塊）鉛直分力 P_{EAV}		$P_{EAV} = P_{EA}\sin(\delta_E+\alpha)$　壁面摩擦角 $\delta_E = 15°$	$= 81.815\times\sin 15°$	21.175 kN
水平力作用位置 y_1		$y_1 = h_2/3$	$= 4.600/3$	1.533 m
鉛直分力作用位置 x_1		$x_1 = l_2/2$	$= 0.400/2$	0.200 m
たて壁の地震時慣性力 P_{H1}	表10・5より	$P_{H1} = V_1\times k_h$	$= 45.080\times 0.15$	6.762 kN
慣性力の作用位置 y_2		$y_2 = h_2/2$	$= 4.600/2$	2.300 m
最大せん断力 S_{Er}	式(10・17)	$S_{Er} = P_{EAH}+P_{H1}$	$= 79.027+6.762$	85.789 kN
最大曲げモーメント M_{Er}	式(10・18)	$M_{Er} = (P_{EAH}\times y_1+P_{H1}\times y_2)-P_{EAV}\times x_1$　下線部は、主働土圧の鉛直分力は計算上無視します。	$= 79.027\times 1.533+6.762\times 2.300$	136.701 kN·m

表 10・14 たて壁の有効高さ，有効幅の仮定計算および必要鉄筋量と有効高さの確認

	計算量	適用(式・付録)番号	計算式	計算値	使用値
たて壁	有効高さ d_v	式(10-19)	$d_v = 1000 \times l_2 - 100$	$= 1000 \times 0.400 - 100$	300 mm
	有効幅 b		擁壁の単位長さ 1 m	$= 1000$	1000 mm
常時	作用するモーメント M_v	表 10・12 より		$= 115.532$ kN·m $= 115.532 \times 10^6$	115.532×10^6 N·mm
	コンクリートの許容圧縮応力度 $\sigma_{ca} = 8$ N/mm², 鉄筋の許容引張応力度 $\sigma_{sa} = 180$ N/mm² より				
	C_1	付表 6 より			0.849
	C_2	付表 6 より			0.00755
	たて壁において，有効高さが次式を満足していることが必要です．				
	有効高さの確認 d_v	式(10-20)	$d_v \geq C_1 \sqrt{M_v/b}$	$d_v (= 300) \geq 0.849 \times \sqrt{115.532 \times 10^6/1000} \; (= 289)$	OK
	必要な鉄筋量 A_{sv}	式(10-21)	$A_{sv} = C_2 \sqrt{M_v b}$	$= 0.00755 \times \sqrt{115.532 \times 10^6 \times 1000}$	2 566 mm²
地震時	作用するモーメント M_{Ev}	表 10・13 より		$= 136.701$ kN·m $= 136.701 \times 10^6$	136.701×10^6 N·mm
	コンクリートの許容圧縮応力度 $\sigma_{ca} = 12$ N/mm², 鉄筋の許容引張応力度 $\sigma_{sa} = 300$ N/mm² より				
	C_1	付表 6 より			0.713
	C_2	付表 6 より			0.00535
	たて壁において，有効高さが次式を満足していることが必要です．				
	有効高さの確認 d_v	式(10-20)	$d_v \geq C_1 \sqrt{M_{Ev}/b}$	$d_v (= 300) \geq 0.713 \times \sqrt{136.701 \times 10^6/1000} \; (= 264)$	OK
	必要な鉄筋量 A_{sv}	式(10-21)	$A_{sv} = C_2 \sqrt{M_E b}$	$= 0.00535 \times \sqrt{136.701 \times 10^6 \times 1000}$	1 978 mm²

以上のことから，使用する鉄筋は，異形棒鋼 SD 345 の D 22 を引張側に 1 m 当たり **8 本配置する**（間隔は 125 mm）．
鉄筋の総面積 $A_s = 3\,097$ mm² となります．

たて壁 { 前面には，D 16 を 250 mm 間隔に 4 本．$A_{sv'} = 794$ mm².
背面には，D 22 を 125 mm 間隔に 8 本．$A_{sv'} = 3\,097$ mm².

10-8 底版の設計

8 つま先版とかかと版に分けて考えよう

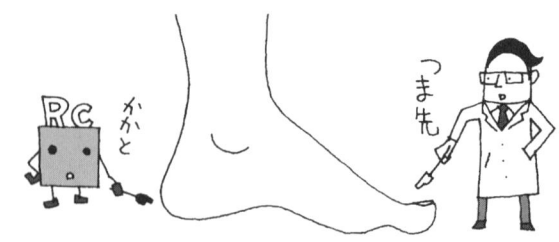

最大せん断力と最大曲げモーメント

底版に作用する最大せん断力 S と最大曲げモーメント M の計算は，図 10·11 のように，つま先版とかかと版に分けて検討します．

つま先版とかかと版の作用力は，たて壁の付け根で固定された片持ばりとして計算をします．

〈常時〉

$$S_t = V_t - Q_t \quad (10 \cdot 22) \qquad M_t = V_t \times x_{t1} - Q_t \times x_{t2} \quad (10 \cdot 23)$$

$$S_k = (V_k + V_3 + V_5) - Q_k \quad (10 \cdot 24)$$

$$M_k = (V_k \times x_{k1} + V_3 \times x_3 + V_5 \times x_3) - Q_k \times x_{k2} \quad (10 \cdot 25)$$

V_t：つま先版の自重，Q_t：つま先部の地盤反力

V_k：かかと版の自重，Q_k：かかと部の地盤反力

〈地震時〉

$$S_{Et} = V_t - Q_{Et} \quad (10 \cdot 26) \qquad M_{Et} = V_t \times x_{t1} - Q_{Et} \times x_{t2} \quad (10 \cdot 27)$$

$$S_{Ek} = (V_k + V_3 + P_{EAV}) - Q_{Ek} \quad (10 \cdot 28)$$

$$M_{Ek} = (V_k \times x_{k1} + V_3 \times x_3 + P_{EAV} \times x_4) - Q_{Ek} \times x_{k2} \quad (10 \cdot 29)$$

Q_{Et}：つま先部の地震時地盤反力　Q_{Ek}：かかと部の地震時地盤反力

※ 判断条件：かかと版の最大曲げモーメントは，M_V と M_K または M_{EV} と M_{EK} を比較して小さいほうを用いる．添字の t はつま先版，k はかかと版に関する値のときに使用します．

有効高さと有効幅

底版のつま先版とかかと版の有効高さ $(d_t \cdot d_k)$ は，厚さからかぶりの $c = 110$ mm を引いて次式で求めます．

底版は，地下水位のある土中に埋め込まれることが多い（乾湿の繰返しが多い土中・水中扱い）ため，維持管理の困難さも考慮し，他部材よりもかぶりを大きくとります．

8 つま先版とかかと版に分けて考えよう

$$d_t = 1\,000 \times h_1 - 110 \tag{10・30}$$

$$d_k = 1\,000 \times h_1 - 110 \tag{10・31}$$

底版もたて壁と同じで有効幅は，擁壁の基準幅 1 000 mm（1 m）の単位長さとします．

必要な有効高さの計算　式(10・30)，(10・31)で求めた，つま先版とかかと版の有効高さは，次の条件を満たさないといけません．

$$d_t \geq C_1 \sqrt{\frac{M_t}{b}} \tag{10・32}$$

$$d_k \geq C_1 \sqrt{\frac{M_k}{b}} \tag{10・33}$$

C_1 は，付表6より求めます．

必要な鉄筋量の計算　底版に必要な鉄筋量の計算は，つま先版とかかと版に作用する最大曲げモーメントの絶対値を用いて次式で計算します．

$$A_{st} = \frac{C_1 C_2 M_t}{d_t} \tag{10・34}$$

$$A_{sk} = C_2 \sqrt{M_k b} \tag{10・35}$$

C_1，C_2 は，付表6より求めます．

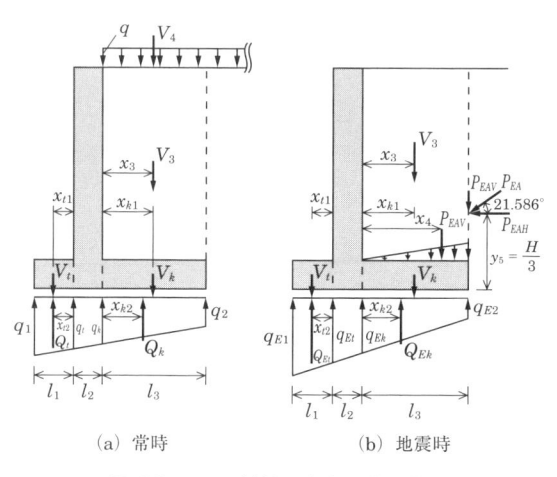

（a）常時　　　　　　　（b）地震時

図 10・11　地盤反力度と作用位置

10-8 底版の設計

ここまでの計算値をまとめて表示します.

表 10・15 つま先版に作用する最大せん断力と最大曲げモーメントの計算（常時）

計算量	適用(式・付録)番号	計算式	計算値	使用値
つま先版の自重 V_t		$V_t = l_1 \times h_1 \times \gamma \times 1.000$	$= 0.600 \times 0.400 \times 24.5 \times 1.000$	5.880 kN
作用位置 x_{t1}		$x_{t1} = l_1/2$	$= 0.600/2$	0.300 m
モーメント M_{t1}		$M_{t1} = V_t \times x_{t1}$	$= 5.880 \times 0.300$	1.764 kN·m
地盤の反力度（底版前面）q_1	表 10・10 より	$q_1 = \dfrac{\Sigma V}{B} \times \left(1 + \dfrac{6e}{B}\right)$	$= \dfrac{269.280}{3.000} \times \left(1 + \dfrac{6 \times 0.400}{3}\right)$	161.568 kN/m²
地盤の反力度（底版後面）q_2	表 10・10 より	$q_2 = \dfrac{\Sigma V}{B} \times \left(1 - \dfrac{6e}{B}\right)$	$= \dfrac{269.280}{3.000} \times \left(1 - \dfrac{6 \times 0.400}{3}\right)$	17.952 kN/m²
地盤の反力度（つま先板付け根）q_t		$q_t = \dfrac{(q_1-q_2)}{B} \times (B-l_1) + q_2$	$= \left\{\dfrac{(161.568-17.952)}{3.000} \times (3.000-0.600)\right\} + 17.952$	132.845 kN/m²
地盤反力 Q_t		$Q_t = \dfrac{(q_1+q_t)}{2} \times l_1 \times 1.000$	$= \dfrac{(161.568+132.845)}{2} \times 0.600 \times 1.000$	88.324 kN
作用位置 x_{t2}		$x_{t2} = \dfrac{l_1}{3} \times \dfrac{2q_1+q_t}{q_1+q_t}$	$= \dfrac{0.600}{3} \times \dfrac{2 \times 161.568+132.845}{161.568+132.845}$	0.310 m
モーメント M_{t2}		$M_{t2} = Q_t \times x_{t2}$	$= 88.324 \times 0.310$	27.380 kN·m
最大せん断力 S_t	式(10・22)	$S_t = V_t - Q_t$	$= 5.880 - 88.324$（上向き）	82.444 kN
最大曲げモーメント M_t	式(10・23)	$M_t = M_{t1} - M_{t2}$	$= 1.764 - 27.380$（上向き）	25.616 kN·m

表 10・16 つま先版に作用する最大せん断力と最大曲げモーメントの計算（常時）

計算量	適用(式・付録)番号	計算式	計算値	使用値
つま先版の自重 V_t		$V_t = l_1 \times h_1 \times \gamma \times 1.0$	$= 0.600 \times 0.400 \times 24.5 \times 1.000$	5.880 kN
作用位置 x_{t1}		$x_{t1} = l_1/2$	$= 0.600/2$	0.300 m
モーメント M_{Et1}		$M_{Et1} = V_t \times x_{t1}$	$= 5.880 \times 0.300$	1.764 kN·m
地盤の反力度（底版前面）q_{E1}	表 10・11 より	$q_{E1} = \dfrac{\Sigma V_E}{B} \times \left(1 + \dfrac{6e}{B}\right)$	$= \dfrac{284.929}{3.000} \times \left(1 + \dfrac{6 \times 0.459}{3}\right)$	182.165 kN/m²
地盤の反力度（底版後面）q_{E2}	表 10・11 より	$q_{E2} = \dfrac{\Sigma V_E}{B} \times \left(1 - \dfrac{6e}{B}\right)$	$= \dfrac{284.929}{3.000} \times \left(1 - \dfrac{6 \times 0.459}{3}\right)$	7.788 kN/m²
地盤の反力度（つま先板付け根）q_{Et}		$q_{Et} = \dfrac{(q_{E1}-q_{E2})}{B} \times (B-l_1) + q_{E2}$	$= \left\{\dfrac{(182.165+7.788)}{3.000} \times (3.000-0.600)\right\} + 7.788$	147.296 kN/m²
地盤反力 Q_{Et}		$Q_{Et} = \dfrac{(q_{E1}+q_{Et})}{2} \times l_1 \times 1.000$	$= \dfrac{(182.165+147.290)}{2} \times 0.600 \times 1.000$	98.837 kN
作用位置 x_{t2}		$x_{t2} = \dfrac{l_1}{3} \times \dfrac{2q_{E1}+q_{Et}}{q_{E1}+q_{Et}}$	$= \dfrac{0.600}{3} \times \dfrac{2 \times 182.165+147.296}{182.165+147.296}$	0.311 m
モーメント M_{Et2}		$M_{Et2} = Q_{Et} \times x_{t2}$	$= 98.837 \times 0.311$	30.738 kN·m
最大せん断力 S_{Et}	式(10・26)	$S_{Et} = V_t - Q_{Et}$	$= 5.880 - 98.837$（上向き）	92.957 kN
最大曲げモーメント M_{Et}	式(10・27)	$M_{Et} = M_{Et1} - M_{Et2}$	$= 1.764 - 30.738$（上向き）	28.974 kN·m

8 つま先版とかかと版に分けて考えよう

表 10・17 かかと版に作用する最大せん断力と最大曲げモーメントの計算（常時）

計算量	適用（式・付録）番号	計算式	計算値	使用値
かかと版の自重 V_k		$V_k = l_3 \times h_1 \times \gamma \times 1.000$	$= 2.000 \times 0.400 \times 24.5 \times 1.000$	19.600 kN
作用位置 x_{k1}		$x_{k1} = l_3/2$	$= 2.000/2$	1.000 m
モーメント M_{k1}		$M_{k1} = V_k \times x_{k1}$	$= 19.600 \times 1.000$	19.600 kN·m
裏込め土の自重 V_3	表 10・4 より	$V_3 = l_3 \times h_2 \times \gamma \times 1.000$	$= 2.000 \times 4.600 \times 19.0 \times 1.000$	174.800 kN
作用位置 x_3		$x_3 = l_3/2$	$= 2.000/2$	1.000 m
モーメント M_3		$M_3 = V_3 \times x_3$	$= 174.800 \times 1.000$	174.800 kN·m
上載荷重 V_4	表 10・4 より	$V_4 = l_2 \times q \times 1.000$	$= 2.000 \times 10 \times 1.000$	20.000 kN
作用位置 x_4		$x_4 = l_3/2$	$= 2.000/2$	1.000 m
モーメント M_{k4}		$M_4 = V_4 \times x_4$	$= 20.000 \times 1.000$	20.000 kN·m
地盤の反力度（底版前面）q_1	表 10・10 より	$q_1 = \dfrac{\Sigma V}{B} \times \left(1 + \dfrac{6e}{B}\right)$	$= \dfrac{269.280}{3.000} \times \left(1 + \dfrac{6 \times 0.400}{3}\right)$	161.568 kN/m²
地盤の反力度（底版後面）q_2	表 10・10 より	$q_2 = \dfrac{\Sigma V}{B} \times \left(1 - \dfrac{6e}{B}\right)$	$= \dfrac{269.280}{3.000} \times \left(1 - \dfrac{6 \times 0.400}{3}\right)$	17.952 kN/m²
地盤の反力度（かかと板付け根）q_k		$q_k = \dfrac{(q_1 - q_2)}{B} \times l_3 + q_2$	$= \left\{\dfrac{161.568 + 17.952}{3.000}\right\} \times 2.000 + 17.952$	113.696 kN/m²
地盤反力 Q_k		$Q_k = \dfrac{(q_2 + q_k)}{2} \times l_3 \times 1.000$	$= \dfrac{(17.952 + 113.696)}{2} \times 2.000 \times 1.000$	131.648 kN
作用位置 x_{k2}		$x_{t2} = \dfrac{l_3}{3} \times \dfrac{2 q_2 + q_k}{q_2 + q_k}$	$= \dfrac{2.000}{3} \times \dfrac{2 \times 17.952 + 113.696}{17.952 + 113.696}$	0.758 m
最大せん断力 S_k	式 (10・24)	$S_k = (V_k + V_3 + V_5) - Q_k$	$= (19.600 + 174.800 + 20.000) - 131.648$（下向き）	82.752 kN
最大曲げモーメント M_k	式 (10・25)	$M_k = M_{k1} + M_3 + M_{k4} - Q_k \times x_{k2}$ $M_k \leq M_v$ とします。	$= (19.600 + 174.800 + 20.000) - 131.648 \times 0.758$ $= 114.611$（下向き）$< M_v = 115.532$	114.611 kN·m

表 10・18 かかと版に作用する最大せん断力と最大曲げモーメントの計算（地震時）

計算量	適用（式・付録）番号	計算式	計算値	使用値
かかと版の自重 V_k		$V_k = l_3 \times h_1 \times \gamma \times 1.000$	$= 2.000 \times 0.400 \times 24.5 \times 1.000$	19.600 kN
作用位置 x_{k1}		$x_{k1} = l_3/2$	$= 2.000/2$	1.000 m
モーメント M_{Ek1}		$M_{Ek1} = V_k \times x_{k1}$	$= 19.600 \times 1.000$	19.600 kN·m
裏込め土の自重 V_3	表 10・4 より	$V_3 = l_3 \times h_2 \times \gamma \times 1.000$	$= 2.000 \times 4.600 \times 19.0 \times 1.000$	174.800 kN
作用位置 x_3		$x_3 = l_3/2$	$= 2.000/2$	1.000 m
モーメント M_3		$M_3 = V_3 \times x_3$	$= 174.800 \times 1.000$	174.800 kN·m
土圧の垂直分力 P_{EAV}	表 10・3 より	$P_{EAV} = P_{EA} \sin(\delta_E + \alpha)$	$= 96.900 \times \sin 21.586°$	35.649 kN
作用位置 x_5		$x_5 = 2/3 \times l_3$	$= 2/3 \times 2.000$	1.333 m
モーメント M_{Ek5}		$M_{Ek5} = P_{EAv} \times x_5$	$= 35.649 \times 1.333$	47.520 kN·m
地盤の反力度（底版前面）q_{E1}	表 10・11 より	$q_{E1} = \dfrac{\Sigma V_E}{B} \times \left(1 + \dfrac{6e}{B}\right)$	$= \dfrac{284.929}{3.000} \times \left(1 + \dfrac{6 \times 0.459}{3}\right)$	182.165 kN/m²
地盤の反力度（底版後面）q_{E2}	表 10・11 より	$q_{E2} = \dfrac{\Sigma V_E}{B} \times \left(1 - \dfrac{6e}{B}\right)$	$= \dfrac{284.929}{3.000} \times \left(1 - \dfrac{6 \times 0.459}{3}\right)$	7.788 kN/m²
地盤の反力度（かかと板付け根）q_{Ek}		$q_{Ek} = \dfrac{(q_{E1} - q_{E2})}{B} \times l_3 + q_{E2}$	$= \left\{\dfrac{182.165 - 7.788}{3.000}\right\} \times 2.000 + 7.788$	124.039 kN/m²
地盤反力 Q_{Ek}		$Q_{EAVk} = \dfrac{(q_{E2} + q_{Ek})}{2} \times l_3 \times 1.000$	$= \dfrac{(7.788 + 124.039)}{2} \times 2.000 \times 1.000$	131.827 kN
作用位置 x_{k2}		$x_{t2} = \dfrac{l_3}{3} \times \dfrac{2 q_{E2} + q_{Ek}}{q_{E2} + q_{Ek}}$	$= \dfrac{2.000}{3} \times \dfrac{2 \times 7.788 + 124.039}{7.788 + 124.039}$	0.706 m
最大せん断力 S_{Ek}	式 (10・28)	$S_{Ek} = (V_k + V_3 + P_{EAv}) - Q_{Ek}$	$= (19.600 + 174.800 + 35.649) - 131.827$	98.222 kN
最大曲げモーメント M_{Ek}	式 (10・29)	$M_{Ek} = M_{Ek1} + M_3 + M_{Ek5} - Q_{Ek} \times x_{k2}$ $M_{Ek} \leq M_{Ev}$ とします。	$= (19.600 + 174.800 + 47.520) - 131.827 \times 0.706$ $= 148.850$（下向き）> 136.701	136.701 kN·m

10-8 底版の設計

表 10·19　つま先版の有効高さと有効幅の仮定計算および必要鉄筋量と有効高さの確認

	計算量	適用(式・付録)番号	計算式	計算値	使用値
常時	有効高さ d_t	式(10·30)	$d_t = 1000 \times h_1 - 110$	$= 1000 \times 0.400 - 110$	290 mm
	有効幅 b		擁壁の単位長さ1 m	$= 1000$	1 000 mm
	作用するモーメント M_t	表 10·15 より		$= 25.616$ kN·m $= 25.616 \times 10^6$ N·mm	25.616×10^6 N·mm
	C_1	付表 6 より			0.849
	C_2	付表 6 より			0.00755
	つま先版において,有効高さが次式を満足していることが必要です.				
	有効高さの確認 d_t	式(10·32)	$d_t \geq C_1 \sqrt{M_t/b}$	$d_t(=290) \geq 0.849 \times \sqrt{25.616 \times 10^6/1000} \, (=136)$	OK
	必要な鉄筋量 A_{st}	式(10·34)	$A_{st} = \dfrac{C_1 C_2 M_t}{d_t}$	$= \dfrac{0.849 \times 0.00755 \times 25.616 \times 10^6}{290}$	566 mm²
地震時	作用するモーメント M_{Et}	表 10·16 より		$= 28.974$ kN·m $= 28.974 \times 10^6$ N·mm	28.974×10^6 N·mm
	C_1	付表 6 より			0.713
	C_2	付表 6 より			0.00535
	つま先版において,有効高さが次式を満足していることが必要です.				
	有効高さの確認 d_t	式(10·32)	$d_t \geq C_1 \sqrt{M_{Et}/b}$	$d_t(=290) \geq 0.713 \times \sqrt{28.974 \times 10^6/1000} \, (=121)$	OK
	必要な鉄筋量 A_{st}	式(10·34)	$A_{st} = \dfrac{C_1 C_2 M_{Et}}{d_t}$	$= \dfrac{0.713 \times 0.00535 \times 28.974 \times 10^6}{290}$	381 mm²

つま先版	上面には,D 13 を 250 mm 間隔 4 本. $A_{st} = 507$ mm².
	下面には,D 16 を 250 mm 間隔 4 本. $A_{st} = 794$ mm².

表 10·20　かかと版の有効高さと有効幅の仮定計算および必要鉄筋量と有効高さの確認

	計算量	適用(式・付録)番号	計算式	計算値	使用値
常時	有効高さ d_k	式(10·31)	$d_k = 1000 \times h_1 - 110$	$= 1000 \times 0.400 - 110$	290 mm
	有効幅 b		擁壁の単位長さ1 m	$= 1000$	1 000 mm
	作用するモーメント M_k	表 10·17 より		$= 114.611$ kN·m $= 114.611 \times 10^6$ N·mm	114.611×10^6 N·mm
	C_1	付表 6 より			0.849
	C_2	付表 6 より			0.00755
	かかと版において,有効高さが次式を満足していることが必要です.				
	有効高さの確認 d_k	式(10·33)	$d_k \geq C_1 \sqrt{M_k/b}$	$d_k(=290) \geq 0.849 \times \sqrt{114.611 \times 10^6/1000} \, (=287)$	OK
	必要な鉄筋量 A_{sk}	式(10·35)	$A_{sk} = C_2 \sqrt{M_k b}$	$= 0.00755 \times \sqrt{114.611 \times 10^6 \times 1000}$	2 566 mm²
地震時	作用するモーメント M_{Ek}	表 10·18 より		$= 136.701$ kN·m $= 136.701 \times 10^6$ N·mm	136.701×10^6 N·mm
	C_1	付表 6 より			0.713
	C_2	付表 6 より			0.00535
	かかと版において,有効高さが次式を満足していることが必要です.				
	有効高さの確認 d_k	式(10·35)	$d_k \geq C_1 \sqrt{M_{Ek}/b}$	$d_k(=290) \geq 0.713 \times \sqrt{136.701 \times 10^6/1000} \, (=264)$	OK
	必要な鉄筋量 A_{sk}	式(10·35)	$A_{sk} = C_2 \sqrt{M_{Ek} b}$	$= 0.00535 \times \sqrt{136.701 \times 10^6 \times 1000}$	1 978 mm²

かかと版	上面には,D 22 を 125 mm 間隔 8 本. $A_{sk} = 3097$ mm².
	下面には,D 16 を 250 mm 間隔 4 本. $A_{sk} = 794$ mm².

10-9 応力度の照査

9 擁壁は大丈夫か

擁壁に生じる応力度の照査

擁壁に生じる応力度は，コンクリートの圧縮応力度 σ_c，鉄筋の引張応力度 σ_s，平均せん断応力度 τ_m，コンクリートの付着応力度 τ_0 が，それぞれの許容応力度以下であることで確認します．

$$\sigma_c \leq \sigma_{ca} \qquad \sigma_s \leq \sigma_{sa} \qquad \tau_m \leq \tau_{ma} \qquad \tau_0 \leq \tau_{0a} \qquad (10\cdot36)$$

それぞれの許容応力度は，下記の表の数値とします．

表 10・21　常時と地震時の許容応力度（$f_{ck}=24$ N/mm², SD 345）

	σ_{ca}	σ_{sa}	τ_{ma}	τ_{0a}
常　時	8 N/mm²	180 N/mm²	0.23 N/mm²	1.6 N/mm²
地震時	12 N/mm²	300 N/mm²	0.345 N/mm²	2.4 N/mm²

擁壁に生じる応力度の求め方

たて壁・つま先版・かかと版に実際に配置される鉄筋量 A_s，有効高さ d，有効幅 b を用いて，次式により引張鉄筋比 p を求めます．

$$p = \frac{A_s}{bd} \qquad (10\cdot37)$$

次に，引張鉄筋比 p に応じた係数 k, j を，付表 4 により求めます．

擁壁各部のコンクリート圧縮応力度 σ_c，鉄筋の引張応力度 σ_s，せん断応力度 τ，コンクリートの付着応力度 τ_0 は，各部に生じている最大せん断力 S と最大曲げモーメント M，有効高さ d，有効幅 b，実際に配置される鉄筋量 A_s，鉄筋の総周長 u，係数 k, j を用いて，次式から常時と地震時について求め，許容応力度と検討を行います．

$$\sigma_c = \frac{2M}{kjbd^2} \qquad (10\cdot38) \qquad \sigma_s = \frac{M}{A_s jd} = \frac{M}{kjbd^2} \qquad (10\cdot39)$$

10-9 応力度の照査

$$\tau_m = \frac{S}{bd} \quad (10\cdot 40) \qquad \tau_0 = \frac{S}{ujd} \quad (10\cdot 41)$$

※たて壁，つま先版，かかと版の常時と地震時の計算には，それぞれの値を代入して計算します．

表 10・22 たて壁に生じる応力度の照査（常時）

計算量	適用(式・付録)番号	計算式	計算値	使用値
引張鉄筋比 p	式(10・37)	$p = \dfrac{A_{sv}}{bd_v}$	$= \dfrac{3\,097}{1\,000 \times 300}$	0.0103
係数 k	付表 4 より			0.423
係数 j	付表 4 より			0.859
コンクリートの圧縮応力度 σ_c	表 10・12 より	$\sigma_c = \dfrac{2\,M_v}{kjbd_v^2}$	$= \dfrac{2 \times 115.532 \times 10^6}{0.423 \times 0.859 \times 1\,000 \times 300^2}$	7.066 N/mm²
鉄筋の引張応力度 σ_s	表 10・12 より	$\sigma_s = \dfrac{M_v}{A_{sv}jd_v} = \dfrac{M_v}{pjbd_v^2}$	$= \dfrac{115.532 \times 10^6}{0.0103 \times 0.859 \times 1\,000 \times 300^2}$	145.087 N/mm²
せん断応力度 τ_m	表 10・12 より	$\tau_m = \dfrac{S_v}{bd_v}$	$= \dfrac{69.940 \times 10^3}{1\,000 \times 300}$	0.233 N/mm²
コンクリートの付着応力度 τ_0	表 10・12 より	$\tau_0 = \dfrac{S_v}{u_v jd_v}$	$= \dfrac{69.940 \times 10^3}{560 \times 0.859 \times 300}$ 付表 3 より $u_v = 560$ mm	0.485 N/mm²

$\sigma_c(7.066 =) \leq \sigma_{ca}(= 8.000)$ $\sigma_s(= 144.759) \leq \sigma_{sa}(= 180.000)$
$\tau_m(= 0.233) \leq \tau_{ma}(= 0.483)$ $\tau_0(= 0.485) \leq \tau_{0a}(= 1.600)$
以上のようにすべて許容範囲内にあるので，**安全**です．

表 10・23 たて壁に生じる応力度の照査（地震時）

計算量	適用(式・付録)番号	計算式	計算値	使用値
コンクリートの圧縮応力度 σ_c	表 10・13 より	$\sigma_c = \dfrac{2\,M_{Ev}}{kjbd_v^2}$	$= \dfrac{2 \times 136.468 \times 10^6}{0.423 \times 0.859 \times 1\,000 \times 300^2}$	8.360 N/mm²
鉄筋の引張応力度 σ_s	表 10・13 より	$\sigma_s = \dfrac{M_{Ev}}{A_{sv}jd_v} = \dfrac{M_{Ev}}{pjbd_v^2}$	$= \dfrac{136.468 \times 10^6}{0.0103 \times 0.859 \times 1\,000 \times 300^2}$	171.672 N/mm²
せん断応力度 τ_m	表 10・13 より	$\tau_m = \dfrac{S_{Ev}}{bd_v}$	$= \dfrac{85.789 \times 10^3}{1\,000 \times 300}$	0.286 N/mm²
コンクリートの付着応力度 τ_0	表 10・13 より	$\tau_0 = \dfrac{S_{Ev}}{u_v jd_v}$	$= \dfrac{85.789 \times 10^3}{560 \times 0.859 \times 300}$ 付表 3 より $u_v = 560$ mm	0.594 N/mm²

$\sigma_c(= 8.360) \leq \sigma_{ca}(= 12.000)$ $\sigma_s(= 171.672) \leq \sigma_{sa}(= 300.000)$
$\tau_m(= 0.286) \leq \tau_{ma}(= 0.725)$ $\tau_0(= 0.594) \leq \tau_{0a}(= 2.400)$
以上のようにすべて許容範囲内にあるので，**安全**です．

表10・24 つま先版に生じる応力度の照査（常時）

計算量	適用（式・付録）番号	計算式	計算値	使用値
引張鉄筋比 p	式(10・37)	$p = \dfrac{A_{st}}{bd_t}$	$= \dfrac{794}{1\,000 \times 290}$	0.0027
係数 k	付表4より			0.247
係数 j	付表4より			0.918
コンクリートの圧縮応力度 σ_c	表10・15より	$\sigma_c = \dfrac{2M_t}{kjbd_t^2}$	$= \dfrac{2 \times 25.616 \times 10^6}{0.247 \times 0.918 \times 1\,000 \times 290^2}$	2.687 N/mm²
鉄筋の引張応力度 σ_s	表10・15より	$\sigma_s = \dfrac{M_t}{A_{st}jd_t} = \dfrac{M_t}{pjbd_t^2}$	$= \dfrac{25.616 \times 10^6}{0.0027 \times 0.918 \times 1\,000 \times 290^2}$	122.888 N/mm²
平均せん断応力度 τ_m	表10・15より	$\tau_m = \dfrac{S_t}{bd_t}$	$= \dfrac{82.444 \times 10^3}{1\,000 \times 290}$	0.284 N/mm²
コンクリートの付着応力度 τ_0	表10・15より	$\tau_0 = \dfrac{S_t}{u_t jd_t}$	$= \dfrac{82.444 \times 10^3}{200 \times 0.918 \times 290}$ 付表3より $u_t = 200$ mm	1.548 N/mm²

$\sigma_c(= 2.687) \leq \sigma_{ca}(= 8.000)$ $\sigma_s(= 122.888) \leq \sigma_{sa}(= 180.000)$
$\tau_m(= 0.284) \leq \tau_{ma}(= 0.483)$ $\tau_0(= 1.548) \leq \tau_{0a}(= 1.600)$
以上のようにすべて許容範囲内にあるので，**安全です**．

表10・25 つま先版に生じる応力度の照査（地震時）

計算量	適用（式・付録）番号	計算式	計算値	使用値
コンクリートの圧縮応力度 σ_c	表10・16より	$\sigma_c = \dfrac{2M_{Et}}{kjbd_t^2}$	$= \dfrac{2 \times 28.974 \times 10^6}{0.247 \times 0.918 \times 1\,000 \times 290^2}$	3.039
鉄筋の引張応力度 σ_s	表10・16より	$\sigma_s = \dfrac{M_{Et}}{Ajd_t} = \dfrac{M_{Et}}{pjbd_t^2}$	$= \dfrac{28.974 \times 10^6}{0.0027 \times 0.918 \times 1\,000 \times 290^2}$	138.997
平均せん断応力度 τ_m	表10・16より	$\tau_m = \dfrac{S_{Et}}{bd_t}$	$= \dfrac{92.957 \times 10^3}{1\,000 \times 290}$	0.321
コンクリートの付着応力度 τ_0	表10・16より	$\tau_0 = \dfrac{S_{Et}}{u_t jd_t}$	$= \dfrac{92.957 \times 10^3}{200 \times 0.918 \times 290}$ 付表3より $u_t = 200$ mm	1.746

$\sigma_c(= 3.039) \leq \sigma_{ca}(= 12.000)$ $\sigma_s(= 138.997) \leq \sigma_{sa}(= 300.000)$
$\tau_m(= 0.321) \leq \tau_{ma}(= 0.725)$ $\tau_0(= 1.746) \leq \tau_{0a}(= 2.40)$
以上のようにすべて許容範囲内にあるので，**安全です**．

10-9 応力度の照査

表 10・26　かかと版に生じる応力度の照査（常時）

計算量	適用(式・付録)番号	計算式	計算値	使用値
引張鉄筋比 p	式(10・37)	$p = \dfrac{A_{sk}}{bd_k}$	$= \dfrac{3097}{1000 \times 290}$	0.0107
係数 k	付表 4 より			0.428
係数 j	付表 4 より			0.857
コンクリートの圧縮応力度 σ_c	表 10・17 より	$\sigma_c = \dfrac{2M_k}{kjbd_k^2}$	$= \dfrac{2 \times 114.611 \times 10^6}{0.428 \times 0.857 \times 1000 \times 290^2}$	7.431 N/mm²
鉄筋の引張応力度 σ_s	表 10・17 より	$\sigma_s = \dfrac{M_k}{A_{sk}jd_k} = \dfrac{M_k}{pjbd_k^2}$	$= \dfrac{114.611 \times 10^6}{0.0107 \times 0.857 \times 1000 \times 290^2}$	148.616 N/mm²
平均せん断応力度 τ_m	表 10・17 より	$\tau_m = \dfrac{S_k}{bd_k}$	$= \dfrac{82.752 \times 10^3}{1000 \times 290}$	0.285 N/mm²
コンクリートの付着応力度 τ_0	表 10・17 より	$\tau_0 = \dfrac{S_k}{u_k jd_k}$	$= \dfrac{82.752 \times 10^3}{560 \times 0.857 \times 290}$ 付表 3 より $u_k = 560$ mm	0.594 N/mm²

$\sigma_c(=7.431) \leq \sigma_{ca}(=8.000) \quad \sigma_s(=148.616) \leq \sigma_{sa}(=180.000)$
$\tau_m(=0.285) \leq \tau_{ma}(=0.483) \quad \tau_0(=0.594) \leq \tau_{0a}(=1.600)$
以上のようにすべて許容範囲内にあるので，**安全**です．

表 10・27　かかと版に生じる応力度の照査（地震時）

計算量	適用(式・付録)番号	計算式	計算値	使用値
コンクリートの圧縮応力度 σ_c	表 10・18 より	$\sigma_c = \dfrac{2M_{Ek}}{kjbd_k^2}$	$= \dfrac{2 \times 136.701 \times 10^6}{0.428 \times 0.857 \times 1000 \times 290^2}$	8.863 N/mm²
鉄筋の引張応力度 σ_s	表 10・18 より	$\sigma_s = \dfrac{M_{Ek}}{A_{sk}jd_k} = \dfrac{M_{Ek}}{pjbd_k^2}$	$= \dfrac{136.701 \times 10^6}{0.0107 \times 0.857 \times 1000 \times 290^2}$	177.260 N/mm²
平均せん断応力度 τ_m	表 10・18 より	$\tau_m = \dfrac{S_{Ek}}{bd_k}$	$= \dfrac{98.222 \times 10^3}{1000 \times 290}$	0.339 N/mm²
コンクリートの付着応力度 τ_0	表 10・18 より	$\tau_0 = \dfrac{S_{Ek}}{u_k jd_k}$	$= \dfrac{98.222 \times 10^3}{560 \times 0.857 \times 290}$ 付表 3 より $u_k = 560$ mm	0.706 N/mm²

$\sigma_c(=8.863) \leq \sigma_{ca}(=12.000) \quad \sigma_s(=177.260) \leq \sigma_{sa}(=300.000)$
$\tau_m(=0.339) \leq \tau_{ma}(=0.725) \quad \tau_0(=0.706) \leq \tau_{0a}(=2.400)$
以上のようにすべて許容範囲内にあるので，**安全**です．

以上のように，すべての部材断面で常時・地震時のいずれの応力度も許容応力度以内であるので，設計計算を終了します．

以下に，設計計算の結果基づいた配筋図を示します．

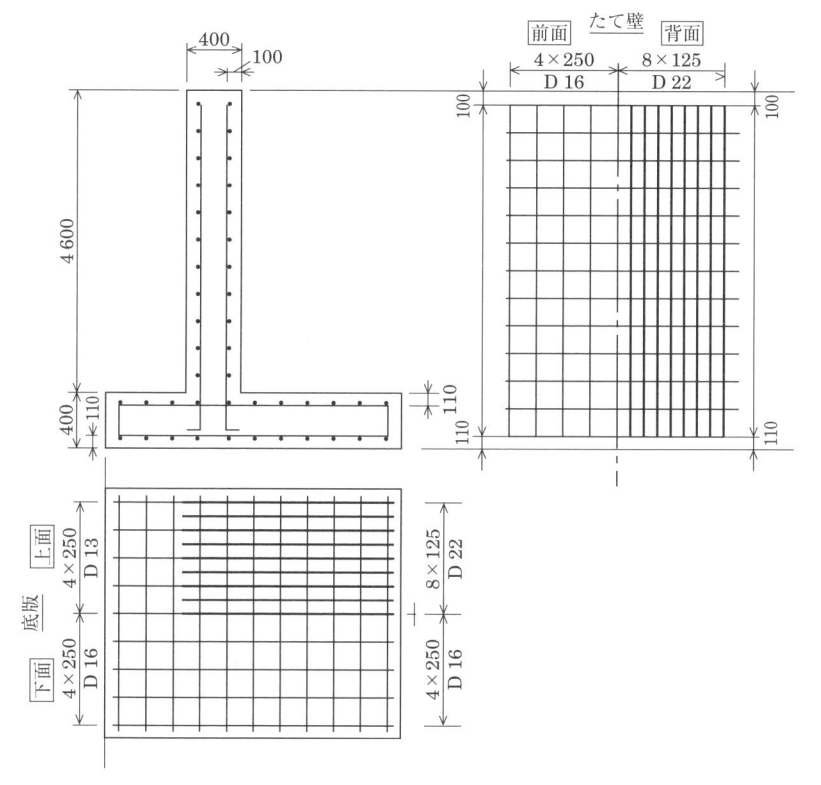

図 10・12 逆 T 型擁壁の配筋図（単位長さ 1 m 当たり）

10章のまとめ問題

【問題1】 擁壁を構造形式により分類せよ．

【問題2】 擁壁の安定性の検討について，次の問いに答えよ．
 (1) 擁壁の三つの照査項目を挙げよ．
 (2) 各々の安定性の照査判定式を書きなさい．

【問題3】 擁壁の設計を行う場合，どのような手順で進めていくか，フローチャート形式にまとめなさい．

11章 コンクリート構造物の変状と診断・対策

　丈夫で美しく長持ちするコンクリート構造物も，経年変化により表面や内部に多種多様な変状が生じます．これら経年劣化したコンクリート構造物に加え，基準類の変遷に伴う**基準不適合構造物**や，凍結防止散布材による塩化物の浸入のように建設当時では想定していなかった**新たな作用**を考える必要のある構造物に対しても，各コンクリート構造物の**ライフサイクル**にわたって所定の要求性能を満足させる必要があります．しかも，これらコンクリート構造物は，今後高齢化の割合が急増することが明らかになっており，維持管理費の増大が社会的課題となっています．

　このようにさまざまな問題を抱えたコンクリート構造物を良好な状態に維持管理し，安全性・使用性等の要求性能を満たしていくためには，コンクリート構造物の現状を適確に分析し，適切・適期な対策を実施することが重要です．

　本章では，コンクリート構造物の維持管理の仕組みと，診断のために必要な点検，劣化現象・機構，さらに対策に関する補修について説明します．

11-1 維持管理の概要

1 維持管理とは

維持管理の要求性能

「土コ示（維管）」（2013）では，**維持管理**は「構造物の供用期間内において，構造物の性能を所要の水準以上に保持するための行為である」と定義されています．

維持管理で対象とする基本的な性能は，図 11・1 に示す六つです．

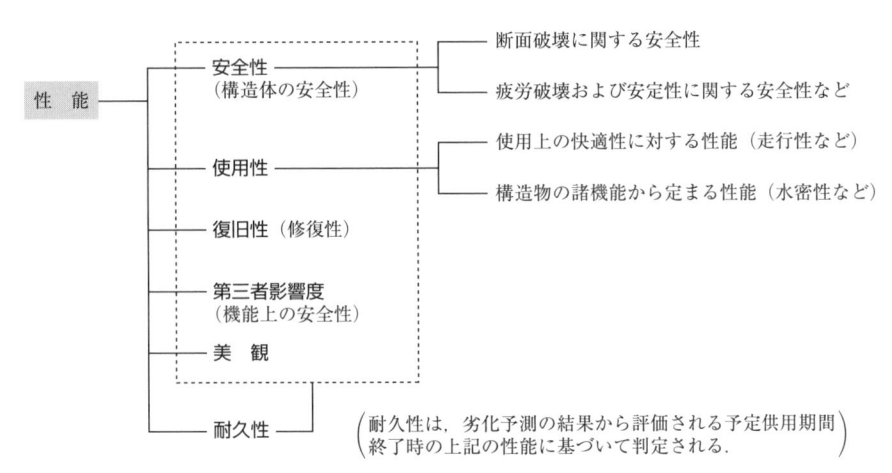

```
性能 ┬─ 安全性（構造体の安全性）─┬─ 断面破壊に関する安全性
     │                          └─ 疲労破壊および安定性に関する安全性など
     ├─ 使用性 ─┬─ 使用上の快適性に対する性能（走行性など）
     │         └─ 構造物の諸機能から定まる性能（水密性など）
     ├─ 復旧性（修復性）
     ├─ 第三者影響度（機能上の安全性）
     ├─ 美観
     └─ 耐久性 （耐久性は，劣化予測の結果から評価される予定供用期間
                終了時の上記の性能に基づいて判定される．）
```

図 11・1　維持管理の対象となる性能の分類（「土コ示（維管）」）

①**安全性**：構造物が使用者や周辺の人の生命や財産を脅かさないための性能．
②**使用性**：構造物の使用者や周辺の人が快適に構造物を使用するための性能（構造物の使用上の快適性＝走行性や歩行性など），および構造物に要求される水密性・透水性などの物質遮蔽性や透過性などの諸機能に対する性能．
③**復旧性**：構造物の低下した性能を回復させ，継続的な使用を可能にする性能．
④**第三者影響度**：構造物から剥落したコンクリート片などが器物および人に与える傷害などへの影響度合い．

1 維持管理とは

⑤**美観**：構造物表面に生じる変状や汚れなどが周囲に不安感や不快感を与えず，構造物の使用を妨げないようにするための性能．

⑥**耐久性**：構造物中の材料の劣化により生じる性能の経時的な低下に対して構造物が有する抵抗性．

維持管理の方法　構造物の維持管理は策定された維持管理計画に基づき，図11・2に示すように，点検，劣化機構の推定，劣化進行あるいは性能低下の予測，構造物の性能評価および対策の要否判定からなる診断，診断結果に基づいて必要に応じて実施される対策ならびにそれらの記録から構成されます．

維持管理計画　**維持管理計画**とは，構造物の状況を考慮して，診断・対策・記録などの実施時期，頻度，方法および体制（組織，人員，予算など）を総合的に計画した結果を示すものです．

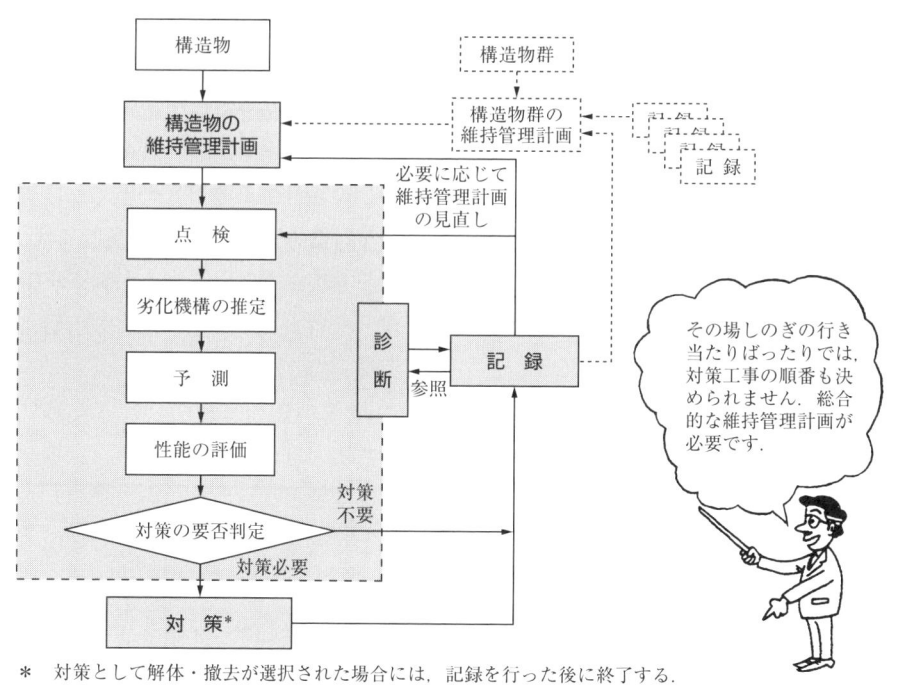

> その場しのぎの行き当たりばったりでは，対策工事の順番も決められません．総合的な維持管理計画が必要です．

* 対策として解体・撤去が選択された場合には，記録を行った後に終了する．

図11・2　構造物の維持管理の手順（「土コ示（維管）」）

11-1 維持管理の概要

　維持管理計画では，まず維持管理の**期間**（既設構造物においては，予定供用期間からこれまでの供用期間を差し引いた残存予定供用期間）や**維持管理区分**（予防・事後・観察の3区分）などの基本方針を設定します．その後，点検で実施する調査の内容（方法や頻度など），劣化予測方法や劣化した構造物の性能評価方法，あるいは対策の要否判定基準となる**維持管理限界**（維持管理上の限界として設定される管理指標値），記録の方法などを具体的に設定します．また，将来予想される劣化状況に見合った対策の選定方法およびその規模，実施時期あるいは順序などの案を示します．

診　断　　**診断**には，初期・定期および臨時の診断があり，十分な知識と経験を有する技術者が実施する必要があります．また構造物の診断にあたっては，維持管理計画に基づいて**点検**を実施し，その結果から劣化状態の確認，劣化機構の推定，劣化予測ならびに構造物の性能評価を行い，**対策の要否**を行います．

対　策　　**対策**は，点検強化，補修，補強，供用制限，解体・撤去に分類されます．診断において対策の必要があると判定された場合には，構造物の重要度，維持管理区分，残存予定供用期間，劣化機構，構造物の性能低下の程度等を考慮して目標とする性能を定め，対策後の維持管理の容易さ，経済性（ライフサイクルコスト），環境性等を検討した上で，対策後の構造物の性能を所要の期間確保できる**適切な対策方法を選定**し，実施します．

　なお，対策の実施にあたっては，その具体的な方法を決定するための調査を実施して，対策が合理的になされるように，予算・組織・人員なども含めて適切に計画を立てることが必要です．

記　録　　構造物の維持管理を効率的かつ合理的に行うためには，構造物の諸元，構造物の設計・施工基準類，工事記録に加え，供用中の診断や対策に関する**記録**を維持管理計画に基づいて参照しやすい方法で記録し，保管することが重要です．また大量のデータを一括管理する場合には，効率的なデータベースシステムを構築し，常に利用しやすい電子データの状態で保管することが望ましいです．近年では，構造物に記録を保管できるRFIDタグなどを用いた記録技術も開発されています．

11-2 コンクリート構造物の点検

2 インフラドクター出動

点検の目的と方法

　新設・既設にかかわらず，コンクリート構造物の維持管理を適切に実施するためには適切な診断を行うことが不可欠であり，適切な診断を行うためには診断の目的に応じた**点検**を行い，構造物の要求性能を評価するための情報を入手することが必要となります。

　構造物の点検の目的は，供用中の構造物の状態を可能な限り適切に把握することであり，そのためには構造物の状態に応じたもっとも合理的な方法で点検を実施する必要があります。ここでは，表 11・1 により，コンクリート構造物の一般的な点検方法について説明します。

表 11・1　主な点検方法

点検項目			点検方法	内容・特徴
外観の変状	分布状態		目視観察 写真撮影 光ファイバスコープ	・コンクリート表面に生じているひび割れ・コールドジョイント・鋼材露出・さび汁などの異常を目視によって観察し，その位置や大きさを記録したり，写真撮影したりする。
	ひび割れ	幅	クラックスケール	・ひび割れ幅を測定する（図 11・3）。
		深さ	超音波法	・ひび割れをはさんで超音波を伝達させると，ひび割れ先端をう回するので，その到達時間からひび割れ深さを算出する。 ・鉄筋があると超音波が鉄筋中を伝わってしまい，精度が下がる。
	はく離 はく落 空洞		たたき点検	・コンクリート表面をテストハンマを用いて打撃し，発生する音の特性から表面部の浮きや空洞などを判定する方法。熟練を要する作業である。
			衝撃弾性波法 打音法	・ハンマなどによりコンクリート表面を打撃して弾性波を発生させ，衝撃弾性波法では振動子や AE センサを，打音法ではマイクロホンを用いて内部欠陥を探査する方法。
			赤外線法	・赤外線カメラでコンクリート表面を撮影し，表面度の差を求めて内部欠陥を探査する方法。 ・表面から 5 cm 程度までの浅い位置の欠陥を調べるのに用いる。
コンクリート強度			コア採取法	・コアを採取して，直接強度試験を行う方法。
			反発硬度法	・コンクリートの表面をリバウンドハンマで打撃したときの反発度から強度を推定する方法（図 11・4）。
			衝撃弾性波法	・コンクリートの表面をハンマで軽打して発生させた弾性波速度から強度を推定する方法。

11-2 コンクリート構造物の点検

中性化深さ	フェノールフタレイン法	・フェノールフタレイン溶液を用いて，中性化が鋼材位置まで進行しているかどうかを調べる方法（図11・5）.
塩化物イオン含有量	化学分析法	・硝酸銀と塩素イオンの反応を利用して，コンクリート中の塩化物イオン量を測定する電位差滴定法（コアスライス法）などがある．
	機器分析法	・湿式分析装置や電子線マイクロアナライザ（EPMA）を用いて，コンクリート表面から鋼材付近までの塩化物イオンの濃度分布を測定する．
アルカリシリカ反応	SEM-EDS法	・走査型電子顕微鏡（SEM）によりASRゲルの有無を確認し，X線分析装置（EDS）により組成分析を行う．
	ASR反応性試験	・コンクリート中の粗骨材について，ASR反応性の有無を確認する．
	残存膨張量試験	・コアを促進養生して潜在的な膨張量を測定し，今後の劣化予測に資する．
鋼材位置	電磁波法（レーダ法）	・電磁波をコンクリート中に放射し，鋼材から反射してきた時間を測定して画像処理によって断面を表示する方法． ・漏水のあるトンネルなどのように水のある場所では，電磁波が水分で反射してしまい，使用できない．
	電磁誘導法	・センサから磁場を発生させ，鋼材によって誘導される起電力を感知する方法．
鋼材腐食	はつり出し	・コンクリート中の鋼材をはつり出して腐食状況を直接観察し，鋼材腐食に関するデータを収集する．
	自然電位法	・鋼材がその存在する環境で維持している電位のことを自然電位といい，鋼材の腐食状況に応じて電位の分布が変わる性質を利用した方法． ・取扱いが簡単でさまざまな構造物に使われる．
	分極抵抗法	・コンクリート中の鋼材に微小電流を通し，発生する分極電位から鋼材の分極抵抗を求め，それにより腐食速度を測定するものである．
	電気抵抗法	・かぶりコンクリート部分の電気抵抗（比抵抗）を測定することにより，鉄筋の腐食進行のしやすさを評価する方法．

（参考） 超音波法・弾性波法・赤外線法・電磁波法・電磁誘導法・自然電位法・分極抵抗法・電気抵抗法などは非破壊検査といい，構造物を壊さずにコンクリートの強度・内部状態やひび割れを探査することができる．最近では，コンクリートの品質管理や健全度診断（ヘルスモニタリング）のための補助手段としても重要性が増してきています．

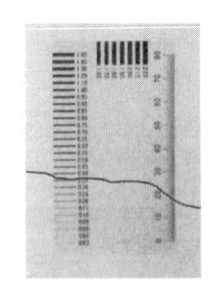

図11・3 クラックスケール（「ひび割れ指針」）

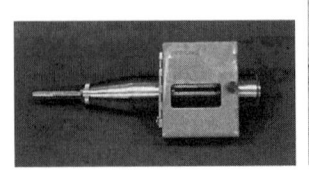

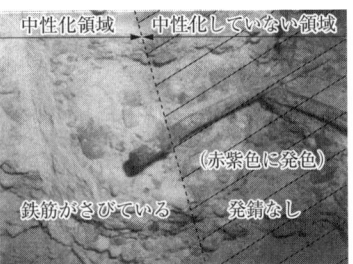

図11・4 リバウンドハンマ（「コン診」）

図11・5 フェノールフタレイン法（「ひび割れ指針」）

11-3 劣化現象と劣化機構(その1)

3 なぜこんなところに水が…

劣化過程

各種要因によるコンクリート構造物の劣化過程は，図11・6に示すように**潜伏期**，**進展期**，**加速期**，**劣化期**に区分されます．それぞれの期間において劣化現象がコンクリート構造物の性能に及ぼす影響が異なるため，劣化過程毎に診断（点検，劣化予測，評価および判定），対策，記録の方法が異なります．

点検結果をもとに，コンクリート構造物の劣化過程（現状）を把握するためには，コンクリートの各種劣化機構について知っておく必要があります．以下，コンクリート構造物の劣化現象と劣化機構（図11・7参照）について説明します．

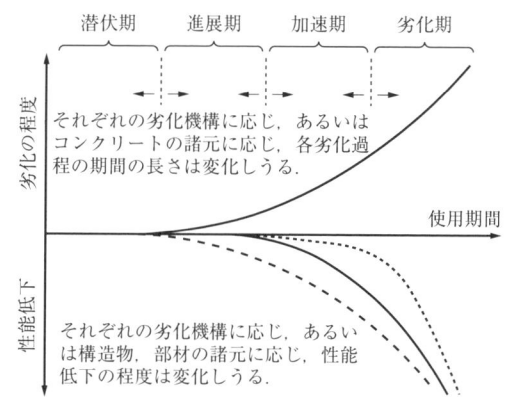

図11・6 劣化機構による劣化進行過程の概念図（「土コ示（維管）」）

劣化現象	劣化機構
①水がかり ②ひび割れ ③鋼材腐食	①中性化 ②塩害 ③凍害 ④化学的侵食 ⑤アルカリシリカ反応 ⑥疲労 ⑦すりへり

図11・7 劣化現象と劣化機構

劣化現象と劣化機構

「土コ示（維管）」（2013）では，コンクリート構造物の維持管理において**劣化機構**を推定することを原則としています（図11・2参照）．しかし現実には，水がかり・ひび割れ・鋼材腐食が認められるコンクリート構造物については，劣化機構の推定が容易でない場合などがあるため，ここではこれら三つの**劣化現象**について説明します．

11-3　劣化現象と劣化機構（その1）

水がかり　　水は，塩害等による鋼材腐食，凍害，アルカリシリカ反応，化学的侵食，交通作用の繰返しによる疲労など，さまざまな劣化を引き起こす要因となるため，本来水がかりや水の作用が想定されていない箇所に水が存在する場合は，対象とする部位・部材に，劣化につながる要因が内在するかどうか，あるいは外部から供給されるかどうかの確認が重要です．

ひび割れ　　**初期ひび割れ**や中性化・塩害による**腐食ひび割れ**，および荷重により発生するひび割れなど有害となる可能性のあるひび割れについては，そのひび割れが構造的な要因によるものか，または進行性のものであるかを考慮して対策の要否判定（診断）を行う必要があります．

鋼材腐食　　コンクリート中の鋼材は，**かぶりコンクリートが健全である限り腐食しません**（電食（外部電気設備からの迷走電流による腐食）を除く）．しかし，中性化や塩害による**不動態被膜**の破壊，凍害やすりへりによるかぶりの減少，アルカリシリカ反応や疲労によるかぶりコンクリートのひび割れなどにより，かぶりコンクリートが健全でなくなる場合も少なくありません．実際には，これら要因が複雑に絡み合った**複合劣化**であることが多く，鋼材腐食に起因した変状であるが原因を推定できない場合は，点検強化により鋼材の腐食程度の変化を定期的に把握するなどして，適時・適切な維持管理を行っていく必要があります．

ひび割れの種類　　コンクリートのひび割れの種類は，「土コ示」では，進行性でないひび割れ，進行性のひび割れ，構造上のひび割れに分けられていますが，これをコンクリート構造物の安全性や耐久性に着目して，鉄筋とコンクリートの材料劣化別に区分することもできます．

(1)　**鉄筋腐食先行型**
　　中性化や塩害などの原因で鉄筋に腐食が生じ，鉄筋腐食の進行（さびによる膨張）によって生じるひび割れ（図11・8）．

(2)　**ひび割れ先行型**
　　コンクリート打設後の温度変化や乾燥収縮などにより発生するが比較的短期間に収束する，非進行性のひび割れ（図11・9）．外力の作用などによる構造上のひび割れも，この型に属します．

3 なぜこんなところに水が…

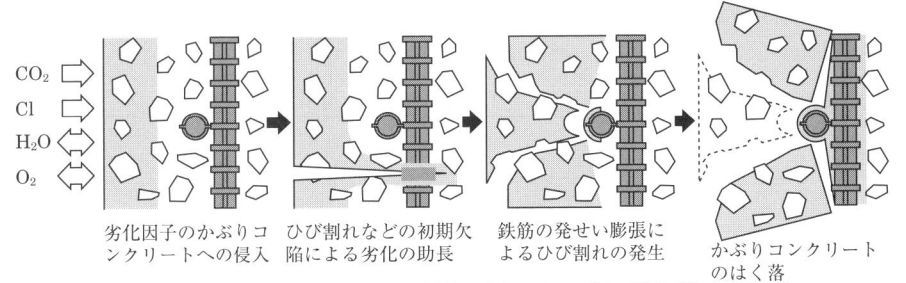

CO_2
Cl
H_2O
O_2

劣化因子のかぶりコンクリートへの侵入 / ひび割れなどの初期欠陥による劣化の助長 / 鉄筋の発せい膨張によるひび割れの発生 / かぶりコンクリートのはく落

図11・8　鉄筋腐食先行型のひび割れ発生メカニズム（「ひび割れ指針」）

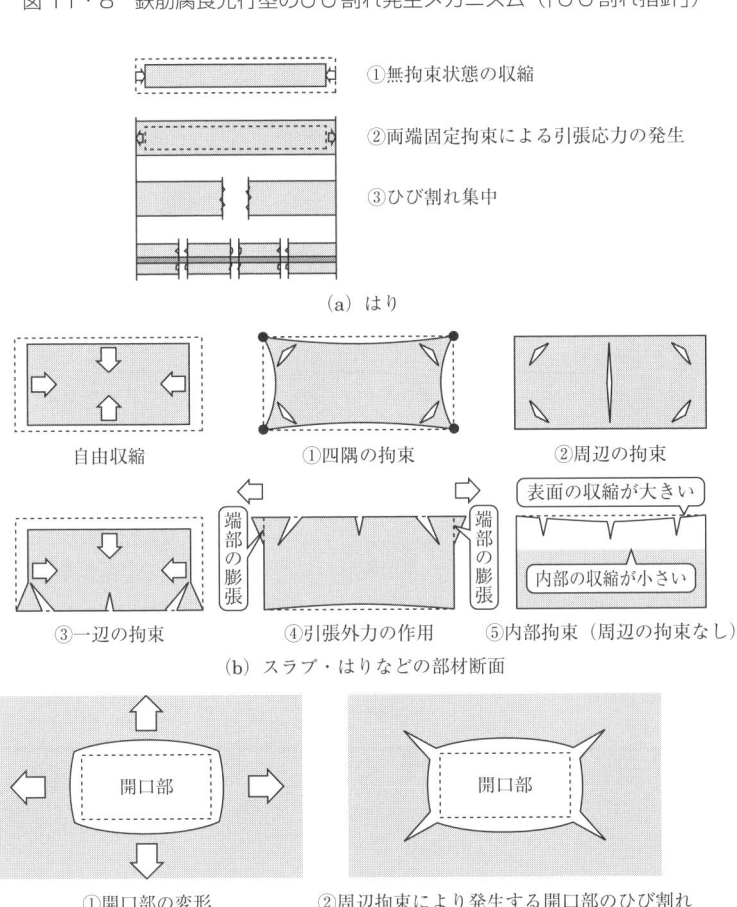

①無拘束状態の収縮
②両端固定拘束による引張応力の発生
③ひび割れ集中

(a) はり

自由収縮　①四隅の拘束　②周辺の拘束
③一辺の拘束　④引張外力の作用　⑤内部拘束（周辺の拘束なし）
端部の膨張　表面の収縮が大きい　内部の収縮が小さい

(b) スラブ・はりなどの部材断面

①開口部の変形　②周辺拘束により発生する開口部のひび割れ

(c) 開口部

図11・9　ひび割れ先行型のひび割れ発生メカニズム（「ひび割れ指針」）

11-3 劣化現象と劣化機構（その1）

(3) **劣化ひび割れ**

凍害・化学的侵食・アルカリシリカ反応・疲労などによるコンクリート自体の劣化を表す進行性のひび割れ（図11・10）．

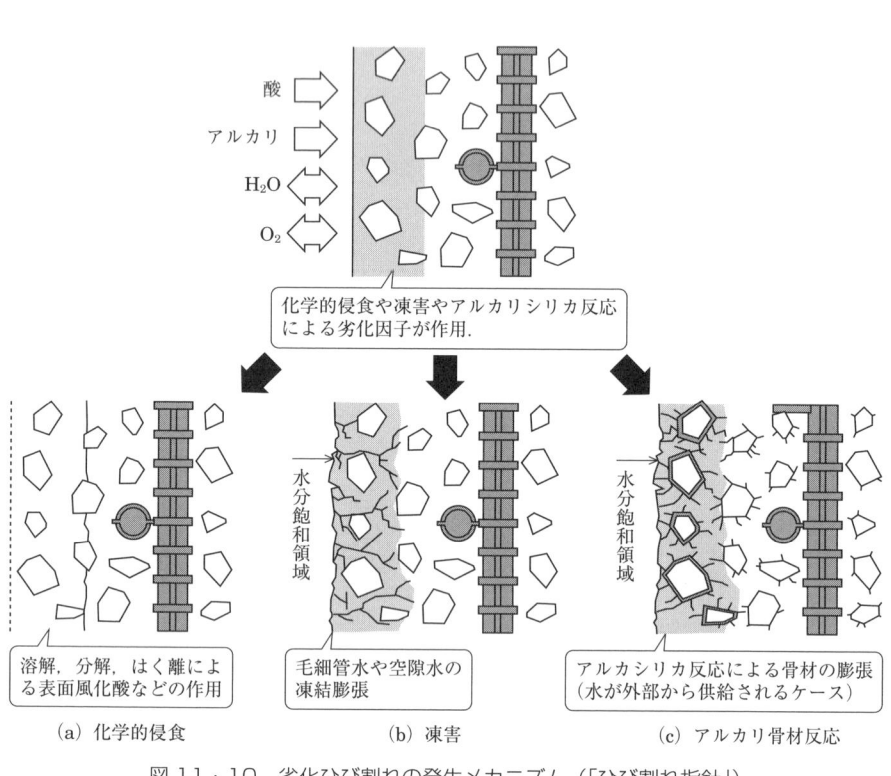

図11・10 劣化ひび割れの発生メカニズム（「ひび割れ指針」）

| 鋼材腐食の種類 |

鋼材腐食の種類は，かぶりコンクリートの状態に着目した場合，その発生原因別に次の五つに分けられます．

(1) **鋼材表面の不動態被覆の破壊**

中性化（pH低下）や塩害（塩化物イオンの蓄積）などにより，鋼材周囲の不動態被膜が破壊される．

(2) **かぶりの減少（または喪失）**

凍害（凍結融解作用）・化学的侵食・水流のすりへり作用などにより，かぶりが減少または喪失する．

3　なぜこんなところに水が…

(3) **施工段階などに生じたひび割れの存在**
温度ひび割れ・乾燥収縮ひび割れ・コールドジョイントなどが適切に処理されていないため，そのひび割れから劣化因子が侵入しやすくなっている．

(4) **かぶりコンクリートの劣化によるひび割れの発生**
アルカリシリカ反応や疲労などにより発生したひび割れが適切に処理されていないため，そのひび割れから劣化因子が侵入しやすくなっている．

(5) **同一断面内でかぶりコンクリートの状態が著しく異なる場合**
部分的な断面修復工事において，母材側の塩化物イオン濃度が高い場合，（マクロセル）腐食電流が発生する．

11-4 劣化現象と劣化機構(その2)

4 ひび割れのパターンと発生原因を知ろう

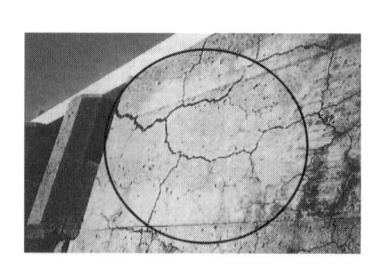

> おっ!! この亀甲状の巨視的なひび割れは、ASRによるひび割れかも!?

ひび割れの発生原因

ひび割れの発生原因は、コンクリートの材料・配合、施工、使用環境、構造・外力などさまざまです。日本コンクリート工学会では、ひび割れの発生原因を表11・2のように整理し、そのパターンを図11・11のように示しています。

表11・2 ひび割れ発生の原因(「ひび割れ指針」)

大分類	中分類	小分類	番号	原因
A 材料	使用材料	セメント	A1	セメントの異常凝結
			2	セメントの水和熱
			3	セメントの異常膨張
		骨材	4	骨材に含まれている泥分
			5	低品質な骨材
			6	反応性骨材(アルカリ骨材反応)
	コンクリート		7	コンクリート中の塩化物
			8	コンクリートの沈下・ブリーディング
			9	コンクリートの乾燥収縮
			10	コンクリートの自己収縮
B 施工	コンクリート	練混ぜ	B1	混和材料の不均一な分散
			2	長時間の練混ぜ
		運搬	3	ポンプ圧送時の配合の不適当な変更
		打込み	4	不適当な打込み順序
			5	急速な打込み
		締固め	6	不適当な締固め
		養生	7	硬化前の振動や載荷
			8	初期養生中の急激な乾燥
			9	初期凍害
		打継ぎ	10	不適当な打継ぎ処理
	鋼材	鋼材配置	11	鋼材の乱れ
			12	かぶり(厚さ)の不足
	型枠	型枠	13	型枠のはらみ
			14	型枠からの漏水
			15	型枠の早期除去
		支保工	16	支保工の沈下
	その他	コールドジョイント	17	不適当な打重ね
		PCグラウト	18	グラウト充てん不良

4 ひび割れのパターンと発生原因を知ろう

C 使用環境	熱, 水分作用	温度・湿度	C1 2 3 4 5	環境温度・湿度の変化 部材両面の温度・湿度の差 凍結融解の繰返し 火災 表面加熱
	化学作用		6 7 8	酸・塩類の化学作用 中性化による内部鋼材のさび 塩化物の浸透による内部鋼材のさび
D 構造・外力	荷重	長期的な荷重	D1 2	設計荷重以内の長期的な荷重 設計荷重を超える長期的な荷重
		短期的な荷重	3 4	設計荷重以内の短期的な荷重 設計荷重を超える短期的な荷重
	構造設計		5	断面・鋼材量不足
	支持条件		6 7	構造物の不同沈下 凍上
E その他				その他

ひび割れのパターン

ひび割れが耐久性に及ぼす影響を検討する上では、ひび割れの程度と原因を明らかにすることが重要であり、ひび割れパターンの把握は原因推定に役立ちます．そのため、特徴的なひび割れパターンを見逃さないことが肝要です．

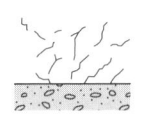

A1. セメントの異常凝結

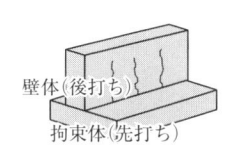

A2. セメントの水和熱（壁体(後打ち) 拘束体(先打ち)）

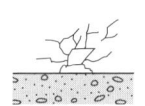

A4. 骨材に含まれている泥分

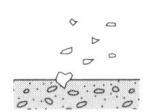

A5. 低品質な骨材

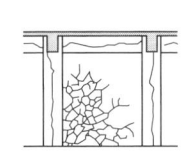

A6. 反応性骨材（アルカリシリカ反応）

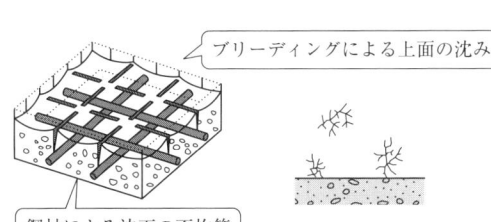

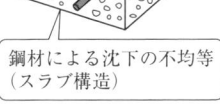

A8. コンクリートの沈下・ブリーディング（ブリーディングによる上面の沈み／鋼材による沈下の不均等（スラブ構造））

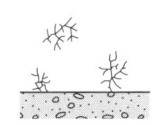

B1. 混和材料の不均一な分散

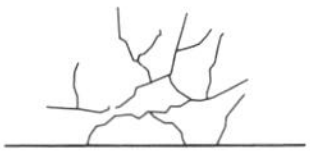

B2. 長時間の練混ぜ

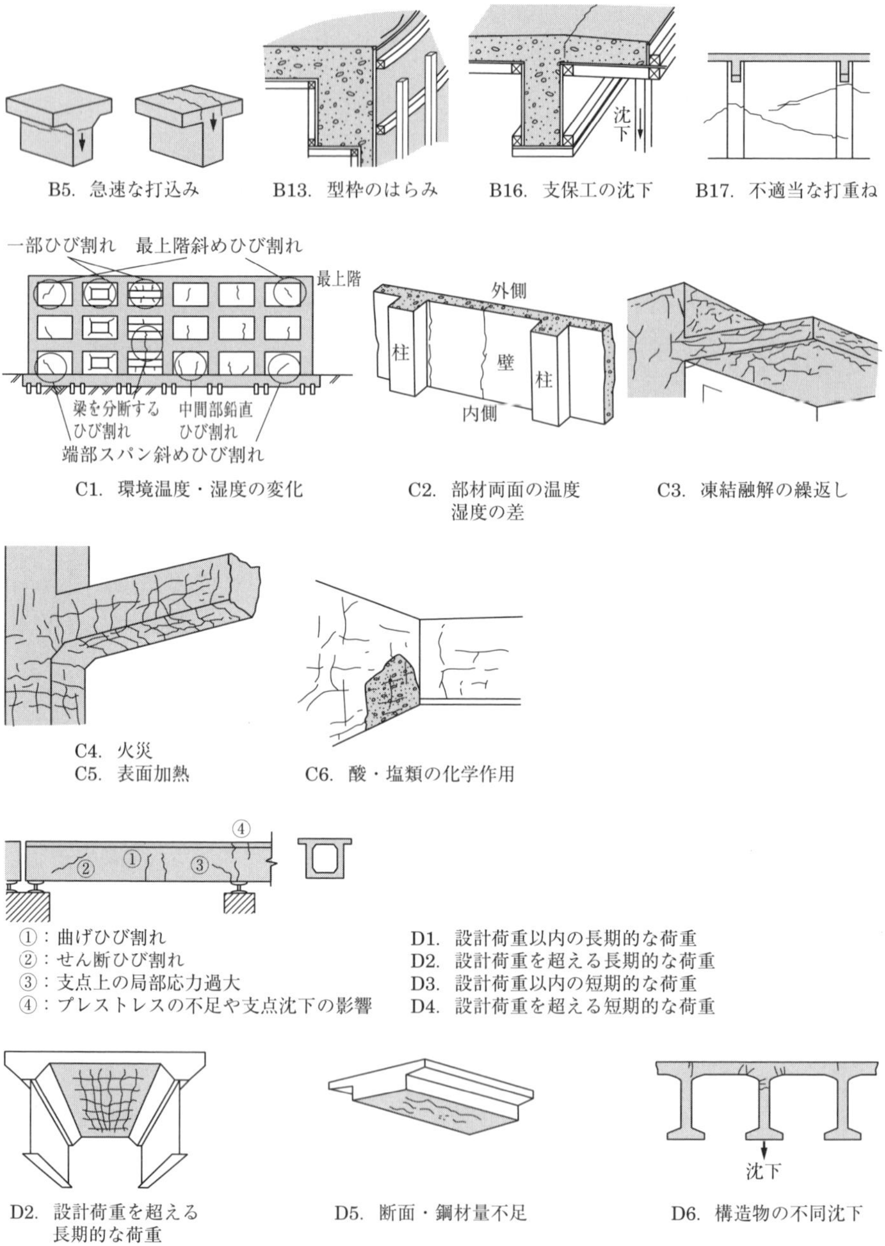

11-4 劣化現象と劣化機構（その2）

B5. 急速な打込み
B13. 型枠のはらみ
B16. 支保工の沈下
B17. 不適当な打重ね

C1. 環境温度・湿度の変化
- 一部ひび割れ
- 最上階斜めひび割れ
- 最上階
- 梁を分断するひび割れ
- 中間部鉛直ひび割れ
- 端部スパン斜めひび割れ

C2. 部材両面の温度湿度の差
- 外側
- 柱　壁　柱
- 内側

C3. 凍結融解の繰返し

C4. 火災
C5. 表面加熱
C6. 酸・塩類の化学作用

① : 曲げひび割れ
② : せん断ひび割れ
③ : 支点上の局部応力過大
④ : プレストレスの不足や支点沈下の影響

D1. 設計荷重以内の長期的な荷重
D2. 設計荷重を超える長期的な荷重
D3. 設計荷重以内の短期的な荷重
D4. 設計荷重を超える短期的な荷重

D2. 設計荷重を超える長期的な荷重
D5. 断面・鋼材量不足
D6. 構造物の不同沈下

図11・11　ひび割れのパターン（「コン診」）

11-5　劣化現象と劣化機構（その3）

5 鉄筋腐食の原因を探れ!!

劣化機構

劣化機構の推定は，設計図書，使用材料，施工管理および検査の記録，構造物の環境条件および使用条件を考慮し，点検結果に基づいて行います．表11·3により，コンクリート構造物の代表的な七つの劣化機構について説明します．

表11·3　劣化機構と要因および現象

劣化機構	劣化要因	劣化現象
中性化	二酸化炭素	大気中の二酸化炭素がコンクリート内に侵入し，水酸化カルシウムなどのセメント水和物と炭酸化反応を起こすことにより，コンクリートの空隙中の水分のpHを低下させる現象である．これにより，内部の鋼材表面の不動態被膜が失われ，酸素と水分の供給により腐食が進行する．さらに鋼材の腐食により，ひび割れの発生，かぶりの剥落，耐力の低下などが起こる．
塩害	塩化物イオン	コンクリート中における塩化物イオンの存在により，コンクリート中の鋼材の腐食が進行し，腐食生成物の体積膨張によりコンクリートのひび割れや剥離・剥落，あるいは鋼材の断面減少が生じ，ひいては構造物の性能低下につながる現象である．塩化物イオンは海水や凍結防止剤のように構造物の外部から供給される場合と，コンクリート製造時に材料から供給される場合がある．
凍害	凍結融解作用	コンクリート中の水分が凍結する際の体積膨張と，融解の際の水分供給という凍結融解作用を繰り返すことにより，コンクリートが徐々に劣化する現象である．凍害を受けた構造物では，コンクリート表面にスケーリング，微細ひび割れ，ポップアウトなどが顕在化する．
化学的侵食	酸性物質	硫化水素や亜硫酸ガス等の腐食性ガス（酸性物質）がコンクリート中のセメント水和物と化学反応を起こし，水和物を可溶性の物質に変えることによりコンクリートを劣化・断面減少させる現象である．
	硫酸イオン	硫酸イオンがコンクリート中のセメント水和物と反応して膨張性の化合物を生成し，その膨張圧によってコンクリートを劣化・断面減少させる現象である．
アルカリシリカ反応	反応性骨材	骨材中に含まれるある種のシリカ鉱物もしくはガラス質物質が，コンクリート中の強アルカリ性の水溶液と反応して，コンクリートに異常膨張やひび割れを発生させる劣化現象である．ASR(Alkali Silica Reaction)と略して呼ぶことも多い．
疲労	大型車通行量	道路橋の鉄筋コンクリート床版が，輪荷重の繰返しによりひび割れや陥没を生じる現象である．床版厚が薄いことに加え，大型車交通量の増加や車輪幅の変化に伴う荷重作用点の移動が主な原因である．
	繰返し荷重	鉄道橋のはり部材等において，荷重の繰返しによって引張鋼材に亀裂が生じ，破断に至る現象である．永久荷重に対する変動荷重の比が大きいことが主な原因である．

11-5 劣化現象と劣化機構（その3）

すりへり	摩耗	水流や車輪などの摩耗作用や衝撃によってコンクリートの断面が時間とともに徐々に欠損していく現象である．すりへりを受けた構造物では，初期にはモルタルの欠損によって粗骨材が露出する現象が見られるが，劣化が進行すると粗骨材の脱落が発生し，さらには鋼材の露出や腐食，鋼材やコンクリートの断面欠損が発生する．

鋼材腐食のメカニズム

ここでは，鉄筋コンクリート構造物の力学的な安全性能の低下に大きな影響を与える鋼材腐食の発生メカニズムを，図11·8の鉄筋腐食先行型を例にとって説明します．

鉄筋コンクリート構造物では，設計荷重に対してコンクリート断面の内側に鉄筋が配置されますが，一般に，これらの鉄筋は「予定供用期間中において健全である」ことが前提とされています．また，健全なかぶりコンクリートにより保護された鉄筋の腐食速度は極めて小さく，腐食しないと考えられています．これは，コンクリートの強アルカリ性により鉄筋表面に**不動態被膜**と呼ばれる保護層が形成されるためであり，この層の存在により腐食に関与する酸素や水などの物質の鉄筋表面への作用が妨げられるためです．

しかし，実際の鉄筋コンクリート構造物においては，供用開始後に，建設当時は考慮されていなかった「材料特性に経時変化をもたらす作用」などにより，劣化などの変状が数多く認められています．この劣化の代表的なものが中性化と塩害で，前者により鉄筋近傍のコンクリートのアルカリ性が消失したり，後者により鉄筋表面におけるコンクリート中の塩化物イオン濃度が大きくなったりすると，保護層である不動態被膜が破壊されて鉄筋の腐食がはじまることになります．

各種模式図

塩害による劣化過程と不動態被膜の破壊過程を模式化すると，それぞれ図11·12，図11·13のようになります．さらに，不動態被膜の破壊過程模式図の第2段階〜第3段階の部分の腐食反応を取り出して模式化したのが図11·14です．

鉄筋の腐食反応は，図11·14に示すように，鋼材表面から鉄イオン（Fe^{2+}）が細孔溶液中に溶け出す**アノード反応**と鉄イオンが鉄筋中に残した電子（$2e^-$）が酸素と水と反応する**カソード反応**が同時に起きることにより進行するものです．

アノード反応により溶け出した Fe^{2+} がカソード反応により生成した OH^- と反応することにより水酸化第一鉄（$Fe(OH)_2$）が生成され，さらに十分な酸素供給下においては水酸化第二鉄（$Fe(OH)_3$）が生成されます．私たちが日常生活でよ

5 鉄筋腐食の原因を探れ!!

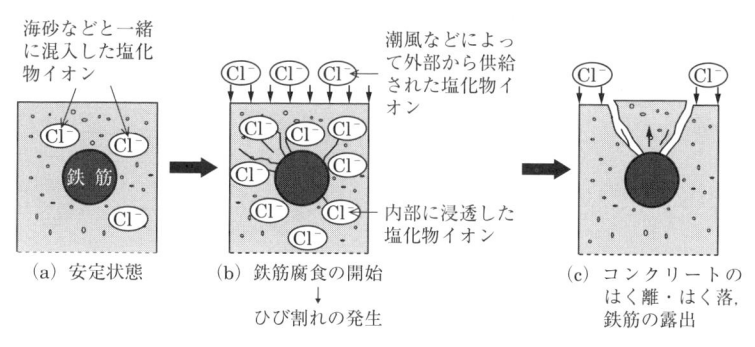

図 11・12 塩害の劣化過程模式図

(a) 安定状態
(b) 鉄筋腐食の開始 → ひび割れの発生
(c) コンクリートのはく離・はく落，鉄筋の露出

く目にする赤さびは，この水酸化第二鉄です．

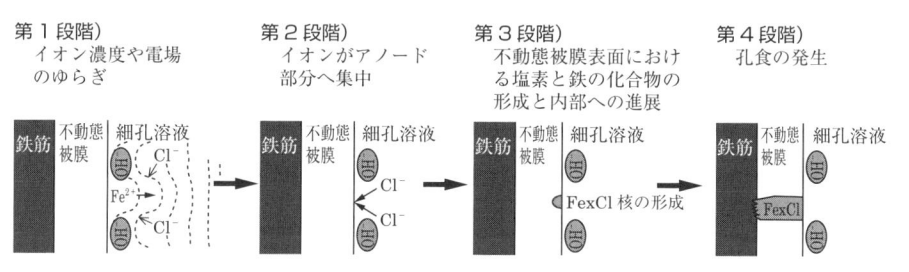

図 11・13 鋼材不動態被膜の破壊過程模式図（「コン診」）

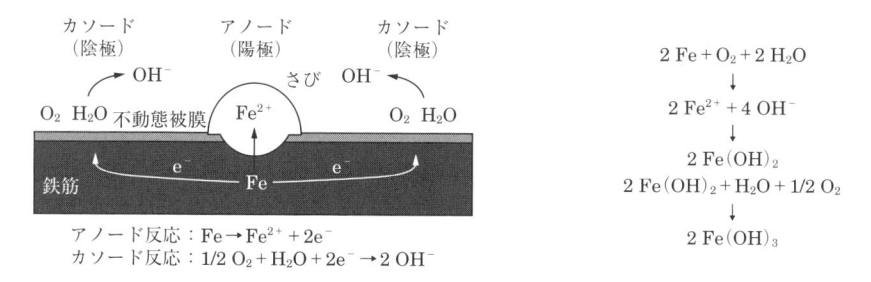

第1段階）イオン濃度や電場のゆらぎ
第2段階）イオンがアノード部分へ集中
第3段階）不動態被膜表面における塩素と鉄の化合物の形成と内部への進展
第4段階）孔食の発生

図 11・14 鋼材の腐食反応模式図（「コン診」）

アノード反応：$Fe \rightarrow Fe^{2+} + 2e^-$
カソード反応：$1/2\ O_2 + H_2O + 2e^- \rightarrow 2\ OH^-$

$$2\ Fe + O_2 + 2\ H_2O$$
$$\downarrow$$
$$2\ Fe^{2+} + 4\ OH^-$$
$$\downarrow$$
$$2\ Fe(OH)_2$$
$$2\ Fe(OH)_2 + H_2O + 1/2\ O_2$$
$$\downarrow$$
$$2\ Fe(OH)_3$$

11-6 コンクリート構造物の変状対策

6 カルテを作成してPDCA

対策の種類

診断において対策が必要と判定された場合には，構造物の重要度・維持管理区分・残存予定供用期間・劣化機構・構造物の性能低下の程度などを考慮して目標とする性能を定め，対策後の維持管理の容易さやライフサイクルコスト（経済性），環境性を検討した上で，適切な種類の対策を選定し，実施しなければなりません．

対策は，**点検強化**，**補修**，**補強**，**供用制限**，**解体・撤去**の五つに分類されますが，ここでは，補修と補強の違いと補修工法の概要について説明します．

補修と補強

「土コ示（維管）」（2013）では，**補修**と**補強**を次のように定義づけています．

補修とは，第三者への影響の除去あるいは，美観や耐久性の回復もしくは向上を目的とした対策．ただし，供用開始時に構造物が保有していた程度まで，安全性あるいは使用性のうちの力学的な性能を回復させるための対策も含む．

補強とは，供用開始時に構造物が保有していたよりも高い性能まで，安全性あるいは使用性のうちの力学的な性能を向上させるための対策．

もう少しわかりやすく表現しますと，下記のようになります．

- **補修**：**構造安全性能（耐力など）以外の性能**を回復あるいは向上させる行為．
- **補強**：**構造安全性能（耐力など）**の低下を回復あるいは向上させる行為．

自動車の活荷重（245 kN に重量化）や設計地震動（大規模 L2 地震動の追加）などのように，建設後の社会状況などにより，建設当時の基準で築造されたコンクリート構造物が，いわゆる「基準不適合構造物」として供用されている場合があります．これらの構造物については，これまでも重交通補強または耐震補強事業として，適宜，適期の対応が行われています．

6 カルテを作成してPDCA

補修工法の分類　補修工法は，その特徴を十分に理解するとともに，劣化程度や原因を考慮して，補修目的に適したものを選択する必要があります．図11・15はひび割れ補修工法の分類を示しています．ここでは，このうち代表的なひび割れ補修と断面修復について説明します．

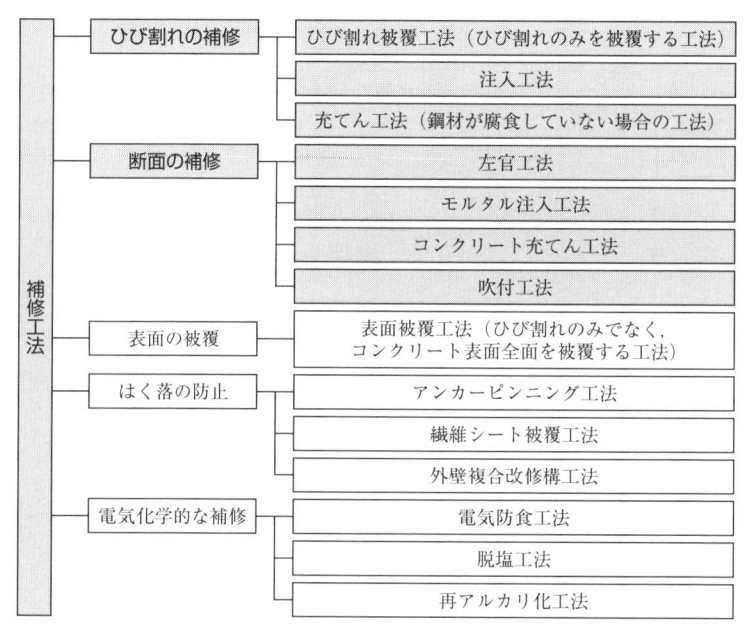

```
補修工法
├─ ひび割れの補修
│   ├─ ひび割れ被覆工法（ひび割れのみを被覆する工法）
│   ├─ 注入工法
│   └─ 充てん工法（鋼材が腐食していない場合の工法）
├─ 断面の補修
│   ├─ 左官工法
│   ├─ モルタル注入工法
│   ├─ コンクリート充てん工法
│   └─ 吹付工法
├─ 表面の被覆
│   └─ 表面被覆工法（ひび割れのみでなく，コンクリート表面全面を被覆する工法）
├─ はく落の防止
│   ├─ アンカーピンニング工法
│   ├─ 繊維シート被覆工法
│   └─ 外壁複合改修構工法
└─ 電気化学的な補修
    ├─ 電気防食工法
    ├─ 脱塩工法
    └─ 再アルカリ化工法
```

図11・15　ひび割れ補修工法の分類（「ひび割れ指針」）

ひび割れ補修　ひび割れの補修には，ひび割れ被覆工法，注入工法，充てん工法の三工法があり，ひび割れ幅や補修目的を考慮して適切な工法を選定する必要があります．

(1) **ひび割れ被覆工法（ひび割れのみを被覆する方法）**

微細なひび割れ（一般に0.2 mm以下）の上に塗膜を構成させ，防水性・耐久性を向上させる目的で行われる工法で，材料としては塗膜弾性防水材，ポリマーセメントペースト，セメントフィラーなどが

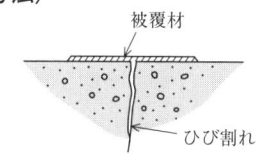

図11・16　ひび割れ被覆工法（「ひび割れ指針」）

11-6 コンクリート構造物の変状対策

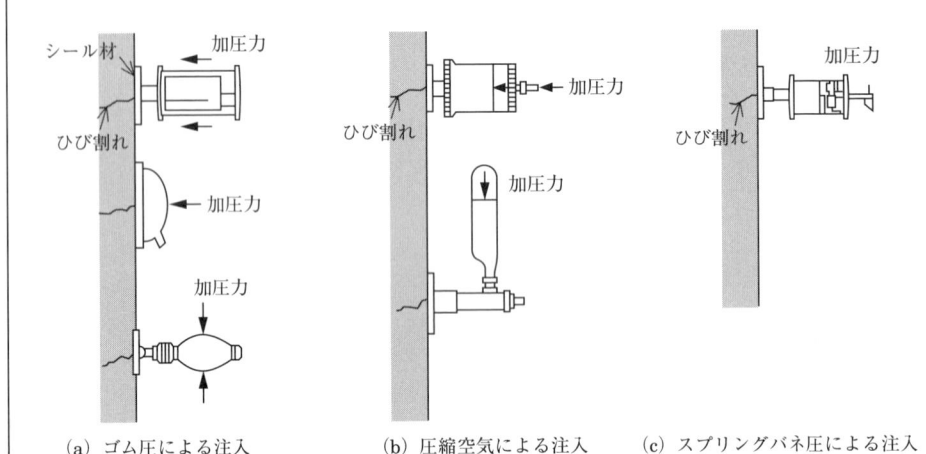

(a) ゴム圧による注入　　(b) 圧縮空気による注入　　(c) スプリングバネ圧による注入

図 11・17　低圧低速注入工法による補修方法の例（「ひび割れ指針」）

用いられます（図 11・16）。ひび割れ内部の処理ができないことや，ひび割れ幅の変動が大きい場合や進行性のひび割れの場合には，ひび割れの動きに追従しにくいなどの短所があります．

(2) **注入工法**

ひび割れに樹脂系またはセメント系の材料を注入して，防水性・耐久性を向上させる目的で行われる工法で，従来は人力作業で行われてさまざまな問題がありましたが，現在では注入器具を用い，注入圧力 0.4 MPa 以下の低圧で注入する工法が主流となっています（図 11・17）．また最近では，湿潤面用や微細ひび割れ用の注入材も開発されています．

(3) **充てん工法（鉄筋が腐食していない場合の工法）**

0.5〜1.0 mm 程度以上の比較的大きなひび割れ，かつ鉄筋が腐食していない場合の補修に適する工法で，ひび割れに沿って約 10 mm の幅でコンクリートを U 字型にカットした後，その部分に補修材を充填する方法です（図 11・18）．ひび割れに動きがある場合はシーリング材，動きが小さい場合は可とう性エポキシ樹脂，動きがない場合はポリマーセメントモルタルを充てんすることが多いです．

■ 断面修復工法

断面修復工法は，各種劣化機構により欠損または撤去したコンクリートの修復，または初期欠陥により劣化因

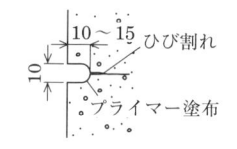

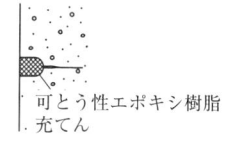

図11・18 充てん工法(可とう性エポキシ樹脂の場合)(「ひび割れ指針」)

子の遮蔽性能が著しく低下して撤去したコンクリートの修復を目的とし,左官工法,モルタル注入工法,吹付工法の三工法があり,対象施設の施工条件や補修規模を考慮して適切な工法を選定する必要があります(図11・19).

(1) 左官工法

補修面積が比較的小面積の場合に,左官コテを使用して充てんします.

(2) 注入工法

補修面積が比較的大面積の場合に,圧送ポンプを使用して充てんします.

(3) 吹付工法

補修面積が比較的大面積の場合に,専用吹付機を使用して充てんします.

なお,鉄筋が腐食している場合には,発錆している鉄筋の裏側までコンクリートをはつり取り,鉄筋のさびを除去し,鉄筋の防錆処理,コンクリート面へのプライマー塗布を行った後に,ポリマーセメントモルタルなどのセメント系材料を充てん・養生します.

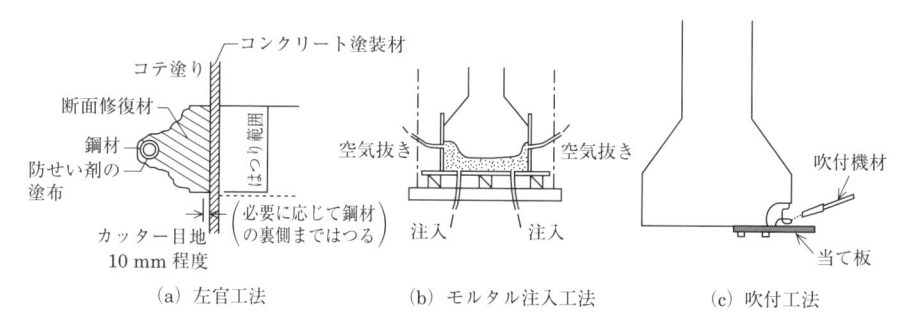

図11・19 断面修復による補修事例(「ひび割れ指針」)

11章のまとめ問題

【問題1】 維持管理の対象となる要求性能を六つ述べよ．

【問題2】 診断の流れを五つに分けて述べよ．

【問題3】 対策の種類を五つ述べよ．

【問題4】 コンクリート構造物の劣化現象を三つ述べよ．

【問題5】 コンクリート構造物のひび割れの種類を，鉄筋とコンクリートの材料劣化別に三つ述べよ．

【問題6】 鋼材腐食の主な発生原因を五つ述べよ．

【問題7】 コンクリート構造物の代表的な七つの劣化機構と，その劣化要因を述べよ．

【問題8】 ひび割れの補修工法を三つ述べよ．

【問題9】 断面修復工法を四つ述べよ．

まとめ問題解答

1章 鉄筋コンクリートのあらまし

〔問題1〕
(1) 鉄筋とコンクリートの熱膨張係数がほぼ等しい．
(2) 鉄筋とコンクリートとの付着強度は大きい．
(3) コンクリート中に埋め込んだ鉄筋はさびにくい．

〔問題2〕
〈利点〉
(1) 耐久性・耐火性に優れている．
(2) いろいろな形状・寸法の構造物を容易につくることができる．
(3) 他の構造物に比べて経済的で，維持修理費も少なくてすむ．
(4) 振動・騒音が少ない．

〈欠点〉
(1) 自重が比較的大きいので軟弱地盤上の構造物には不利である．
(2) ひび割れが生じやすく，局部的に破損しやすい．
(3) 検査・改造が困難である．
(4) 施工が粗雑になりやすい．

〔問題3〕
　　ア—標準養生，イ—28，ウ—10～13，エ—5～7，オ—200，
　　カ—25，キ—$n = E_s/E_c = 8.0$，ク—異形鉄筋，ケ—普通丸鋼

〔問題4〕

記号	意味	記号	意味
I_e	換算断面二次モーメント	l_0	鉄筋の定着長
f'_c	コンクリートの圧縮強度	M	曲げモーメント
Δc_e	かぶりの施工誤差	w	ひび割れ幅
E_c	コンクリートのヤング係数	F_r	変動作用
p	引張鉄筋比	S_p	永続作用による断面力

■まとめ問題解答

2章 鉄筋コンクリートの設計法

〔問題1〕

ア―焼石膏，イ―石灰，ウ―接着剤，エ―ピラミッド，オ―火山灰（ポゾラン）
カ―石灰，キ―鉄の網，ク―鉄筋コンクリート，ケ―植木鉢，コ―RCパイプ
サ―床板，シ―$\sigma'_{ca} \leqq f'_{ck}/s$，ス―$\sigma_{ta} \fallingdotseq 0$，セ―施工の良否

〔問題2〕

$n = E_s/E_c = 15$

〔問題3〕

①終局限界状態，②使用限界状態，③疲労限界状態

〔問題4〕

性能照査型設計法

3章 許容応力度設計法

〔問題1〕

$p = A_s/bd = 1\,146/(400 \times 600) = 0.0048$
式(3·2)から，$k = \sqrt{2\,np + (np)^2} - np$
$= \sqrt{2 \times 15 \times 0.0048 + (15 \times 0.0048)^2} - 15 \times 0.0048 = 0.314$
中立軸の位置 $x = kd = 0.314 \times 600 = 188$ mm
式(3·7)から，$j = 1 - k/3 = 1 - 0.314/3 = 0.895$
式(3·8)から，$\sigma_s = M/(pjbd^2) = 8.6 \times 10^7/(0.0048 \times 0.895 \times 400 \times 600^2)$
$= 139.0$ N/mm$^2 < \sigma_{sa}\,(= 196$ N/mm$^2)$ ……OK
式(3·9)から，$\sigma'_c = 2M/(kjbd^2) = 2 \times 8.6 \times 10^7/(0.314 \times 0.895 \times 400 \times 600^2)$
$= 4.3$ N/mm$^2 < \sigma'_{ca}\,(= 9$ N/mm$^2)$ ……OK

〔問題2〕

(1) 式(3·4)より，$p = A_s/(bd) = 7\,942/(2\,000 \times 900) = 0.0044$
$t/d = 0.1778$，$np = 15 \times 0.0044 = 0.066$
式(3·5)から，$k = \{np + (1/2)(t/d)^2\}/\{np + (t/d)\}$
$= \{0.066 + (1/2) \times 0.1778^2\}/(0.066 + 0.1778) = 0.336$
中立軸の位置 $x = kd = 0.336 \times 900 = 302.4$ mm

(2) $x > t$ であるから，T形ばりとして計算する．
式(3·10)から，$j = 0.922$
式(3·11)から，$\sigma_s = M/(A_s jd) = 1\,000\,000\,000/(7\,942 \times 0.922 \times 900)$

$$= 151.7 \text{ N/mm}^2$$
式(3·12)から，$\sigma_c' = k\sigma_s/\{n(1-k)\} = 0.336 \times 151.7/\{15 \times (1-0.336)\}$
$$= 5.1 \text{ N/mm}^2$$
(3) 式(3·15)から，$M_{rc} = 9 \times \{1-160/(2 \times 0.336 \times 900)\} \times 2\,000 \times 160 \times 0.922$
$$\times 900 = 1.758 \times 10^9 \text{ N·mm} = 1\,758 \text{ kN·m}$$
式(3·16)から，$M_{rs} = 196 \times 7\,942 \times 0.922 \times 900 = 1.292 \times 10^9 \text{ N·mm}$
$$= 1\,292 \text{ kN·m}$$
$M_{rc} > M_{rs}$ であるから，抵抗モーメントは，$M_r = M_{rs} = 1\,292 \text{ kN·m}$

〔問題 3〕

表 3·1 から，$\sigma_{ca}' = 9 \text{ N/mm}^2$，付表 5 から $C_1 = 0.794$，$C_2 = 0.00744$
式(3·17)から，$d = C_1 \sqrt{M/b} = 0.794 \times \sqrt{80\,000\,000/400} = 355 \text{ mm}$
よって，有効高さ $d = 360 \text{ mm}$ とする．
式(3·19)から，$A_s = C_2 \sqrt{bM} = 0.00744 \times \sqrt{400 \times 80\,000\,000} = 1\,331 \text{ mm}^2$
D 19 を用いた場合，5 本（$A_s = 1\,433 \text{ mm}^2$）使用する．

〔問題 4〕

表 3·1 から，$\sigma_{ca}' = 9 \text{ N/mm}^2$
式(3·21)から，$k = n\sigma_{ca}'/(n\sigma_{ca}' + \sigma_{sa}) = 15 \times 9/(15 \times 9 + 196) = 0.408$
式(3·22)から，$D = \dfrac{M}{2\sigma_{ca}'bt} = \dfrac{t}{4}\left(1 + \dfrac{1}{k}\right) = \dfrac{340\,000\,000}{2 \times 9 \times 1\,400 \times 150}$
$$+ \dfrac{150}{4}\left(1 + \dfrac{1}{0.408}\right) = 219 \text{ mm}$$
式(3·23)から，$d = D + \sqrt{D^2 - t^2/3k} = 219 + \sqrt{219^2 - 150^2/(3 \times 0.408)}$
$$= 391 \text{ mm}$$
$x = kd = 0.408 \times 391 = 160 \text{ mm} > t\,(= 150 \text{ mm})$
よって，T 形断面として計算する．
式(3·25)から，$A_s = \dfrac{\sigma_{ca}'bt}{\sigma_{sa}}\left(1 - \dfrac{t}{2kd}\right) = \dfrac{9 \times 1\,400 \times 150}{196}\left(1 - \dfrac{150}{2 \times 0.408 \times 391}\right)$
$$= 5\,109 \text{ mm}^2$$
D 32 を用いた場合，7 本（$A_s = 5\,559 \text{ mm}^2$）使用する．

〔問題 5〕

〔問題 2〕の解から，$j = 0.922$
式(3·29)から，$\tau = V/(b_w jd) = 320\,000/(500 \times 0.922 \times 900) = 0.77 \text{ N/mm}^2$
付表 3 から，$u = 1\,000 \text{ mm}$
式(3·30)から，$\tau_0 = V/(ujd) = 320\,000/(1\,000 \times 0.922 \times 900) = 0.39 \text{ N/mm}^2$

■ まとめ問題解答

4章 性能照査型設計法

〔問題 1〕
　　表 4・1 参照

〔問題 2〕
　　設計断面耐力：材料強度により得られる部材断面の強度
　　設計断面力：荷重により部材断面に生じる力

〔問題 3〕
　　ア―γ_m（材料係数），イ―γ_b（部材係数），ウ―γ_f（荷重係数），
　　エ―γ_a（構造解析係数），オ―γ_i（構造物係数）

〔問題 4〕
　　ア―$\phi 10$ cm，イ―20 cm，ウ―28 日間，エ―$f'_{ck} = f'_{cm}(1-k\delta)$

5章 安全性（断面破壊）に関する検討

〔問題 1〕
　　引張側の鉄筋が降伏し切断されて引張破壊する場合と，圧縮側のコンクリートが圧縮破壊する場合．

〔問題 2〕
　　(1) 付表 3 より，$A_s = 2\,292$ mm^2

計算量	計算式	計算値	使用値
設計圧縮強度 f'_{cd}	$f'_{cd} = \dfrac{f'_{ck}}{\gamma_c}$	$f'_{cd} = \dfrac{24}{1.3} = 18.5$	18.5 N/mm^2
設計引張強度 f_{yd}	$f_{yd} = \dfrac{f_{yk}}{\gamma_s}$	$f_{yd} = \dfrac{300}{1.0} = 300$	300 N/mm^2
圧縮合力の作用位置 y_c	式(5・1) より $y_c = \dfrac{A_s f_{yd}}{2 \times k_1 f'_{cd} b}$	$y_c = \dfrac{2\,292 \times 300}{2 \times 0.85 \times 18.5 \times 500}$ $= 43.7$	43.7 mm
引張鉄筋のひずみ ε_s	図 5・2(b) より $\varepsilon_s = \dfrac{\varepsilon'_{cu}(d-x)}{x}$ $= \dfrac{\varepsilon'_{cu}(d-2.5\,y_c)}{2.5\,y_c}$	$\varepsilon_s = \dfrac{0.0035(800 - 2.5 \times 43.7)}{2.5 \times 43.7}$ $= 0.022$	0.022
降伏ひずみ ε_y	$\varepsilon_y = \dfrac{f_{yd}}{E_s}$	$\varepsilon_y = \dfrac{300}{200\,000} = 0.0015$	0.0015

判定 鉄筋の降伏の確認	$\varepsilon_s > \varepsilon_y$	$0.022 > 0.0015$ ゆえに，降伏している．	
設計曲げ耐力 M_{ud}	式(5・4) より $M_{ud} = \dfrac{A_s f_{yd}(d-y_c)}{\gamma_b}$	$M_{ud} = \dfrac{2\,292 \times 300(800-43.7)}{1.1}$ $= 472.7 \times 10^6$ N·mm $= 472.7$ kN·m	472.7 kN·m
安全性の検討	$\dfrac{\gamma_i M_d}{M_{ud}} \leqq 1.0$	$\dfrac{1.15 \times 300 \text{ kN·m}}{472.7 \text{ kN·m}} 0.73 < 1.0$ ゆえに，安全．	

(2) 付表 3 より $A_s = 5\,067$ mm^2

計算量	計算式	計算値	使用値
設計圧縮強度 f'_{cd}	$f'_{cd} = \dfrac{f'_{ck}}{\gamma_c}$	$f'_{cd} = \dfrac{24}{1.3} = 18.5$	18.5 N/mm^2
設計引張強度 f_{yd}	$f_{yd} = \dfrac{f_{yk}}{\gamma_s}$	$f_{yd} = \dfrac{300}{1.0} = 300$	300 N/mm^2
中立軸はフランジ内にあると仮定 ($x \leqq t$) コンクリートの圧縮合力 C' 引張鉄筋は降伏すると仮定 ($\varepsilon_s \geqq \varepsilon_y$) 鉄筋の引張合力 T 中立軸から上縁までの距離 x	$2y_c = \beta x$ $C' = k_1 f'_{cd} b \times 0.8x$ $T = A_s f_{yd}$　$C' = T$ 式(5・5) より $x = \dfrac{A_s f_{yd}}{0.8 k_1 f'_{cd} b}$	$x = \dfrac{5\,067 \times 300}{0.8 \times 0.85 \times 18.5 \times 800}$ $= 151.0$	151.0 mm
判定	$x(=151.0 \text{ mm}) < t(=200 \text{ mm})$ ゆえに，仮定どおりに中立軸はフランジ内にあることになる．		
引張鉄筋ひずみ ε_s	$\varepsilon_s = \dfrac{\varepsilon'_{cu}(d-x)}{x}$	$\varepsilon_s = \dfrac{0.0035(1\,000-151.0)}{151.0}$ $= 0.0196$	0.0196
引張鉄筋 降伏ひずみ ε_y	$\varepsilon_y = \dfrac{f_{yd}}{E_s}$	$\varepsilon_y = \dfrac{300}{200\,000} = 0.0015$	0.0015
判定 鉄筋の降伏の確認	$\varepsilon_s > \varepsilon_y$	$0.0196 > 0.0015$ ゆえに，降伏している．	
結果	ゆえに，この T 形ばりは部材幅 b の長方形断面と同じと考えてよいことになる．		
設計曲げ耐力 M_{ud}	式(5・4) より $M_{ud} = \dfrac{A_s f_{yd}(d-y_c)}{\gamma_b}$ $y_c = 0.8 x/2$	$y_c = 0.8 \times 151.0/2 = 60.4$ mm $M_{ud} = \dfrac{5\,067 \times 300(1\,000-60.4)}{1.1}$ $= 1\,298.4 \times 10^6$ N·mm $= 1\,298.4$ kN·m	1 298.4 kN·m
安全性の検討	$\dfrac{\gamma_i M_d}{M_{ud}} \leqq 1.0$	$\dfrac{1.15 \times 900 \text{ kN·m}}{1\,298.4 \text{ kN·m}} = 0.80 < 1.0$ ゆえに，安全．	

(3)

計算量	計算式	計算値	使用値
設計圧縮強度 f'_{cd}	$f'_{cd} = \dfrac{f'_{ck}}{\gamma_c}$	$f'_{cd} = 18.5$	18.5 N/mm²
f_{vcd}	$f_{vcd} = 0.20\sqrt[3]{f'_{cd}}$	$f_{vcd} = 0.20 \times \sqrt[3]{18.5} = 0.52$	0.52 N/mm²
引張鉄筋比 p_v	$p_v = \dfrac{A_s}{b_w d}$	$p_v = \dfrac{2\,292}{500 \times 800} = 0.00573$	0.00573
β_d β_p	$\beta_d = \sqrt[4]{1\,000/d}$ $\beta_p = \sqrt[3]{100\,p_v}$	$\beta_d = \sqrt[4]{1\,000/800} = 1.057$ $\beta_p = \sqrt[3]{100 \times 0.00573} = 0.830$	1.057 0.830
設計せん断耐力 V_{cd}	$V_{cd} = \dfrac{\beta_d \beta_p f_{vcd} b_w d}{\gamma_b}$	$V_{cd} = \dfrac{1.057 \times 0.830 \times 0.52 \times 500 \times 800}{1.3}$ $= 140\,369$ N	140 kN
安全性の検討	$\dfrac{\gamma_i V_d}{V_{cd}} \leq 1.0$	$\dfrac{1.15 \times 200 \text{ kN}}{140 \text{ kN}} = 1.65 > 1.0$ ゆえに，安全でなく，せん断補強鉄筋が必要．	

(4)

計算量	計算式	計算値	使用値
設計圧縮強度 f'_{cd}	$f'_{cd} = \dfrac{f'_{ck}}{\gamma_c}$	$f'_{cd} = 18.5$	18.5 N/mm²
引張鉄筋比 p_v	$p_v = \dfrac{A_s}{b_w d}$	$p_v = \dfrac{5\,067}{300 \times 1\,000} = 0.01689$	0.01689
f_{vcd}	$f_{vcd} = 0.20\sqrt[3]{f'_{cd}}$	$f_{vcd} = 0.20 \times \sqrt[3]{18.5} = 0.52$	0.52 N/mm²
β_d β_p	$\beta_d = \sqrt[4]{1\,000/d}$ $\beta_p = \sqrt[3]{100\,p_v}$	$\beta_d = \sqrt[4]{1\,000/1\,000} = 1$ $\beta_p = \sqrt[3]{100 \times 0.01689} = 1.190$	1 1.190
設計せん断耐力 V_{cd}	$V_{cd} = \dfrac{\beta_d \beta_p f_{vcd} b_w d}{\gamma_b}$	$V_{cd} = \dfrac{1 \times 1.190 \times 0.52 \times 300 \times 1\,000}{1.3}$ $= 142\,800$ N	142.8 kN
安全性の検討	$\dfrac{\gamma_i V_d}{V_{cd}} \leq 1.0$	$\dfrac{1.15 \times 300 \text{ kN}}{142.8 \text{ kN}} = 2.42 > 1.0$ ゆえに，安全でなく，せん断補強鉄筋が必要．	
せん断補強鉄筋の設計 降伏強度 f_{wyd}	$f_{wyd} = \dfrac{f_{wyk}}{\gamma_s}$	$f_{wyd} = \dfrac{300}{1.0} = 300$	300 N/mm²
アーム長 z （応力中心間距離）	$z = \dfrac{d}{1.15}$	$z = \dfrac{1\,000}{1.15} = 869.5$	869.5 mm
せん断補強鉄筋の設計 せん断耐力 V_{sd}	$V_{sd} = \dfrac{A_w f_{wyd}(z/s_s)}{\gamma_b}$	$V_{sd} = \dfrac{253 \times 300 \times (869.5/200)}{1.1}$ $= 299\,977$ N	299.9 kN
設計せん断耐力 V_{yd}	$V_{yd} = V_{cd} + V_{sd}$	$V_{yd} = 142.8 + 299.9 = 442.7$ kN	442.7 kN
安全性の検討	$\dfrac{\gamma_i V_d}{V_{cd}} \leq 1.0$	$\dfrac{1.15 \times 300 \text{ kN}}{442.7 \text{ kN}} = 0.78 < 1.0$ ゆえに，**安全**．	

腹部コンクリートの設計斜め圧縮強度 f_{wcd}	$f_{wcd} = 1.25\sqrt{f'_{cd}}$	$f_{wcd} = 1.25 \times \sqrt{18.5} = 5.37$	5.37 N/mm²
腹部コンクリートの設計せん断耐力 V_{wcd}	$V_{wcd} = \dfrac{f_{wcd} b_w d}{\gamma_b}$	$V_{wcd} = \dfrac{5.37 \times 300 \times 1\,000}{1.3}$ $= 1\,239\,230$ N	1 239 kN
安全性の検討	$\dfrac{\gamma_i V_d}{V_{cd}} \leq 1.0$	$\dfrac{1.15 \times 300\text{ kN}}{1\,239\text{ kN}} = 0.28 < 1.0$ ゆえに，**安全**.	

6章 安全性（疲労破壊）に関する検討

〔問題 1〕
(1) 疲労荷重（繰返し変動作用の大きさ）とその繰返し回数（作用頻度）
(2) 安全性照査方法
(3) 鉄筋やコンクリートの疲労寿命 N
(4) 応答解析（疲労荷重によって生じる変動応力（断面力）の算定法）

〔問題 2〕
(1) 応力度あるいは断面力による方法
(2) 繰返し回数による方法

〔問題 3〕
(1) 橋梁等の構造物
(2) 海洋構造物等

〔問題 4〕
(1) 繰返し回数を固定
(2) 応力度（断面力）を固定

〔問題 5〕
(1) レンジペア法
(2) ゼロアップクロス法

〔問題 6〕
(1) 鉄道橋の荷重評価
(2) 海洋構造物の波荷重評価

7章 使用性に関する検討

〔問題1〕
(1) 表7·1 参照
(2) 表7·1 参照
(3) 主として引張鉄筋のひずみによる影響と，コンクリートの収縮ひずみによる影響を考慮する．

〔問題2〕
まず，設計曲げモーメント M_e は，
$M_e = M_p + 0.5 M_r$
$= P_1(H/3) + 0.5 P_2(H/2)$
$= (24.4 \times 4.60 \times 1/2) \times 4.6/3 + 0.5 \times (3.4 \times 4.60) \times 4.6/2$
$= 86.05 + 17.99 = 104.04 \text{ kN·m}$

次に，曲げひび割れ w は，式(7·4)から
$$w = 1.1\, k_1 k_2 k_3 \{4\,c + 0.7(c_s - \phi)\} \left(\frac{\sigma_{se}}{E_s} + \varepsilon'_{cs} \right)$$

上式中のそれぞれの値を求めると以下のようになる．
$k_1 = 1.00,\ k_2 = 1.04,\ k_3 = 1.00$
かぶり $c = 100 - 19/2 = 90.5$ mm
鉄筋の中心間隔 $c_s = 125$ mm
動筋の直径 $\phi = 19$ mm
鉄筋の応力度 σ_s：$f'_{ck} = 21 \text{ N/mm}^2$ のとき，表7·2 から比例配分によって
$n = 8.55$
$p = A_s/bd = 2\,292/(1\,000 \times 340) = 0.0067$
$k = \sqrt{2\,np + (np)^2} - np$
$= \sqrt{2 \times 8.55 \times 0.0067 + (8.55 \times 0.0067)^2} - 8.55$
$\times 0.0067 = 0.286$
$j = 1 - k/3 = 1 - 0.286/3 = 0.905$
$$\sigma_s = \frac{M_e}{A_s jd} = \frac{104\,040\,000}{2\,292 \times 0.905 \times 340}$$
$= 147.5 \text{ N/mm}^2 < f_{yk}$……OK
$\varepsilon'_{csd} = 150 \times 10^{-6}$

∴ ひび割れ幅 $w = 1.1\, k_1 k_2 k_3 \{4\,c + 0.7(c_s - \phi)\} \left(\dfrac{\sigma_{se}}{E_s} + \varepsilon'_{csd} \right)$
$= 1.1 \times 1.00 \times 1.04 \times 1.00 \times \{4 \times 90.5 + 0.7(125 - 19)\}$
$\times \left(\dfrac{147.5}{2.0 \times 10^5} + 150 \times 10^{-6} \right)$

$= 0.44$ mm $> w_a$ ……NG

〔問題3〕

計算に必要な諸値	$A_s = 2072$ mm^2, $f'_{ck} = 30$ N/mm^2 のとき，表6・2から，ヤング係数比 $n = 7.14$ コンクリートの設計引張強度 f_{tde} は，寸法効果の係数 k_1，コンクリートの引張強度の特性値 f_{tk}，材料係数 $\gamma_c = 1.0$ として $k_1 = 0.6/h^{1/3} = 0.6/0.62^{1/3} = 0.704$ $f_{tk} = 0.23 f'_{ck}{}^{2/3} = 0.23 \times 30^{2/3} = 2.22$ N/mm^2 $f_{tde} = k_1 f_{tk}/\gamma_c = 0.704 \times 2.22/1.0 = 1.56$ N/mm^2		
全断面有効としたとき	中立軸の位置	$x = \dfrac{bh^2/2 + nA_s d}{bh + nA_s} = \dfrac{420 \times 620^2/2 + 7.14 \times 2072 \times 560}{420 \times 620 + 7.14 \times 2072} = 323$ mm	
	断面二次モーメント I_g	$I_g = \dfrac{bx^3}{3} + \dfrac{b(h-x)^3}{3} = nA_s(d-x)^2$ $= \dfrac{420 \times 323^3}{3} + \dfrac{420 \times (620-323)^3}{3} + 7.14 \times 2072 \times (560-323)^2 = 9.216 \times 10^9$ mm^4	
引張側コンクリートを無視したとき	中立軸の位置	$x = \sqrt{2nA_s d/b + (nA_s/b)^2} - nA_s/b$ $= \sqrt{2 \times 7.14 \times 2072 \times 560/420 + (7.14 \times 2072/420)^2} - 7.14 \times 2072/420 = 166$ mm	
	断面二次モーメント I_{cr}	$I_{cr} = \dfrac{bx^3}{3} + nA_s(d-x)^2$ $= \dfrac{420 \times 166^3}{3} + 7.14 \times 2072 \times (560-166)^2 = 2.937 \times 10^9$ mm^4	
M_{crd}	$M_{crd} = \dfrac{f_{tde} I_g}{h-x} = \dfrac{1.56 \times 9.216 \times 10^9}{620-323} = 4.841 \times 10^7$ N·mm $= 48.41$ kN·m		
設計曲げモーメントの最大値 M_{max}	$M_{max} = \dfrac{Pl}{4} = \dfrac{250 \times 4}{4} = 250$ kN·m		
変形量の計算に求める断面二次モーメント I_e	$I_e = \left[\left(\dfrac{M_{crd}}{M_{max}}\right)^3 I_g + \left[1 - \left(\dfrac{M_{crd}}{M_{max}}\right)^3\right] I_{cr}\right]$ $= [0.194^3 \times 9.216 \times 10^9 + (1 - 0.194^3) \times 2.937 \times 10^9] = 2.983 \times 10^9$ mm$^4 < I_g$		
最大たわみ δ	図6・8の公式から求める．また，表1・4から $E_c = 28$ kN/mm^2 であるから $\delta = \dfrac{Pl^3}{48 E_c I_e} = \dfrac{250 \times 4000^3}{48 \times 28 \times 2.983 \times 10^9} = 4.0$ mm		

8章 耐久性（環境作用）に関する検討

〔問題1〕
（1） 環境作用による構造物中の材料の劣化や変状が設計耐用期間中に生じないようにする．
（2） 材料劣化が生じたとしても，構造物の性能の低下を生じない軽微な範囲に留まるようにする．

■ まとめ問題解答

〔問題2〕
(1) 鋼材（鉄筋）：鋼材（鉄筋）腐食に対して
(2) コンクリート：コンクリートの劣化に対して

〔問題3〕
①ひび割れ幅，②中性化，③塩害

〔問題4〕
①水セメント比（W/C）の最大値，②かぶりの最小値

〔問題5〕
アー0.3 mm，イー0.005 c，ウー0.5 mm，エー永続作用，オー変動作用

9章　一般構造細目

〔問題1〕
(1) フック：鉄筋コンクリートにおいて，鉄筋には大きな引張応力が作用することになるため，鉄筋がコンクリートから抜け出さないようにしっかりと定着させるために鉄筋の端部を折り曲げた部分をいう．
(2) 基本定着長：鉄筋がコンクリートの十分定着して必要な付着力を得るために必要な基準の長さをいう．フックを用いることにより，短くすることができる．
(3) 溶接継手：鉄筋の継手の一つで，一般にはガス圧接継手が多く用いられている．

〔問題2〕
「土コ示」に規定されているフックで，半円形フック，鋭角フック，直角フックの3種類があり，鉄筋の種類によって使い分ける．

〔問題3〕
単に鉄筋を重ね合わせてコンクリートを打つという非常に簡単なものであり，溶接継手のように専門技術者を必要としない．しかし，継手部にコンクリートがいきわたらなかったり，コンクリートの分離が生じる場合やコンクリートが劣化した場合は，強度が大きく低下する．

〔問題4〕
アーかぶり，イー付着強度，ウーアルカリ性，エーさび，オーあき

〔問題5〕
必要鉄筋量が $A_s = 3740$ mm² なので，付表3から，10-D 22（直径22 mmの

異形鉄筋を 10 本）にすると，$A_s = 3\,871$ mm^2 となる．

〈鉄筋比の計算〉
$$p = \frac{A_s}{bd} = \frac{3\,871}{400 \times 700} = 0.014 \geqq 0.2\% \text{ 以上（「土コ示」より）}$$

かぶりの最小値は表 9・1 より，$c = 40$ mm とする．
鉄筋のあき（「土コ示」より）
① 水平方向のあき 20 mm 以上
② 粗骨材の寸法の 4/3 以上
③ 鉄筋の直径以上
④ 2 段にする場合 20 mm 以上，鉄筋の直径以上
以上の結果から，右図のように鉄筋を配置すると
　　かぶり $c = 80$ mm $- 22$ mm$/2 = 69$ mm > 40 mm
　　あき　60 mm $- 22$ mm $= 38$ mm $>$ 上の条件
ゆえに，右図の配置にしてよい．

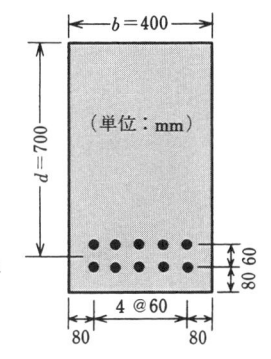

10章 擁壁の設計

〔問題 1〕
　　図 10・1 参照

〔問題 2〕

(1)	転倒に対する照査	(2)	$d = \dfrac{\Sigma V \cdot x - \Sigma H \cdot x}{\Sigma V}$　式(10・8)　　$e = \dfrac{B}{2} - d$　式(10・7)
	滑動に対する照査		$F_s = \dfrac{P_f}{P_M}$　式(10・9)　　$F_s \geqq 1.5$（常時）　式（10・11） 　　　　　　　　　　　$F_s \geqq 1.2$（地震時）　式（10・12）
	地盤の支持力に対する照査		$q_1 = \dfrac{\Sigma V}{B}\left(1 + \dfrac{6e}{B}\right)$　式(10・13) $q_2 = \dfrac{\Sigma V}{B}\left(1 - \dfrac{6e}{B}\right)$　式(10・14)　　$\max(q_1, q_2) \leqq q_a$

〔問題 3〕
　　図 10・7 参照

11章 コンクリート構造物の変状と診断・対策

〔問題 1〕
　　①安全性，②使用性，③復旧性，④第三者影響度，⑤美観，⑥耐久性

■まとめ問題解答

〔問題 2〕
①点検，②劣化機構の推測，③予測，④性能の評価，⑤対策の要否判定

〔問題 3〕
①点検強化，②補修，③補強，④供用制限，⑤解体・撤去

〔問題 4〕
①水がかり，②ひび割れ，③鋼材腐食

〔問題 5〕
①鉄筋腐食先行型，②ひび割れ先行型，③劣化ひび割れ

〔問題 6〕
①鋼材表面の不動態被膜の破壊，②かぶりの減少（喪失），③施工段階等にて生じたひび割れ等の存在，④かぶりコンクリートの劣化によるひび割れの発生，⑤同一断面内でかぶりコンクリートの状態が著しく異なる場合

〔問題 7〕
①中性化（二酸化炭素），②塩害（塩化物イオン），③凍害（凍結融解作用），④化学的侵食（酸性物質，硫酸イオン），⑤アルカリシリカ反応（反応性骨材），⑥疲労（大型車通行量，繰返し荷重），⑦すりへり（摩耗）

〔問題 8〕
①ひび割れ被覆工法，②注入工法，③充てん工法

〔問題 9〕
①左官工法，②モルタル注入工法，③コンクリート充てん工法，④吹付工法

付　　表

付表1　鉄筋とコンクリートの許容応力度（許容応力度法）

①鉄筋の許容応力度 σ_{sa} 〔N/mm²〕

応力度，部材の種類等			鉄筋の種類		
			SD 345	SD 390	SD 490
引張応力度	1）活荷重および衝撃以外の主荷重		100	100	100
	2）荷重の組合せに衝突荷重または地震の影響を考慮しない場合の許容応力度の基本値	一般の部材	180	180	180
		床版および支間長10 m以下の床版橋	140	140	140
	3）荷重の組合せに衝突荷重または地震の影響を考慮する場合の許容応力度の基本値	桁の軸方向への配置	200	230	290
		その他	200	200	200
	4）鉄筋の重ね継手長または定着長を算出する場合の許容応力度の基本値		200	230	290
5）圧縮応力度			200	230	290

（H24 道路橋示方書・コンクリート橋編・下部構造編，H24 道路土工・擁壁工指針　参照）

②コンクリートの許容応力度 σ_{ca} 〔N/mm²〕

応力度の種類		コンクリートの設計基準強度			
		21	24	27	30
許容曲げ圧縮応力度 σ'_{ca}		7.0	8.0	9.0	10.0
許容軸圧縮応力度 σ'_{va}		5.5	6.5	7.5	8.5
許容付着応力度（異形棒鋼）τ_{0a}		1.40	1.60	1.70	1.80
許容せん断応力度	コンクリートのみでせん断力を負担する場合（τ_{a1}）	0.22	0.23	0.24	0.25
	斜引張鉄筋と共同して負担する場合（τ_{a2}）	1.6	1.7	1.8	1.9
	許容押抜きせん断応力度（τ_{a3}）	0.85	0.90	0.95	1.00
許容支圧応力度 σ'_{ba}		$\sigma'_{ba} = (0.25 + 0.05\, Ac/Ab)\sigma_{ck}$ ただし，$\sigma'_{ba} \leq 0.5\, \sigma_{ck}$ ここに，σ'_{ba}：コンクリートの許容支圧応力度〔N/mm²〕 　　　　A_c：局部積荷の場合のコンクリート面の有効支圧面の面積〔mm²〕 　　　　A_b：局部積荷の場合の支圧を受けるコンクリート面の面積〔mm²〕 　　　　σ_{ck}：コンクリートの設計基準強度〔N/mm²〕			

（H24 道路橋示方書・コンクリート橋編・下部構造編，H24 道路土工・擁壁工指針　参照）

■付　表

付表2　① 普通丸鋼本数と断面積

本数と断面積 $\times 10^2$ [mm²]

直径 [mm]	断面積 $\times 10^2$ [mm²]	2本	3	4	5	6	7	8	9	10	11	12	13	14	15	16	18	20本
6	0.2827	0.57	0.85	1.13	1.41	1.70	1.98	2.26	2.54	2.83	3.11	3.39	3.68	3.96	4.24	4.52	5.09	5.65
9	0.6362	1.27	1.91	2.55	3.18	3.82	4.45	5.09	5.73	6.36	7.00	7.63	8.27	8.91	9.54	10.18	11.45	12.72
12	1.131	2.26	3.39	4.52	5.66	6.79	7.92	9.05	10.18	11.31	12.44	13.57	14.70	15.83	16.99	18.10	20.36	22.62
13	1.327	2.65	3.98	5.31	6.64	7.96	9.29	10.62	11.94	13.27	14.60	15.92	17.25	18.58	19.91	21.23	23.89	26.54
16	2.011	4.02	6.03	8.04	10.06	12.06	14.06	16.08	18.10	20.10	22.11	24.12	26.13	28.14	30.15	32.16	36.18	40.20
19	2.835	5.67	8.51	11.34	14.18	17.01	19.85	22.68	25.52	28.35	31.19	34.02	36.86	39.69	42.53	45.36	51.03	56.70
22	3.801	7.60	11.40	15.20	19.01	22.81	26.61	30.41	34.21	38.01	41.81	45.61	49.41	53.21	57.02	60.82	68.42	76.02
25	4.909	9.82	14.73	19.64	24.55	29.45	34.36	39.27	44.18	49.09	54.00	58.91	63.82	68.73	73.64	78.54	88.36	98.18
28	6.158	12.32	18.47	24.63	30.79	36.95	43.11	49.26	55.42	61.58	67.74	73.90	80.05	86.21	92.37	98.53	110.84	123.16
32	8.042	16.08	24.13	32.17	40.21	48.25	56.29	64.34	72.38	80.42	88.46	96.50	104.55	112.59	120.63	128.67	144.76	160.84
36	10.180	20.36	30.54	40.72	50.90	61.08	71.26	81.44	91.62	101.80	111.98	122.16	132.34	142.52	152.70	162.88	183.24	203.60

② 普通丸鋼本数と周長

本数と周長 $\times 10$ [mm]

直径 [mm]	周長 $\times 10$ [mm]	2本	3	4	5	6	7	8	9	10	11	12	13	14	15	16	18	20本
6	1.885	3.77	5.66	7.54	9.43	11.31	13.20	15.08	16.97	18.85	20.74	22.62	24.51	26.39	28.28	30.16	33.93	37.70
9	2.827	5.65	8.48	11.31	14.14	16.96	19.79	22.62	25.44	28.27	31.10	33.92	36.75	39.58	42.41	45.23	50.89	56.54
12	3.770	7.54	11.31	15.08	18.85	22.62	26.39	30.16	33.93	37.70	41.47	45.24	49.01	52.78	56.55	60.32	67.86	75.40
13	4.084	8.17	12.26	16.34	20.42	24.50	28.59	32.67	36.76	40.84	44.92	49.01	53.09	57.18	61.26	65.34	73.51	81.68
16	5.027	10.05	15.03	20.11	25.14	30.16	35.19	40.22	45.24	50.27	55.30	60.32	65.35	70.38	75.41	80.43	90.49	100.54
19	5.969	11.94	17.91	23.88	29.85	35.81	41.78	47.75	53.72	56.69	65.66	71.63	77.60	83.57	89.54	95.50	107.44	119.38
22	6.911	13.82	20.73	27.64	34.56	41.47	48.38	55.29	62.20	69.11	76.02	82.93	89.84	96.75	103.67	110.58	124.40	138.22
25	7.854	15.71	23.56	31.42	39.27	47.12	54.95	62.83	70.69	78.54	86.39	94.25	102.10	109.96	117.81	125.66	141.37	157.08
28	8.769	17.59	26.39	35.18	43.98	52.78	61.57	70.37	79.16	87.96	96.76	105.55	114.35	123.14	131.94	140.74	158.33	175.92
32	10.053	20.11	30.16	40.21	50.27	60.32	70.37	80.42	90.48	100.53	110.58	120.64	130.69	140.74	150.80	160.85	180.95	201.06
36	11.310	22.62	33.93	45.24	56.55	67.86	79.17	90.48	101.79	113.10	124.41	135.72	147.03	158.34	169.65	180.96	203.58	226.20

付表3 ① 異型鉄筋本数と断面積

呼び名	公称直径 〔mm〕	公称断面積 ×10²〔mm²〕	本数と断面積 ×10²〔mm²〕							
			2本	3	4	5	6	7	8	9
D 6	6.35	0.3167	0.63	0.95	1.27	1.58	1.90	2.22	2.53	2.85
D 10	9.53	0.7133	1.43	2.14	2.85	3.57	4.28	4.99	5.71	6.42
D 13	12.7	1.267	2.53	3.80	5.07	6.34	7.60	8.87	10.14	11.40
D 16	15.9	1.986	3.97	5.96	7.94	9.93	11.92	13.90	15.89	17.87
D 19	19.1	2.865	5.73	8.60	11.46	14.33	17.19	20.06	22.92	25.79
D 22	22.2	3.871	7.74	11.61	15.48	19.36	23.23	27.10	30.97	34.84
D 25	25.4	5.067	10.13	15.20	20.72	25.34	30.40	35.47	40.54	45.60
D 29	28.6	6.424	12.85	19.27	25.70	32.12	38.54	44.97	51.39	57.82
D 32	31.8	7.942	15.88	23.83	31.77	39.71	47.65	55.59	63.54	71.48
D 35	34.9	9.566	19.13	28.70	38.26	47.83	57.40	66.96	76.53	86.09
D 38	38.1	11.40	22.80	34.20	45.60	57.00	68.40	79.80	91.20	102.60
D 41	41.3	13.40	26.80	40.20	53.6	67.0	80.4	93.8	107.2	120.6
D 51	50.8	20.27	40.54	60.81	81.08	101.35	121.62	141.89	162.16	182.43

本数と断面積 ×10²〔mm²〕										
10	11	12	13	14	15	16	17	18	19	20本
3.17	3.48	3.80	4.12	4.43	4.75	5.07	5.38	5.70	6.02	6.33
7.13	7.85	8.56	9.27	9.99	10.70	11.40	12.13	12.84	13.55	14.27
12.67	13.94	15.20	16.47	17.74	19.01	20.27	21.54	22.81	24.07	25.34
19.86	21.85	23.83	25.82	27.80	29.79	31.78	33.76	35.75	37.73	39.72
28.65	31.52	34.38	37.25	40.11	42.98	45.84	48.71	51.75	54.44	57.30
38.71	42.58	46.45	50.32	54.19	58.07	61.94	65.81	69.68	73.55	77.42
50.67	55.74	60.80	65.87	70.94	76.01	81.07	86.14	91.21	96.27	101.34
64.24	70.66	77.09	83.51	89.94	96.36	102.78	109.21	115.63	122.06	128.48
79.42	87.36	95.30	103.25	111.19	119.13	127.07	135.01	142.96	150.90	158.84
95.66	105.23	114.79	124.36	133.92	143.49	153.06	162.62	172.19	181.75	191.32
114.00	125.40	136.80	148.20	159.60	171.00	182.40	193.80	205.20	216.60	228.00
134.00	147.40	160.80	174.20	187.60	201.00	214.40	227.80	241.20	254.60	268.00
202.7	222.97	243.24	263.51	283.78	304.05	324.32	344.59	364.86	385.13	405.4

■付　表

付表3　②　異型鉄筋本数と周長

呼び名	公称周長 ×10〔mm〕	本数と周長　×10〔mm〕							
		2本	3	4	5	6	7	8	9
D 6	2.0	4.0	6.0	8.0	10.0	12.0	14.0	16.0	18.0
D 10	3.0	6.0	9.0	12.0	15.0	18.0	21.0	24.0	27.0
D 13	4.0	8.0	12.0	16.0	20.0	24.0	28.0	32.0	36.0
D 16	5.0	10.0	15.0	20.0	25.0	30.0	35.0	40.0	45.0
D 19	6.0	12.0	18.0	24.0	30.0	36.0	42.0	48.0	54.0
D 22	7.0	14.0	21.0	28.0	35.0	42.0	49.0	56.0	63.0
D 25	8.0	16.0	24.0	32.0	40.0	48.0	56.0	64.0	72.0
D 29	9.0	18.0	27.0	36.0	45.0	54.0	63.0	72.0	81.0
D 32	10.0	20.0	30.0	40.0	50.0	60.0	70.0	80.0	90.0
D 35	11.0	22.0	33.0	44.0	55.0	66.0	77.0	88.0	99.0
D 38	12.0	24.0	36.0	48.0	60.0	72.0	84.0	96.0	108.0
D 41	13.0	26.0	39.0	52.0	65.0	78.0	91.0	104.0	117.0
D 51	16.0	32.0	48.0	64.0	80.0	96.0	112.0	128.0	144.0

本数と周長　×10〔mm〕										
10	11	12	13	14	15	16	17	18	19	20本
20.0	22.0	24.0	26.0	28.0	30.0	32.0	34.0	36.0	38.0	40.0
30.0	33.0	36.0	39.0	42.0	45.0	48.0	51.0	54.0	57.0	60.0
40.0	44.0	48.0	52.0	56.0	60.0	64.0	68.0	72.0	76.0	80.0
50.0	55.0	60.0	65.0	70.0	75.0	80.0	85.0	90.0	95.0	100.0
60.0	66.0	72.0	78.0	84.0	90.0	96.0	102.0	108.0	114.0	120.0
70.0	77.0	84.0	91.0	98.0	105.0	112.0	119.0	126.0	133.0	140.0
80.0	88.0	96.0	104.0	112.0	120.0	128.0	136.0	144.0	152.0	160.0
90.0	99.0	108.0	117.0	126.0	135.0	144.0	153.0	162.0	171.0	180.0
100.0	110.0	120.0	130.0	140.0	150.0	160.0	170.0	180.0	190.0	200.0
110.0	121.0	132.0	143.0	154.0	165.0	176.0	187.0	198.0	209.0	220.0
120.0	132.0	144.0	156.0	168.0	180.0	192.0	204.0	216.0	228.0	240.0
130.0	143.0	156.0	169.0	182.0	195.0	208.0	221.0	234.0	247.0	260.0
160.0	176.0	192.0	208.0	224.0	240.0	256.0	272.0	288.0	304.0	320.0

付表4 単鉄筋長方形ばりの p, k, j ($n = 15$ のとき)

p	k	j	p	k	j	p	k	j	p	k	j
0.0010	0.159	0.947	0.0060	0.344	0.885	0.0110	0.433	0.856	0.0160	0.493	0.836
11	166	945	61	346	885	111	434	855	161	494	835
12	173	943	62	348	884	112	436	855	162	495	835
13	179	940	63	350	883	113	437	854	163	496	835
14	185	938	64	353	883	114	438	854	164	497	834
15	191	936	65	355	882	115	440	853	165	498	834
16	196	935	66	357	881	116	441	853	166	499	834
17	202	933	67	359	880	117	442	852	167	500	833
18	207	931	68	361	880	118	444	852	168	501	833
19	211	929	69	363	879	119	445	852	169	502	833
0.0020	0.217	0.928	0.0070	0.365	0.878	0.0120	0.446	0.851	0.0170	0.503	0.832
21	222	926	71	367	878	121	447	851	171	504	832
22	226	925	72	369	877	122	449	850	172	505	832
23	230	923	73	371	876	123	450	850	173	506	831
24	235	922	74	373	876	124	452	849	174	507	831
25	239	920	75	375	875	125	453	849	175	508	831
26	240	919	76	377	874	126	454	849	176	509	830
27	247	918	77	379	874	124	455	848	177	510	830
28	251	916	78	381	873	128	457	848	178	511	830
29	252	915	79	383	873	129	458	847	179	512	829
0.0030	0.258	0.914	0.0080	0.384	0.872	0.0130	0.459	0.847	0.0180	0.513	0.829
31	262	913	81	386	871	131	461	847	181	514	829
32	266	912	82	388	871	132	462	846	182	515	828
33	269	910	83	390	870	133	463	846	183	516	828
34	272	909	84	392	870	134	464	845	184	517	828
35	276	908	85	393	869	135	465	845	185	518	828
36	279	907	86	395	868	136	467	845	186	518	827
37	282	906	87	397	868	137	468	844	187	519	827
38	285	905	88	399	867	138	469	844	188	520	827
39	289	904	89	400	867	139	470	843	189	521	826
0.0040	0.292	0.903	0.0090	0.402	0.866	0.0140	0.471	0.843	0.0190	0.522	0.826
41	295	902	91	404	866	141	472	843	191	523	826
42	298	901	92	405	865	142	474	842	192	524	825
43	300	900	93	407	864	143	475	842	193	525	825
44	303	899	94	408	864	144	476	841	194	526	825
45	306	898	95	410	863	145	477	841	195	526	825
46	309	897	96	412	863	146	478	841	196	527	824
47	312	896	97	413	862	147	479	840	197	528	824
48	314	895	98	415	862	148	480	840	198	529	824
49	317	894	99	416	861	149	481	840	199	530	823
0.0050	0.320	0.894	0.0100	0.418	0.861	0.0150	0.483	0.839	0.0200	0.531	0.823
51	322	893	101	419	860	151	484	839	201	532	823
52	325	892	102	421	860	152	485	838	202	532	823
53	327	891	103	423	859	153	486	838	203	533	822
54	330	890	104	424	859	154	487	838	204	534	822
55	332	889	105	425	858	155	488	837	205	535	822
56	334	889	106	427	858	156	489	837	206	536	821
57	337	888	107	428	857	157	490	837	207	537	821
58	339	887	108	430	857	158	491	836	208	537	821
59	341	886	109	431	856	159	492	836	206	538	821

■付　表

付表5　単鉄筋長方形ばりの C_1, C_2 の値（第3章で使用）

σ'_{ca} [N/mm^2]	$\sigma_{sa} = 137$ N/mm^2		$\sigma_{sa} = 157$ N/mm^2		$\sigma_{sa} = 176$ N/mm^2	
	C_1	C_2	C_1	C_2	C_1	C_2
7	0.877	0.00973	0.907	0.00810	0.935	0.00694
9	0.732	0.01194	0.754	0.00999	0.774	0.00859
11	0.638	0.01399	0.654	0.01174	0.669	0.01012
14	0.544	0.01682	0.555	0.01417	0.566	0.01225

σ'_{ca} [N/mm^2]	$\sigma_{sa} = 196$ N/mm^2		$\sigma_{sa} = 206$ N/mm^2	
	C_1	C_2	C_1	C_2
7	0.963	0.00600	0.977	0.00560
9	0.794	0.00744	0.804	0.00695
11	0.685	0.00879	0.693	0.00823
14	0.578	0.01067	0.583	0.01001

付表6　単鉄筋長方形ばりの C_1, C_2 の値（第3章以外で使用）

σ_{ca} [N/mm^2]	$\sigma_{sa} = 180$ N/mm^2		$\sigma_{sa} = 300$ N/mm^2	
	C_1	C_2	C_1	C_2
8	0.849	0.00755	0.983	0.00375
12	0.632	0.00105	0.712	0.00535

参 考 文 献

1) 土木学会：コンクリート標準示方書（設計編）（2012年制定）
2) 土木学会：コンクリート標準示方書（維持管理編）（2013年制定）
3) 土木学会：コンクリート標準示方書（構造性能照査編）（2002年制定）
4) 日本コンクリート工学会：コンクリート診断技術'14（2014）
5) 日本道路協会：道路橋示方書・同解説（Ⅰ共通編・Ⅱ鋼橋編）（2012）
6) 日本道路協会：道路橋示方書・同解説（Ⅰ共通編・Ⅲコンクリート橋編）（2012）
7) 日本道路協会：道路橋示方書・同解説（Ⅰ共通編・Ⅳ下部構造編）（2012）
8) 日本道路協会：路橋示方書・同解説（Ⅰ共通編・Ⅴ耐震設計編）（2012）
9) 日本道路協会：道路土工―擁壁工指針（平成24年度版）（2012）
10) 日本コンクリート工学会：コンクリートのひび割れ調査，補修・補強指針―2013―（2013）
11) 粟津清蔵：ハンディブック土木(第3版)，第6編 鉄筋コンクリート，オーム社（2014）
12) 国土交通省九州地方整備局：九州地区における土木コンクリート構造物設計施工指針（案） 手引書（案）（2011）
13) 近藤泰夫・小野竹之助・田口文雄：新訂版 鉄筋コンクリートの設計，国民科学社（1981）
14) 大塚浩司・小出英夫・武田三弘・阿波稔・子田康弘：新版 鉄筋コンクリート工学 性能照査型設計法へのアプローチ，技報堂出版（2013）
15) 大塚浩司・庄谷征美・外門正直・原忠勝：鉄筋コンクリート工学 限界状態へのアプローチ，技報堂出版（1989）
16) 前田詔一・岡村甫：鉄筋コンクリート工学，市ヶ谷出版社（1990）
17) 岡田清・平澤征夫・伊藤和幸・不破昭：鉄筋コンクリート工学，鹿島出版会（1990）
18) 同：鉄筋コンクリート演習，同上
19) 後藤幸夫・尾坂芳夫・三浦尚：コンクリート工学（Ⅱ）設計，彰国社（1993）

索　引

ア行

アノード反応 ……………………… 198
新たな作用 ………………………… 183
アルカリシリカ反応 ……………… 197
安全係数 ………………………… 3, 68
安全性 ………………………… 65, 184

異形鉄筋 ………………………… 4, 7
維持管理計画 ……………………… 185

裏込め土 …………………………… 152

鋭角フック ………………………… 142
永続作用 …………………………… 11
塩　害 ……………………………… 197

折曲鉄筋 …………………………… 54

カ行

外　観 ……………………………… 117
解体・撤去 ………………………… 200
化学的侵食 ………………………… 197
かかと版 …………………………… 152
重ね継手 …………………………… 148
カソード反応 ……………………… 198
滑　動 ……………………………… 156
かぶり ………………………… 133, 140
環境性 ……………………………… 65
換算断面二次モーメント ………… 126
換算等価断面積 …………………… 126

基準不適合構造物 ………………… 183

基本定着長 ………………………… 146
供用制限 …………………………… 200
許容応力度 ………………………… 27
許容応力度設計法 ……………… 20, 27
許容支圧応力度 …………………… 29
許容せん断応力度 ………………… 29
許容付着応力度 …………………… 29
許容曲げ圧縮応力度 ……………… 28
記　録 ……………………………… 186

繰返し応力 ………………………… 95
繰返し回数 ………………………… 95

限界状態設計法 …………………… 24

鋼材位置における塩化物イオン濃度
　…………………………………… 131
鋼材位置における塩化物イオン濃度の
　設計値 …………………………… 136
鋼材応力度の制限値 ……………… 132
鋼材腐食 …………………………… 190
鋼材腐食に対する照査方法 ……… 131
鋼材腐食発生限界 ………………… 136
鋼材腐食発生限界深さ …………… 134
コンクリートの許容応力度 ……… 28

サ行

最小かぶり ………………………… 140
左官工法 …………………………… 203
作　用 ……………………………… 3
作用位置 …………………………… 161

■索　引

地　盤	156
地盤の支持力	157
終局限界状態	24
修正係数	3
充てん工法	202
使用限界状態	24
上載荷重	161
使用性	65, 117, 184
床　版	27
診　断	186
スターラップ	54
スラブ	27
すりへり	198
性能照査型設計法	20, 65
設計基準強度	4, 28, 71
設計せん断耐力	86
設計断面耐力	69
設計断面力	69
設計斜め圧縮破壊耐力	90
設計疲労強度	6
設計曲げ耐力	78
ゼロアップクロス法	96
せん断応力	48
せん断疲労	109
せん単補強鉄筋	84

タ行

耐久性	65, 131, 185
対　策	186
第三者影響度	185
たて壁	152
たわみ	126
短期変形	124
弾性体	27, 33
単鉄筋T形ばり	27
単鉄筋T形ばりの計算式	47
単鉄筋T形ばりのせん断応力度	52
単鉄筋T形ばりの付着応力度	52
単鉄筋長方形ばり	27, 42
単鉄筋長方形ばりの計算式	46
単鉄筋長方形ばりのせん断応力度	48
単鉄筋長方形ばりの付着応力度	50
単鉄筋ばり	27, 33
断面修復工法	203
断面破壊	73
中性化	197
中性化深さ	131
中性化深さの設計値	134
注入工法	202, 203
長期変形	124
直線被害則	99
直角フック	142
つま先版	152
抵抗モーメント	40
定着長	147
鉄筋の許容応力度	30
鉄筋腐食先行型	190
鉄筋量	42, 43
点検強化	200
転　倒	156
土　圧	161
凍　害	197
等価応力ブロック	75
等価繰返し回数	97
特性値	3, 14, 70

ナ行

斜め引張応力	54
斜め引張鉄筋	29, 54

熱間圧延異形棒鋼 ················· 7
熱間圧延棒鋼 ····················· 7
熱膨張係数 ······················ 10

ハ行
は　り ························· 27
半円形フック ··················· 142

美　観 ························ 185
引張鉄筋比 ····················· 177
ひび割れ ······················ 190
ひび割れ先行型 ················· 190
ひび割れのパターン ············· 195
ひび割れの発生原因 ············· 194
ひび割れ幅 ················ 117, 131
ひび割れ幅の限界値 ············· 132
ひび割れ被膜工法 ··············· 201
ひび割れ補修 ··················· 201
標準養生 ························ 4
疲　労 ························ 197
疲労強度 ······················ 104
疲労限界状態 ···················· 24
疲労破壊 ······················· 95

吹付工法 ······················ 203
腹鉄筋 ························· 54
複鉄筋ばり ··················· 27, 33
付着応力 ···················· 48, 50
普通丸鋼 ························ 7
復旧性 ····················· 65, 185
フック ························ 142
不動態被膜 ················ 190, 198

変位・変形 ················ 117, 124
変動作用 ······················· 11

ポアソン比 ····················· 10
補　強 ························ 200
補　修 ························ 200

マ行
マイナー則 ····················· 99
曲げ応力度 ···················· 118
曲げひび割れ ·················· 120
曲げひび割れ幅 ················ 120
曲げ疲労 ······················ 106

水がかり ······················ 190
水セメント比 ·················· 133

ヤ行
ヤング係数 ·················· 9, 10

有効高さ ······················· 42

要求性能 ··················· 20, 66
擁　壁 ························ 152

ラ行
ライフサイクル ················ 183

劣化過程 ······················ 189
劣化機構 ·················· 189, 197
劣化現象 ······················ 189
劣化ひび割れ ·················· 192
レンジペア法 ··················· 96

英字
S-N 図 ························· 95

〈監修者略歴〉

粟津清蔵（あわづ せいぞう）
昭和19年　日本大学工学部卒業
昭和33年　工学博士
　　　　　日本大学名誉教授

〈著者略歴〉

伊藤　実（いとう みのる）
昭和38年　日本大学理工学部卒業
　元　　　大分県立中津工業高等学校教諭
　　　　　松本技術コンサルタント(株)

小笹修広（おざさ のぶひろ）
昭和58年　熊本工業大学(現崇城大学)工学部卒業
現　在　　大分県立大分工業高等学校教諭

佐藤啓治（さとう けいじ）
昭和62年　熊本大学大学院工学研究科
　　　　　土木工学専攻 修士課程修了
平成7年　熊本大学大学院自然科学研究科
　　　　　環境科学専攻 博士課程修了
平成8年　博士(工学)
現　在　　大分県立大分工業高等学校校長

竹下鉄夫（たけした てつお）
昭和60年　熊本大学工学部土木工学科卒業
現　在　　西日本コンサルタント(株) 技術士

- 本書の内容に関する質問は，オーム社ホームページの「サポート」から，「お問合せ」の「書籍に関するお問合せ」をご参照いただくか，または書状にてオーム社編集局宛にお願いします．お受けできる質問は本書で紹介した内容に限らせていただきます．なお，電話での質問にはお答えできませんので，あらかじめご了承ください．
- 万一，落丁・乱丁の場合は，送料当社負担でお取替えいたします．当社販売課宛にお送りください．
- 本書の一部の複写複製を希望される場合は，本書扉裏を参照してください．
  [JCOPY]＜出版者著作権管理機構 委託出版物＞

絵とき　鉄筋コンクリートの設計（改訂3版）

1993年12月5日　　第1版第1刷発行
1998年11月10日　　改訂2版第1刷発行
2015年6月25日　　改訂3版第1刷発行
2025年5月10日　　改訂3版第9刷発行

著　者　伊藤　実・小笹修広
　　　　佐藤啓治・竹下鉄夫
発行者　髙田光明
発行所　株式会社オーム社
　　　　郵便番号　101-8460
　　　　東京都千代田区神田錦町3-1
　　　　電話　03(3233)0641(代表)
　　　　URL https://www.ohmsha.co.jp/

© 伊藤　実・小笹修広・佐藤啓治・竹下鉄夫 2015

印刷　中央印刷　製本　協栄製本
ISBN978-4-274-21768-5　Printed in Japan

イラストと図で解説する，土木を楽しく学ぶ入門書!!

ゼロから学ぶ土木の基本

シリーズ既刊書のご案内

構造力学
内山久雄[監修]＋佐伯昌之[著]
A5・222頁・定価(本体2500円【税別】)

測量
内山久雄[著]
A5・240頁・定価(本体2500円【税別】)

コンクリート
内山久雄[監修]＋牧 剛史・加藤佳孝・山口明伸[共著]
A5・220頁・定価(本体2500円【税別】)

水理学
内山久雄[監修]＋内山雄介[著]
A5・224頁・定価(本体2500円【税別】)

地盤工学
内山久雄[監修]＋内村太郎[著]
A5・224頁・定価(本体2500円【税別】)

土木構造物の設計
内山久雄[監修]＋原 隆史[著]
A5・256頁・定価(本体2700円【税別】)

景観とデザイン
内山久雄[監修]＋佐々木 葉[著]
A5・226頁・定価(本体2500円【税別】)

もっと詳しい情報をお届けできます。
○書店に商品がない場合または直接ご注文の場合も右記宛にご連絡ください。

ホームページ http://www.ohmsha.co.jp/
TEL／FAX TEL.03-3233-0643 FAX.03-3233-3440

(定価は変更される場合があります)